铁道上的日本

祝曙光 著

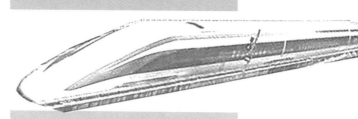

西南交通大学出版社

·成都·

图书在版编目（ＣＩＰ）数据

铁道上的日本 / 祝曙光著. —成都：西南交通大
学出版社，2022.11（2023.9 重印）
ISBN 978-7-5643-9010-5

Ⅰ . ①铁… Ⅱ . ①祝… Ⅲ . ①铁路运输 – 交通运输业
– 研究 – 日本 Ⅳ . ①F533.13

中国版本图书馆 CIP 数据核字（2022）第 222433 号

Tiedao Shang de Riben
铁道上的日本

祝曙光　著

责 任 编 辑	杨　勇
封 面 设 计	GT 工作室
	西南交通大学出版社
出 版 发 行	（四川省成都市金牛区二环路北一段 111 号
	西南交通大学创新大厦 21 楼）
发行部电话	028-87600564　028-87600533
邮 政 编 码	610031
网　　　址	http://www.xnjdcbs.com
印　　　刷	成都蜀通印务有限责任公司
成 品 尺 寸	170 mm × 230 mm
印　　　张	22
字　　　数	272 千
版　　　次	2022 年 11 月第 1 版
印　　　次	2023 年 9 月第 2 次
书　　　号	ISBN 978-7-5643-9010-5
定　　　价	58.00 元

新干线（东北新干线、东海道新干线、山阳新干线、
九州新干线、上越新干线、北海道新干线）

小田急电铁

JR线

南海电气铁道

近铁

其他铁道线

稚内

新旭川

札幌　岩见泽　东钏路　根室

长万部

新函馆北斗
木古内　青森

新青森　八户

大馆　盛冈

秋田　花卷

余目　仙台　北上　女川

新潟　岩沼

长冈　福岛

富山　高崎　新白河

金泽　长野　宇都宫　水户

福井　松本　名古屋　东京

鸟取　上郡　新大阪　京都　静冈　千叶

益田　米子　冈山　丰桥　大原

仙崎　广岛　木更津

唐津　博多　厚狭　关西国际空港

佐贺　松山　多度津　德岛　近铁奈良　近铁名古屋

长崎　熊本　宇和岛　高知　和歌山市　大和八木　大分

鹿儿岛中央　宫崎　都城

日本铁道线路示意图

（由高晓芳协助绘制）

目录

引　言

日本被誉为运行在铁道上的国家，拥有世界上最多的铁路乘客，包括轨道和地铁。[①]有日本人编了一个段子，即如果把世界铁路乘客比拟为100人的村庄，那么日本人占了50个，其中31人为关东人，10人为关西人，3人为名古屋人。其余50人中印度占了11人，中国和德国分别占了3人。尽管有些夸张，但日本确实拥有世界上数量最庞大的铁路乘客，2015年每天的铁路乘客数量为6 675万人，而搭乘巴士的乘客为1 256万人，飞机乘客为42万人，轮船乘客为24万人，其中东京都市圈居民依赖铁路出行的比率高达58%，京（京都）、阪（大阪）、神（神户）都市圈居民依赖铁路出行的比率为55%。2016年，日本各公共交通工具的乘客输送分担率为：铁道占比80%，巴士占比14%，出租车占比5%，而航空与海运各占0.3%。乘客数量庞大与日本铁路的通勤功能（包括上学）密切相关，许多日本人从上学开始到工作，除节假日外，几乎天天坐火车。因为日本铁路的主要功能是通勤（包括上学），对经济和人们的生活影响很大。我发现一个有趣现象，日本拍摄的影视剧中很少不出现火车、轻轨或地铁的场景。但日本铁道货物输送分担率在交通工具中仅占5.1%，也就是说，日本铁道是以旅客输送为主或占绝对优势的运输工具。

---

① 本书所指的铁道是广义的铁道，不仅包括铁道，一般还包括轨道和地铁。

　　铁路运输不同于传统的水运及畜力、人力运输，它具有输送量大、速度快、全天候运行的特点，对一个国家的经济发展、货物流通和人际交往以及知识的传播、教育的普及、社会风气的变化产生重大影响，而且也是一个国家近代化的产物与标志之一。当火车在千里铁道线上风驰电掣、呼啸而过时，它所产生的影响是以往的传统运输工具无法相比的。铁路是工业革命最重要的成果之一。早在 19 世纪 50 年代，火车就以每小时 80 千米甚至更快的速度前进，人们逐渐爱上了火车。"火车也比其他交通工具更舒适，在恶劣的天气下也更少停开。火车旅行价格便宜，因此那些以前从未出门旅行过的人，现在也能买票乘火车旅行，曾经显得相距很远的地方，突然感到接近多了。因为在两地之间，人员和货物的交往以前需要几天，而现在只要几小时了。在有的地方，铁路沿线出现了新的城镇。甚至时间本身也受到影响。1843 年，德国著名诗人海涅发表了狂热拥抱铁路的赞美词："观察事物的方式和观念必定已有重大的改变。连时空的基本观念都受到了撼动。铁路杀死了空间，只剩下时间……到奥尔良只要 4 个半钟头，到卢昂（Rouen）也只要同样的时间。想想看，比利时和德国的铁路连线完成时会有什么情况？全世界的高山和森林好像都朝向巴黎进逼。就在这时，我好像闻到德国的菩提树味道；北海的浪花冲到我家门口。"[①]在铁路来到之前，每个城镇都有它自己的时间，与几英里外的其他小镇不同。地区时间过多比没有时间更糟糕，各地的官方时间像丛生的杂草，而民粹主义又为它提供了无穷蔓延扩散的土壤。铁路诞生以前，西方国家是由太阳设定时间，而阳光照射到每个地方的时间是不同的。相隔 100 英里的两个市镇，时间相差 8 分钟。"哪个市镇的'时间'才是正式的官方时间？应该以谁为准？"但被铁路

---

① 克拉克·布列斯：《时间的秘密》，范昱峰译，上海人民出版社，第 130 页。

连接后，这个地区的所有时钟，就开始走标准的铁路时间。"①近代民族国家的形成，促成了国家空间的均一化。而铁路的敷设，则完成了时间的均一化。最早敷设铁路的英国在 19 世纪末引入格林尼治时间（GMT），一种统一的钟表时间。如果缺少一种共同的钟表时间，就无法绘制列车运行图，从而严重影响列车运行，也会给旅客造成困扰。以美国为例，最初由各铁路公司自行设定时间，由此产生了一个新问题，即："谁拥有'时间'呢，是沿途的市镇、旅客，还是铁路公司？这种困扰全由旅客承受，因为时间是铁路公司的。进入大车站准备转车时，美国的旅客都得详细研究柜台后面那排时钟。时钟显示的是各相互竞争的铁路公司时间，而不是纽约、芝加哥、新奥尔良或辛辛那提的时间。这些时间分别表示各铁路公司所在地的时间。宾州铁路公司全线都使用费城的时间；纽约中央铁路公司则使用中央总站的凡德必勒（Vanderbilt）时间。乘客若想知道到达目的地的时间，必须把铁路公司的标准时间换算成当地时间。"旅客必须自行留意时间差异，这是旅客的责任。底特律人订立约会时间时，都要问清楚："是太阳时、火车时间还是本市时间？"有一位耶鲁出身的教授，因为无法忍受水牛城车站显示三个地方时间的时钟，而愤怒地说道："旅客的手表只是他自己的幻想；车站的时钟互相凝视，丝毫不肯理会彼此之间或和当地地区时间的和谐一致，和旅客的手表更是南辕北辙，使一切理性的解读无所适从。"常有旅客错过开车时间，不得不在车站或车站附近的旅店过夜。所以享受了标准时的英国著名作家王尔德挪揄说，美国人生活当中最主要的任务是"赶火车"。英国实

---

① 安东尼·威尔逊：《彩色图解世界交通史》，张健译，上海远东出版社、外文出版社，1999 年，第 16 页；克拉克·布列斯：《时间的秘密》，范昱峰译，上海人民出版社，第 30、第 66 页。

施标准时间比美国早了几十年。①标准时间实施以后，起先在不同地区、不同国家间实施的统一时间，演变为世界范围内的统一的标准时间。以本初子午线为时间轴，人类历史上首次出现了准时性的奇妙社会现象，钟表作为时间敏感性的象征，出现在大多数地球居民的手腕上，时间被深深地嵌入人们的生命意识中，内化为时间纪律。自然时间被终止。时间标准化又推动了铁道及其他事物的标准化，如铁轨、仪表、同一规格的连接器、安全标准、运费和薪资等级。英国采用了 4 英尺 8 英寸半（1.435 米）铁道轨距，1886 年召开的国际铁道会议将其定为世界铁道标准轨距。这种轨距其实是古代英国驿车两轮之间的距离，也是古罗马时代道路上两道车辙印之间的宽度。②

铁路网遍布城乡以后，为大工厂从农村招收工人提供了便利。成千上万的人乘坐火车来到陌生的城市，使城市规模迅速膨胀，导致了现代城市的出现。汽车普及以前，铁路维系着现代城市的生存与发展。铁路成了国民经济的大动脉。对一个城市和国家而言，离开铁路是不可想象的，所以在许多国家，一旦发生突发事件，政府往往要对铁路实施军管，保证铁路线的畅通。"铁路运输的优势在几个关键客运市场尤为明显，如在 500—650 千米的城际路线中，虽然火车行程时间比飞机略长，但乘客们可以在车厢内放松休息或者继续工作，相比遥远的机场，位于城市中心的火车站，也为乘客们带来了更多便利。市内通勤方便，不论火车或地铁都比汽车更加安全快速，而且不受堵车影响。在景区的旅游路线上，火车无疑给旅客提供了欣赏风景的最佳途径。""尽管火车轨道的

---

① 克拉克·布列斯：《时间的秘密》，范昱峰译，上海人民出版社，第 66—第 67 页，第 91 页，第 96 页。
② 吕迪格尔·萨弗兰斯基：《时间：它对我们做什么和我们用它做什么》，卫茂平译，社会科学文献出版社，2018 年，第 92—第 94 页；克拉克·布列斯：《时间的秘密》，范昱峰译，上海人民出版社，第 97 页。

历史只能追溯到两个世纪前，它却能带我们去往更遥远的时空，因为透过车厢的窗户，我们就能看到历史。确实，火车旅行的美妙之一就是它让每一个乘客都能够放松和欣赏风景。坐飞机很快，但是我们看不见地面的风景。开汽车很方便，我们却得专注于驾驶。公交车不得不和汽车争抢有限的马路空间。走路和骑车倒是很好，但不是每个人都有足够的体力和时间。这样，火车就提供了一种不费力就能近距离观景的出行方式。不用动脑筋也不用消耗体力，好比坐在台下享受车外滚动播放的电影画面。"身体可以一动不动地在空间里漂浮，越来越快。"铁路还是非紧急大宗重物运输的绝佳模式，尤其适合承运集料或岩石等会对公路路面造成损坏的货物。由于卡车需要配备多名司机，却无法在夜间行驶，铁路在长途货运领域的综合成本要低于公路运输。另外，集装箱运输的发展也大大简化了铁路装卸工作的流程。"①

21 世纪是"再发现铁路的时代"。无论是为了节约土地和能源，还是为了保护环境和提高经济效益，都应该大力发展铁路。铁路所耗能源比飞机和汽车少得多，两条铁路线所运送的旅客数与 16 条公路相当而所需土地仅为 15 米宽，公路则需 122 米宽的土地。"铁路的瘦肠子身材使其对自然生态的危害也要远小于机场和公路。""兴建机场与公路通常把土地开发地点由城市中拉到远方地区，地面景观很快就被低密度商业区与大片停车场所主导。当办公室与住家越来越分散时，人们就陷入无车寸步难行之境地。反观铁路发展，则有助于土地集约开发而且带给土地更高的经济价值。沿车站与铁路可以发展旅馆、餐厅、购物中心等，提高了铁路投资的自偿性，而铁路车站设在市中心，能使城市更为统一。"

---

① 克里斯蒂安·沃尔玛尔：《DK 铁路史：火车、工程师与工业文明的故事》，陈帅译，中信出版集团，2021 年，第 382—第 383 页；萨拉·巴克斯特：《丈量世界：500 条经典铁路路线中的世界史》，刘芳译，北京联合出版公司，2021 年，第 8 页。

发展铁路可以大大缓解交通拥挤。与公路相比，铁路更为安全，噪声更小。此外，铁路是提供给不开车与无法开车的人一个替代选择。不开车的人在以小汽车为主流的交通系统下，"在就业、受教育与接受其他重大的政府服务上都处于劣势。都会铁路与城际铁路搭配地区与区间巴士服务，是开放给全世界大多数群众仅有的、务实的交通系统"。①毋庸讳言，20世纪，大多数国家遭遇了铁路大滑坡或大紧缩时代。具有讽刺意味的是，20世纪末，许多国家重新发现了铁路的价值，一场全球性的铁路复兴运动方兴未艾。

凡在日本留学或访学、工作的人都对日本密集的铁路网、多元化的铁路运营公司、形式多样的轨道交通（高铁、普速铁路、地铁、轻轨、悬挂式和跨坐式单轨、胶轮路轨、磁悬浮轨道、钢索铁道等）、多姿多彩的列车外观以及良好的服务印象深刻。有外籍人士在网上发帖表示自己在日本居住了20年，最令人印象深刻的是日本铁路的完美。即便每天都坐火车外出，也没有碰到过一次因罢工而导致列车延迟或停运的现象。只要没有地震、台风、交通事故等，火车几乎都会按时运行。车站的自动检票机也非常棒，每分钟可以通过60—80名乘客。日本的火车外观设计也非常有趣，有着各种各样的形状和颜色，所以大部分日本男孩总是会说："我想当火车司机！"2014年，日本铁道线长度约为27 077千米，轨道线长度约为506千米，合计约27 584千米，②线路长度居世界第十二位，新干线（高速铁路）长2 765千米，国铁民营化后的各JR铁道公司合计拥有的线路长度约占73%。2016年，日本地铁线长约749千米，其中东京地铁线长约304千米。日本铁道网（不含轨道和地铁）密度约为716千米每万平方千米。东京是铁道线最密集的城市，拥有JR铁道

---

① 马夏·罗威：《再发现铁路》，载《铁道经济研究》，1994年第2期。

② 梅原淳：《铁道用語大事典》，朝日新聞出版社，2015年，第18页。

线 42 条，私铁线 91 条，另有 15 条地铁线。每 100 平方千米，东京拥有火车站（含地铁站）35.6 个，大阪拥有 27 个，神奈川县拥有 15.3 个。著名作家谷崎润一郎说："将地图打开看一下就能明白，狭长的国土上遍布了好像蜘蛛网一样的铁路，并且每年都像血管分支一样向各个角落进行延伸，不会有汽笛声传来的山间幽谷的范围一直都在缩小。"①日本经营铁道与轨道的公司和地方公共体（地方交通局）合计 213 家，其中经营铁道者 186 家（含 10 家经营铁道货物运输的公司），经营轨道者 27 家。1910 年，著名作家志贺直哉发表小说《到网走去》，讲述了主人公在搭乘上野始发至青森的列车上邂逅一位带着两个孩子、约莫二十六七岁的年轻女人的故事。年轻女人要独自带着两个孩子到北海道东部、位于鄂霍次克海沿岸的小城市网走。主人公非常同情这位女子，说："那可真不容易。怎么也得花上五天吧。"女人回答说："就算一路不停，据说也要一个星期呢。"第二次世界大战后初期，即 1947 年 11 月，以东京站为起点，7 时以后搭乘列车出发，在目的地滞留 1 个小时，22 时前回到东京站，其行动范围北到白河，西到土合、御代田，南到丰桥，也就是涵盖了关东地区以及福岛县、新潟县、长野县、静冈县和爱知县的部分地区。随着列车速度加快、行车密度加大、新线敷设，特别是新干线的开通，2016 年 4 月，可向北延伸到北海道的长万部，西南延伸到九州鹿儿岛中央火车站，一日内人们的活动范围大大拓展了。2020 年，中国铁路营业里程达到了 14.63 万千米，其中高速铁路营业里程为 3.8 万千米，居世界第一位，是名副其实的铁道大国和铁道强国，但路网密度与日本相比仍有较大差距，需进一步加快铁路建设。

铁路改变了日本城乡空间布局和结构。在日本第一条铁路竣工的当

---

① 谷崎润一郎：《阴翳礼赞》，罗文译，台海出版社，2020 年，第 175 页。

年，东京仅 88 万多人，20 年后东京人口上升到 180 多万，现在东京市人口已突破 1 350 万。

表 1　东京至大阪移动所需时间变化表①

年代	交通手段	所需时间
江户时代 （1603—1868）	徒步（东海道）	约 14 天
江户时代末期	蒸汽船	一般 2—3 天
1889 年	铁道（蒸汽列车）	19 小时
1926 年	铁道（特快列车）	11 小时
1930 年	铁道（特快列车且限定停靠车站）	8 小时 20 分
1950 年	铁道（特快列车）	8 小时
1958 年	铁道（特快列车）	6 小时 50 分（进入东京与大阪当日往返时代）
1964 年	铁道（新干线）	4 小时
1965 年	铁道（新干线）	3 小时 10 分
1992 年	铁道（新干线）	2 小时 30 分
2022 年	铁道（新干线）	约 2 小时 20 分

　　铁路的敷设也改变了日本人的时间观念。近世以前，日本普通百姓一般一天只吃两餐，晚上早早入睡，因为缺乏照明的燃油。德川时代，菜籽油的普及解决了照明问题，人们的工作时间和娱乐时间延长，饮食由原来的一日两餐改变为三餐，但生活节奏仍然是缓慢的。日本是在明治六年（1873 年）1 月 1 日正式采用阳历的，在此以前使用的是天保历

---

① 表格数据来自太田貴之的《近代日本における陸上交通網の発達と近代化に関する考察－ネットワークの視点をふまえた社会科教育の再構築に向けて－》（《千葉大学大学院人文公共学府研究プロジェクト報告書》，2020 年）等。

（阴历），将一天分为 12 个时辰，即"子、丑、寅、卯……"，生活时间的最小单位为 30 分钟（小半刻）。这种计时方法显然是前近代计时方法，根本不适用于列车运行，因为列车运行时间是以分来计算的。明治五年五月七日（1872 年 6 月 12 日），铁路运输部门率先采用 24 小时制，将一日分为上、下午各 12 小时。当时，日本人普遍缺乏计时的钟表，就连东京市民也只能通过寺庙的"晨钟暮鼓"和政府放午炮得知上午 6 时、中午 12 时及下午 6 时等 3 个钟点。日本人的时间观念是"日出而作，日入而息"的小农时间观念，时间概念笼统而不精确。我们现在出行有手机、手表，完全可以掌握乘坐火车的时间。明治初期哪有手表？车站也没有显示时间的钟表。铁路通车以后，如何告知旅客乘车时间是铁路管理部门面临的一个大问题。尽管车站剪票员反复提醒旅客上车，但仍时有旅客误车。有些旅客担心误车，干脆带着便当早早来车站候车，所以日本铁路发展初期，经常会出现这样的景象："一些人会悠闲地花一天时间到达火车站，另一些误车的人会第二天捧着午饭盒到火车站等待出发。"为此铁路管理部门拟拆除寺庙大钟，将其搬运到车站，通过敲钟告知旅客上车，由此引起了僧侣们的恐慌：拆除了寺庙大钟，我们还怎么做早课？双方发生冲突。最后，铁路管理部门通过铁厂制作车站大钟。今天我们可以在京都铁道博物馆看到 1874 年大阪火车站使用的第一座黑色大钟。注意时间的精确性突然变成了一个非常现实的问题。由此日本人的时间观念增强了，时间单位大大缩小。

车站聚集了各种各样的人，乘客又去往不同的地方，车站不是留守的场所，而是移动据点。日本的文学艺术作品特别喜欢描写火车站，关注乘客和接站人员进入火车站内候车到列车发送和抵达期间随时间变化所呈现的状态。夏目漱石、太宰治、永井荷风、川端康成等著名作家都曾在作品中对火车站进行过描述。1935 年，画家牛岛宪之创作的《山之站》轰动一时，作品描绘了中央本线的上野原车站。上野原车站是一座小站，位于山梨县最东端的上野原市，车站位于画面右侧，蒸汽机车冒出的滚滚浓烟直上云霄，似乎要带领小站冲出大山的包围，极具视觉冲击效果。铁路技术发源于英国，是 19 世纪的王牌技术和高新技术。普通日本人第一次见到硕大的机车以及机车牵引的多节车厢，内心极为震撼。有人担心火车头要拉动这么多车厢，车头肯定会断裂的，或认为机车待发状态喷吐蒸汽是机车太热或正在流汗，于是取水泼到火车头上，让铁路管理人员哭笑不得。这些啼笑皆非的事例在报纸杂志和铁路研究著作中常被提及。铁路开通之初，搭乘火车出行，不管对普通民众，还是对达官贵人，都是一件了不起的事情，使他们感觉非常新奇。住在横滨与新桥之间的农民，当看见火车在他们的农田间呼啸而过时，把火车当做火龙，有的人会对通过的火车下跪以示敬意。①幕末明治初期著名的儒学家江木鳄水在京滨铁路开通的翌年乘坐火车，并在日记中详细记载了乘车体验。江木鳄水是福山藩人（今广岛县），曾担任老中阿部正弘的政治顾问。1873 年 2 月 8 日从福山出发，由海路经神户抵达东京，拜访了福泽谕吉，钦佩福泽谕吉创办了规模宏大的庆应义塾（庆应义塾大学），感叹："谕吉非有学才而已，有经济之才，筑此塾，费一万金余，而徒手办之。"归途中，江木鳄水从品川搭乘开通不久的京滨铁路。日记中写道："出塾到品川东蒸气会社，而待须臾，蒸气（车）到，乃驾，驾即发，其驶如驰。铁路别为路，在站后濒海之地，陷凹如隧，出站村落、远近之山、远近之树，挟车而走。不知车之走，近者急走，瞬息瞥过，远者稍缓，车外如骚动天，虽有溪岳，疾徐大小皆定，而持静者车也。而其实车外皆镇静，山也者万古不动，树亦植大地，皆万古不动。今只

---

① 斯蒂芬·曼斯菲尔德：《东京传》，张旻译，中译出版社，2019 年，第 73 页。

车动，故似动非动也，因此知地动说之是。二里许置休憩舍，至此车小憩，实非憩。品川憩所，品川左右之者，待于此而乘车，归品川者，到此下车也。戬从品川乘车，须臾到横滨。""品川之东，蒸气车休憩所小待焉。"车有上中下三段，"上中皆有腰床，下则众人杂座，狭隘不可横卧，仅容膝而已，而其膝不得屈伸自由也。即入车，须臾发。嗟乎，戬二十年前彼理（佩里）之来于横滨，观火车之雏形及传信机，何知二十年后驾此车，车之走一脉三间许，入车不觉车之驰，只见两侧屋宇、林树、山岳之走，而远者徐，近者急，急着追，徐者而过，更换变化，车中常静，车外骚动，瞬息变化亦奇哉。常疑地动之说，因此悟觉地动之说有理。铁道多避街衢，在其左右品川，铁道在濒海之地，高处凿开为隧道，所置休憩所非为休憩，品川休憩所，品川左右之者待于此，而乘于此，归亦至于此。从车下去，车止则下者下，乘者乃上，即发不休息。"①

日本是东亚第一个敷设铁道的国家，引起了周边邻国的关注和有识之士的赞赏，铁道建设成为变法图强的标志和重要内容。1877 年 11 月，中国首任驻日公使何如璋奉命出使日本。1876 年 7 月，中国第一条铁路——吴淞铁路通车，窄轨，仅 14.5 千米长。但 1877 年 10 月，吴淞铁路停运。何如璋出使日本期间，即 1877 年 12 月吴淞铁路全线被拆除，直到 1880 年秋冬时节，华夏大地才再次呈现兴建铁路的场景。何如璋首先乘船抵达长崎，然后沿海路先后到达平户、下关和神户。当时神户已开通铁路。何如璋从神户登上火车前往大阪，这是何如璋第一次乘坐火车，也是较早在海外乘坐火车的中国外交官员。何如璋感觉火车行驶迅捷："烟云竹树，过眼如飞。车走渡桥时，声如雷霆，不能通语。""大阪距

---

① 宇田正：《铁道日本文化史考》，思文閣，2007 年，第 38—第 39 页。

神户六十中里，铁道火轮四刻即至。"为此何如璋赞叹不已，特赋诗一首："气吐长虹响疾雷，金堤矢直铁轮回。云山过眼逾奔马，百里川原一晌来。"何如璋从横滨乘坐火车赴东京递交国书。"东京距横滨七十里，有铁道，往返殊捷。"何如璋通过乘坐火车的实际感受与中国的现状联系起来，隐约感觉中日两国实力地位正在发生逆转，十分忧虑，呼吁向西方和日本学习："制电信以速文报，造轮路以通馈运。""夫以我土地之广、人民之众、物产之饶，有可为之资，值不可不为之日，若必拘成见、务苟安，谓海外之争无与我事，不及此时求自强，养士储才，整饬军备，肃吏治，固人心，务为虚骄，坐失事机，殆非所以安海内、制四方之术也。"①

1899 年，浙江萧山人单士厘随外交官丈夫钱恂（钱玄同长兄）出使日本。她说："回忆岁在己亥(光绪二十五年)，外子驻日本，予率两子继往，是为予出疆之始。嗣是庚子、辛丑、壬寅间，无岁不行，或一航，或再航，往复既频，寄居又久，视东国如乡井。今癸卯，外子将蹈西伯利（亚）之长铁道，而为欧俄之游，予喜相偕。十余年来，予日有所记，未尝间断，顾琐细无足存者。惟此一段旅行日记，历日八十，行路逾二万，履国凡四，颇可以广见闻。录付并木，名曰《癸卯旅行记》。"单士厘在日期间多次搭乘火车出行。《癸卯旅行记》记载了其乘坐火车参观大阪博览会的情景："午前七时余，汽车（火车—引者注）发新桥驿。家人之外，同国人、日本人送行者数十。汽笛一声，春雨溟濛，遂就长途。新桥、神户间，所谓东海道者，予已三度经过，均晚发晓达，未得领略风景。此次虽雨窗模糊，究比宵中明亮，自山北驿至御殿场驿，穿过隧道不少。急湍峻岭，翠柏苍松，仿佛廿余年前游括苍道上。过琵琶湖南，入西京近乡，夹道田畴，正事耕作，现一种农家乐境。午后九时半，抵大坂，寓环龙旅馆。自新桥至大坂，凡日本三百五十六里半(日本一里当中国六里)。"单士厘对博览会设立的通运馆(交通馆)印象深刻:"曰通运馆,汽车(火车—引者注)、汽船、电线等属焉,亦取法西国,而无一西国品。"①

与此同时,朝鲜也非常关注日本的铁路建设。1881年5月,朝鲜朝士考察团(俗称"绅士游览团")一行64人抵达横滨,然后乘坐火车抵达东京。这是朝鲜进行近代化改革、以日本为榜样的最初尝试。朝士考察团以5人为一组对日本的政治、经济、文化、军事、社会、教育等方面进行了全方位考察,撰写了80余册考察报告。当时朝鲜国内还未敷设铁路,不知铁路为何物。日本铁路建设给考察团留下了深刻印象。朝士考察团成员闵种默写道:"铁道始于明治二年,自东京至横滨七十里余,自神户至大坂九十里余,自大坂至京都百二十里余,自京都至大津,大津至越前敦贺接续落成,将延全国云。已筑之程仅三百里余,筑道费千百万圆余。"另一位成员赵准永是这样描述铁路的:"火车铁路为其行旅货物之载输者也,凿山谷架川壑自东京至横滨自神户至大阪西京大津及越前敦贺共为三百余里。以铁条列路,轮行其上,带车数三十辆,前车启行,后车衔尾随之,一时顷行百余里。每数十里置一局以为行人相递之所。"考察团还对开通铁路隧道的壮举赞叹不已:"西京琵湖之间有大谷地,凿山穴通铁路者为五里。而穴作虹霓形,具以紫壁隔灰筑之,殆非人力所及,其富强可知也。"②

朝士考察团成员姜文馨的随员姜晋馨在其所撰写的游记文献《日东录》中对铁路的记载更为详尽,成为研究日本早期铁路建设和乘客如何观察车厢以及列车运行状况的珍贵资料:

先于东京横滨之间自庚午三月始役至壬申九月竣工,计程里七十三

---

① 杨坚校点:《钱单士厘·癸卯旅行记·归潜记》,湖南人民出版社,1981年,第23—第25页。
② 王鑫磊:《同文书史:从韩国汉文文献看近世中国》,复旦大学出版社,2015年,第240页。

里余。而大抵先治其道，遇山则凿，逢水则桥。其直如矢，小无屈曲。其平如砥，亦无高低。乃以铁杠间四五步横埋路上，次以铁线之体可载车轮者四条联络亘布于铁杠上，盖铁线中则坎而上下阔，轮铁内有郭而外边平，轮郭（ ）于铁线转动，小无差跌。设置四条者，二条日本线，二条日副线，各有来车往车之殊，使不相撞破。又有支线使车轮转环之所。而车制则一架假如二间屋子，而两傍布板稍高可以踞坐，四面穿窗开合可以纳凉。一架可容数十人，有上等中等下等之别。分等收税，高下悬殊。火轮则但设前车，次以螺线连车，一车纵一车至于数十辆之多。一火轮一时刻达于百余里之地，疾如电掣，人不甚摇。每二十里设一馆，置官人检查行旅收税。而乘车者给标，下车者捧标，标皆有上白中青下红三等之别，考此捧价，毫无紊乱。行止必有报号，停止用赤色旗，疾行用白色旗，徐行用绿色旗，夜行以灯色为证。所载虽包裹之小禽兽之物，具有计程定税，三十斤以下五里四钱，十里八钱，六十斤以下五里八钱，十里十五钱，携禽兽则五里五厘十里一钱，至于百里以此为准。[1]

江户时代日本实行严格的等级制度，将所有社会成员划分为士农工商四个等级，武士至尊。但铁路旅行与骑马、坐轿不同，骑马、坐轿属于个人移动手段，铁路采用的是将客车编成列车的方式，具有大量输送的特性，并采用共乘方式和保证移动权利的乘车券，即车票，由此产生了一种新型的社会关系。生活在传统社会孤立和封闭状态下的日本人，缺乏同陌生人打交道的习惯或经验。但是一旦进入车站或火车车厢，与陌生人仅咫尺之遥，摩肩接踵，气息相闻，由此产生了一种新的社会关系。日本著名铁路史专家、首任铁道史学会会长原田胜正说："铁道的大量输送特性和由此产生的共乘方式以及保障移动自由的乘车券，这些将日本带入了近代之路。"铁道乘车券，即车票是以共乘人平等的原理

---

① 王鑫磊：《同文书史：从韩国汉文文献看近世中国》，复旦大学出版社，2015年，第240—第242页。

而发售的。这种不记名的有价证券，具有近代社会权利保障方式的特征，把近代社会的规则带入了日本。1872 年，明治政府颁布《铁道略则》（共 25 条）作为乘车规则。《铁道略则》规定，无论何人乘车必须预先购票，在列车超员的情况下，持较远距离车票者可优先乘车，乘车距离相同者按所持车票上的顺序号依次上车。最初日本的机车、客货车均从英国进口，客车分为上、中、下三个等级。京滨铁路开业当年，拥有机车 10 辆，客车 58 辆，货车 75 辆。客车上等车定员为 18 人，中等车为 22 人，下等车为 30—36 人。新桥至横滨间的车票价格，成人车票上等车为 1 元 12 钱 5 厘，中等车为 75 钱，下等车为 37 钱 5 厘，4 岁以上 12 岁以下的儿童，车费减半。从正式开业的 9 月 13 日至 18 日，即 6 天时间共输送了 21 708 人。翌年 5 月 1 日，京滨铁路每日开行往返旅客列车 12 次。①《铁道略则》规定，购买下等车票者不得乘坐中上等车。车票仅记载乘车时间、区间、等级、价钱等，不记载乘车人的姓名及身份等级。车票作为有价证券，是旅客乘车的唯一凭证。铁路管理部门按照车票安排旅客乘车，出现了旅客身份与所乘客车等级不符的现象，许多所谓“高贵人士”在众目睽睽之下乘坐中等车或下等车，破除了日本社会浓厚的封建身份等级意识。江户时代严格限制不同等级的人聚集在同一空间。即便在日常生活中，无论是室内还是室外，统治阶级与平民百姓都用空间距离予以区隔，如武士与庶民在居酒屋相遇，分席而食，但铁道突破了这种空间区隔。现代日本是一个贫富差距较小的国家，号称“一亿中流”，而火车是最能体现社会平等的交通工具。日本的火车常被称为通勤电车。不管你是社长还是什么人，进入车厢大家都是平等的。与驾驶汽车出行不一样，因为轿车等级差别很大，驾驶保时捷和一般轿车是不一样的。我们中国人坐火车一般是出差、旅游，平时上学上班一般不会坐火车。而大多数日本人都是坐火车上学上班的，也就是说他的一生与

① 宇田正：《铁道日本文化史考》，思文閣，2007 年，第 49—第 50 页。

火车紧密联系在一起了。笔者有一个在日本工作的朋友，生病住院，爱人每天乘坐火车去医院探视。游子返乡首先映入眼帘的就是车站，车站成为"乡愁"的同义词。在作家佐佐木俊郎的作品中，《乡愁》最为人所知，作为一个漂泊在东京的"有着严重思乡情节"的异乡少年："我总是满怀忧伤。街面上洒的水映照着淡淡的灯光，我总是一边聆听隐隐约约的风铃声，一边游荡在进入夜晚的大街上。""这样漫无目的地走着走着，最后总会来到上野的车站。""车站的候车室跟所有的候车室一样，挂有全国国有铁路的线路图。有好几次，我都看见一名衣衫褴褛的青年站在线路图下面，有时在线路图上测量距离，有时只是目不转睛地凝望，最后一脸落寞地离开。几乎每晚，我都能遇见这样的人。那之中，有湿着眼睛归去的青年，也有睫毛上泪光闪闪归来的少年。""手指抚上车站的地图，是想丈量故乡到东京的距离吗？"①

　　铁路的出现还改变了日本人的生活习俗。我们知道，日本人有进屋脱鞋的习惯。日本早期铁路运行中经常发生一个奇特现象，即列车驶离站台后，站台上到处都是乘客留下的鞋子。乘客下车后，发现鞋子不见了。由此他们知道了公共空间和私人空间是不一样的，需要区别对待。京都铁道博物馆专门有一块展板说明这一奇特场景。日本人自古以来一直席地而坐。黑船来航、日本开国以后，德川幕府的官员发现在本国土地上要招待坐椅子的外国使节，为此大伤脑筋。他们为了能够让双方都坐在榻榻米上进行会谈而努力交涉，但西方人坚称自己无法舒适地坐在地上，迫使日本方面作出妥协，即双方代表谈判时西方使节坐在椅子上，日本官员则坐在堆得同样高度的榻榻米上。显然坐在椅子上的人比坐在地上的人具有高度上的优势。②日本著名建筑师芦原义信认为，在空间三

---

① 蒋云斗等：《重读经典——日语名篇佳段读赏》，中国宇航出版社，2017年，第31—第33页。
② 乔丹·桑德：《近代日本生活空间：太平洋沿岸的文化环流》，焦堃译，清华大学出版社，2019年，第220页。

要素——地板、墙和天花板中，日本人属于"地板文化"群，欧洲人则属于"墙体文化"群。[①]铁路开通以后，车厢坐位由长椅两两相对、与窗户一侧成 90 度直角排列，中间是过道，座椅这一家具传入日本，至少在公共空间改变了日本人席地而坐的习俗。

报纸、杂志的出版发行是现代社会的标志之一，但这些文化物品的发行离不开铁路。日本杂志的大量出版发行是在京滨铁路通车的第二年，即 1873 年。1897 年，日本发行的报刊种类共计 745 种，1912 年上升到 2 227 种。我们知道，报刊具有很强的时效性，必须以最快速度送到读者手中，使读者及时了解各种政治、经济和文化信息。铁路加快了信息传输速度。随着日本近代教育事业的发展，教材的及时供应成为一个不容忽视的问题。1907 年，日本的教材需求量近 2 000 万册，1912 年上升为 4 300 多万册。这样巨大的教材输送量，一切传统的运输方式均无能为力，唯有铁路才能担负起向全国各学校输送教材的重要使命，"低廉供应教材，全赖铁道的普及"。铁路还为日本中学生上学提供了便利。中学教育与小学教育不同，小学生往往就近入学，步行上学；而中学则以府县为单位招收学生，学生家庭住址与学校相距较远，多数学生须乘坐火车或有轨电车上学。因此各级地方政府在选择中学校址时，首先考虑的是交通问题，将学校建在铁路或轨道沿线，以便于学生上学。铁路管理部门专门出售"学生定期乘车券"。即便是小学生，有些地方也是乘坐火车上学。2016 年冬天，笔者曾在四国的一个火车站候车时与一位上了年纪的工作人员闲聊，得知他是该车站唯一的工作人员，也是站长。老站长爱岗敬业，把小小的车站布置得温馨可爱。由于车站是当地孩子上学候车的主要场所，老站长用了一尊熊猫模型当名誉站长，无微不至地关心孩子们，引导孩子们有序上车，向孩子们讲授交通安全知识，深

---

① 芦原义信：《建筑空间的魅力》，伊藤增辉编译，江苏人民出版社，2019年，第 38 页。

受孩子们喜爱，孩子们写给老站长的感谢信贴满了展板。老站长 7 点到岗，18 点下班，中间稍事休息，已在车站坚守了 7 年，每周另有工作人员来替换他。车站虽小，却功能齐全，设有观光介绍室，候车室内摆放着社区居民做的干花作品，墙上有当地举行摄影大赛的广告，一些优秀摄影作品被制成小幅照片编号后予以张贴，旅客可订购，每幅售价 120 日元。

　　铁路还促进了日本近代邮政事业的发展。近代邮政制度开始于 1840 年的英国。30 年后，即 1871 年 4 月 20 日，明治政府正式引进了西方的邮政制度。邮政线路是从东京至大阪、京都。近代邮政制度施行的第一天，从东京发出了 134 封信，而从大阪、京都寄出的 40 封信也抵达了东京。年末邮政业务范围扩大到了长崎。铁路出现以前，邮件由人力或畜力传送。这种传送方式不仅速度慢，而且易受气候、地理条件的影响；遇到自然灾害时，邮传线路往往中断。所以在铁路开通的同时，“诞生了铁道邮政”。从此，日本邮件输送途径分为铁路、普通道路和水路三种。无论是普通道路，还是水路，邮件传送速度都大大低于铁路。随着铁路线路的延伸，邮件输送业务逐渐从普通道路、水路转移到铁路。铁路在邮政运输中发挥了重要作用，列车加挂专门的铁道邮政车辆。1882 年日本开始在铁道邮政车内进行邮件区分业务。[1]

　　笔者在日本访学和旅行期间基本上是利用铁道出行，在本州、九州、四国、北海道乃至冲绳见识了各式各样的铁道交通，五彩斑斓形式各异的列车、车站详细清楚的标识、悉心周到的服务、安全准时的列车运行、换乘方便的线路设计、发达的铁道文化以及各种铁道优惠乘车券等都给笔者留下了深刻印象。本书主要记录和论述了笔者对日本铁道交通的一些个人感受。他山之石，可以攻玉。希望读者阅读本书以后，能够对日本铁道交通以及中日两国铁道发展与运营的异同方面，有一些直观认识。

---

① 数据来源：“郵政博物館”，2015 年。

一、 车站·玄关·乡愁

　　铁路是日本人出行的主要交通工具，无论是上班、上学和观光旅游，火车总是日本人首选的交通工具。日本人有下班在酒吧小聚的习惯，但聚会时间不会太长，以免误了最后一班火车。改革开放后最早赴日留学的一些中国人，为了打工多挣些钱，往往选择上晚班，下班后沿着铁路轨道走回住所，这也成为人生奋斗史上难忘的一幕。

　　在日本，作为移动据点的火车站是一个集商业设施、文化设施和办公设施等于一身并与车站浑然一体的有机体，[①]是一个多用途的公共空间，其所担负的功能不仅仅是候车，还具有餐饮、购物、交流、娱乐、教育、广告等功能，是人气最旺的地方。1871 年 12 月，明治政府向美国和欧洲国家派出了以外务卿岩仓具视为特命全权大使的使节团。岩仓具视使节团在欧美大都市见到了"铁与玻璃的宫殿"、具有"近代文明象征"的铁路终点站，印象深刻。[②]1965 年，日本铁路线长度为 20 754 千米，设有 11 519 个火车站，平均不足两千米就有一个车站。乡村车站是农民前往城市的门户，而城市车站则是城市的"玄关"，代表了一个

---

① 田村圭司：《東京駅「100 年のナゾ」を歩く図で愉しむ「迷宮」の魅力》，中央公論新社，2014 年，第 28 頁。
② 原田勝正：《駅の社会史——日本の近代化と公共空間》，中央公論新社，2015 年，第 237 頁。

城市的形象。现在全球旅客人数最多的 51 个火车站中，日本就占了 45 个。东京新宿站有 23 个站台，连接 33 条铁路线。2010 年度，此站平均每天有乘客 364 万人次，是世界上乘客人数最多的火车站。①东京火车站有 14 个站台，连接 28 条铁路线，每日接发列车高达 4 100 列，共 47 000 多辆，每日客运收入 2 亿 5 000 多万日元，位居第一。其次是新宿站，每日客运收入约 1 亿 7 000 万日元。据说列车运行期间，东京站新干线站台，每天仅有两次机会可以一览空荡荡的站台，即没有一列火车停靠或经过，而每次时间不超过两分钟。

图 1-1　东京火车站

　　日本著名推理小说作家松本清张在小说《点与线》中描绘了一桩杀人案。由于东京站发车密集，罪犯在仔细研究了《列车时刻表》（1957 年的列车时刻表）后，发现从东京到九州的 1801 次"晨风号"特快列车

① 田辺謙一：《日本の鉄道は世界で戦えるか　国際比較で見えてくる理想と現実》，草思社，2018 年，第 19—20 页，含地铁乘客。

停靠 15 号站台，而从东京开往镰仓的 1703 次列车停靠 13 站台，有 4 分钟时间，13 号线、14 号线没有列车进站或停靠，可以直接从 13 号站台看见 15 号站台。为此罪犯特意请两名相识的料理店女招待送他到东京站 13 号站台搭乘 1703 次列车，并施展手腕让同酒店的另一位女招待与计划谋杀的男子搭乘 1801 次特快列车，故意让送行者发现这一对情侣模样的乘客。结果几天后有人在九州海边发现了两人遗体，误以为两人殉情自杀，而罪犯又有不在现场的目击证人。警察在侦办案件过程中发现，每天仅有 17 时 57 分至 18 时 01 分的短短 4 分钟，才能从东京站 13 号站台直接看见 15 号站台，未免过于巧合了。车站工作人员告诉警察："晨风号在 17 时 49 分进入 15 号站台，发车则是 18 时 30 分。它要在站台停留 41 分钟。再看此期间 13、14 号线列车的进出情况：13 号线前往横须贺线的 1703 次列车，在 17 时 46 分到站，17 时 57 分开出。在它离开之后，马上又有 1801 次列车在 18 时 01 分进入同一车站，在 18 时 12 分开走。但同时，14 号线上前往静冈的普通列车 341 次在 18 时 05 分进站，18 时 35 分发车。"也就是说，13 号线的 1701 次列车在 17 时 57 分发车，接下来的 1801 次列车在 18 时 01 分抵达，这期间仅有 4 分钟站台之间没有任何障碍物，能够直接看见停留在 15 号站台的"晨风号"。经仔细侦查，警察终于发现谋杀案是由罪犯和其妻子共同策划的，而且罪犯妻子对《列车时刻表》进行了深入研究，并在杂志上发表阅读《列车时刻表》感想的文章：

"丈夫因为工作关系出差频繁，所以经常买列车时刻表。他似乎对时刻表很熟，这是出于实际需要，而时刻表虽然对病床上的我来说并不实用，但我却觉得它很有趣。时刻表上有全日本的列车站名，一一读下去，我甚至会想象那个地方的风景，而地方线路则使我的空想得以延伸，丰津、犀川、崎山、油须原、勾金、伊田、后藤寺，这些是九州某乡间线路的站名。新庄、升形、津谷、古口、高屋、狩川、余目，这些是东北某支线所经之处，我由'油须原'的字样想象到南方树林繁茂的山峡村庄，又从'余目'的字样想象到灰色天空笼罩下荒凉的东北乡镇。在我的眼前，甚至浮现出环绕那村庄或镇子的群山、民居的模样以及行人。记得《徒然草》有'闻名之后，不久就推及其面影'的句子，我的心情也是如此。无所事事的时候，随手翻翻时刻表，心情便很愉快。我随心所欲地周游了山阴、四国和北陆。

"由此出发，接下来我又把空想延伸到时间的世界。例如，我忽然看一下手表，是下午一点三十六分。于是，我便翻开时刻表，寻找写有十三点三十六分数字的站名，就可以发现这时越后线的关屋站迎来了一二二次列车进站，鹿儿岛本线的阿久根则有一三九次列车正在停靠。在飞弹宫田，八一五次列车已经到站。而山阳线的藤生、信州的饭田、常磐线的草野、奥羽本线的东能代、关西本线的王寺，也都各有列车停在站台上。

"就这样，在我躺在榻榻米上望着自己纤细指尖的瞬间，全国各地的列车就一齐开动了。许许多多的人下车上车，追逐着自己的人生。我闭上眼便可以想象出这番情景。由此，我甚至发现了不同时刻、各线都有哪些站的列车正交错而过。这太令人兴奋了，从时间上看，列车的交错是必然的，但客人们在同一空间行动交错则属偶然。我在这一瞬间，可以无限制地将空想延伸到各处，猜想种种擦肩而过的人生。比起他人靠想象写成的小说，自己的这番空想要有趣得多。这是一种孤独的、梦游般的快意。

"没有假名的文字和满是数字的时刻表，暂且成为这阵子我的爱读之书。"①

文章中的"丈夫因为工作关系出差频繁，所以经常买列车时刻表。他似乎对时刻表很熟，这是出于实际需要"这一段话引起了警方的关注。经对两位送行者的调查，发现罪犯在约她们吃饭时，一直看表留意时间，其目的就是赶上这关键的 4 分钟，而且发现目标的也是罪犯，并将这一信息告知了两名女招待，显然这并非偶然，有明显的人为痕迹。由此警察揪住了罪犯的狐狸尾巴。

17:49 到————特快列车"晨风号"（停留 41 分）————18:30 发

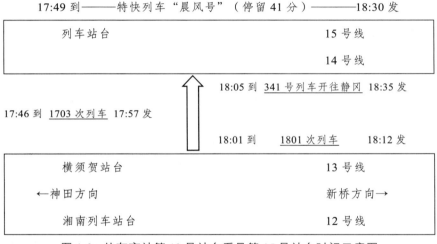

图 1-2　从东京站第 13 号站台看见第 15 号站台时间示意图

日本第一条铁路是东京至横滨的京滨铁路。该铁路于 1870 年 4 月正式动工修建，于 1872 年 10 月竣工。1872 年 10 月 14 日，明治政府为京滨铁路正式运营举行隆重的开业典礼，明治天皇亲自参加了开业典礼。当时京滨铁路北段的终点和始发站设在新桥。新桥位于江户城南边，邻近东边的隅田川。与早期欧美国家铁路建设一样，车站选址必须在城市

①　松本清张：《点与线》，林青华译，南海出版公司，2010 年，第 88—第 89 页，第 124—第 126 页。

最优交通位置与最低房地产价格之间保持平衡，所以铁路终点站一般建在城市的边缘。但一旦城市与铁路网连接起来，交通量增加的效应非常显著，"车站周边的街道，一夜之间就改头换面"，城市逐渐向火车终点站扩展，再越过终点站形成新的城区。①若干年后人们重新审视城市发展，会惊奇地发现，原来位于城市边缘的火车站现在已居于中心区域了。东京最重要的火车站，即新桥站、东京站、新宿站、涩谷站和池袋站的兴起无不印证了这一点。美国著名日本研究专家爱德华·赛登施蒂克（Edward Seidensticker）于 1983 年出版了《下町，山之手：东京从江户时代到大地震》，1990 年又出版了《东京崛起：大地震之后的东京》（2018年，爱德华·赛登施蒂克的作品由上海社会科学院出版社推出了中文版，取名为《东京百年史》）。赛氏以充满感情的文学家笔触对百年来东京从一个前现代城市，历经明治、大正、昭和而演变为一个国际大都市的沧桑巨变进行了栩栩如生的描写，是迄今为止论述东京近现代史的最佳著作之一，很快被翻译成日文。但赛氏的描写天马行空，刻意模仿永井荷风的散文风格，所以对东京历史和地理一无所知的人很难领略赛氏这部名作的魅力，甚至会一头雾水。可能赛氏本人也没有意识到，如果读他的著作时，准备一份东京铁路线路图，循着书中所涉铁路线的敷设，百年来东京沧桑巨变的脉络便清晰地展现出来了，就像多次旅居日本的瑞士人尼古拉·布维耶所说："在东京，生活都是用车站用语来表达的。地铁或中央线上的小站，照在新叶上的高高的路灯。驶过的最后一趟列车，木屐的响声渐渐远去、越来越小，兜售热汤的商贩凄厉的芦笛声——共只有三个音。""如梦如幻的脸庞贴在蒙着水汽的车窗上。车站

---

① 沃尔夫冈·希弗尔布施：《铁道之旅：19 世纪空间与时间的工业化》，金毅译，上海人民出版社，2018 年，第 249—第 250 页。

像城市中棋布的星座，又像在黑暗中被人拨动的念珠。"①

新桥站作为京滨铁路北段的终点站，体现了日本文明开化的成果，自然受到政府的重视。1876 年 7 月，美国前总统格兰特访问日本。格兰特夫妇从横滨登陆后，乘火车抵达新桥站。日本政府在新桥站举行了隆重的欢迎仪式，"车站前陈列的绣花球摆成了将军姓名的首字母'U.S.G'的形状，从车站前往滨离宫的路上，家家户户张灯结彩，挂着日美国旗"。既然火车站成为东京的门户，政府自然要对车站周围进行治理和改造，结果导致了作为文化商业中心的下町地区的衰落和经济文化中心的西移。近代以前的东京，当时叫江户，以江户城（现在的皇宫）为界，可以分为东西两个部分，即江户城以西的武士居住地和江户城以东的平民居住地，东边的平民居住区人口占总人口的一半以上。如果今天想把东京城区划分为人口相等的两部分，这条分界线已经移至明治时期东京的西端，而且西移的进程仍未停止。②

江户时代，东面平坦的包括日本桥、京桥以及隅田川等地被称为"下町"。"在这些狭小的空间中，往往挤满了形形色色的营业店铺及其附属设施、娱乐文化设施、幕府官衙以及宗教设施等等。"日本桥是下町的中心。江户时代的著名画家长谷川雪旦于 19 世纪 30 年代创作了《日本桥鱼市》，对日本桥繁忙的鱼市交易进行了栩栩如生的描绘。"满载着鱼的巨大的运送船（平田舟）刚刚到达码头，被称作卸鱼工的劳动者正忙着卸鱼。这里在地理位置上属于拖船河岸，河岸上有井，旁边有许多叫做盘台的大桶，鱼被放到大桶里，由搬运工们运到鱼类批发商的卖

---

① 尼古拉·布维耶：《日本笔记》，治棋译，生活·读书·新知三联书店，2021 年，第 104 页。
② 爱德华·赛登施蒂克：《东京百年史 从江户到昭和 1867—1989》，谢思源、刘娜译，上海社会科学院出版社，2018 年，第 114 页，第 241—第 242 页。

场里。河岸上长方型房状的建筑叫做肴纳屋（鱼店），是鱼河岸的中心设施。肴纳屋的内部被隔开，分别租给鱼类批发商们，用作河岸上的店铺。"[1]

新桥站启用后，政府"对穿过日本桥通向北面的主街进行美化了。政府禁止鱼市使用主街，并千方百计地不让商人出现在行人的视野之内。然而卖鱼的店家还是散发出阵阵腥臭，气味弥漫在日本桥和京桥各处"。[2]银座逐渐取代了日本桥的地位。1914年，政府在新桥站的北面新建了火车站。新站被赋予"国家中心站"及东京玄关的角色，其站台大楼极具特色，由著名设计师辰野金吾设计，采用文艺复兴式建筑风格，大楼长335米，3层，外墙用"赤炼瓦"的890万块红砖砌成，柱子采用白色花岗岩，屋顶有38米高的圆形塔楼，非常漂亮。[3]东京站的正门面向丸之内，并建成"一条宽阔大道直通皇宫广场"。"而位于东京站东侧的日本桥区则完全不受重视，东京站甚至懒得建个面向它的后门。从1922年起至1924年仅两年之间，在丸之内设立办公点的大公司数量就翻了一倍。"东京站的运营使得丸之内开始取代银座的地位，但银座并未衰落，而是向北移动进一步靠近东京站。"三越百货和白木屋是明治时期勇于尝试西方新式零售方式的先锋，其总店都位于日本桥。但随着新成立的百货公司接二连三地在银座开设分店或设立总店，三越也加入其中。除银座另当别论之外，下町在各方面均渐渐被山之手地区（皇宫西边的高地——引者注）远远抛在身后。"居住在京桥和日本桥的居民对东京站的傲慢深感不满，"他们依旧在新桥站上火车，而不去东京

① 吉田伸之：《成熟的江户》，熊远报等译，北京大学出版社，2011年，第205页，第221页。
② 爱德华·赛登施蒂克：《东京百年史 从江户到昭和 1867—1989》，谢思源、刘娜译，上海社会科学院出版社，2018年，第90页。
③ 内田宗治：《東京鉄道遺産100選》，中央公論新社，2015年，第46页。

中央车站，新桥站对他们来说更加亲切，而且差不多一样便利"。①同时期的伦敦、巴黎等大都市，并没有以城市名直接命名的火车站，②如伦敦有尤斯顿站、帕丁顿站、维多利亚站，巴黎有圣拉扎尔站、里昂站、北站、东站等，取名东京站确实表现出了国铁的傲慢。1929年，东京站终于开了一个后门，即面向京桥和日本桥的东出入口（第二次世界大战后全面开放）。东京站给人们带来的兴奋是显而易见的。1932年10月，《东京日日新闻》即现在的《每日新闻》举行市歌征集大赛。获奖歌词中写道："让我们从东京挑个地方向西北方向望去，就从东京中央车站吧，700千米之外能看到什么呢？如果天气晴朗的话，西伯利亚的群山将映入你的眼帘。这首歌经由一位音乐教授谱曲，广为传唱。"③但是，战前东京站曾发生了两任首相被刺身亡事件。1921年11月4日，原敬首相在东京火车站候车时被暗杀。当晚7时25分，原敬在通过检票口准备走向站台时，隐藏在柱子后面的年仅18岁的大塚火车站员工中冈艮一，突然窜出，用短刀刺向原敬的右胸，伤及心肺。得知原敬遇刺的消息后，原敬夫人心急如焚，仅十几分钟就赶到东京站，见到了生命垂危的原敬。在站长室紧急处理后，原敬被送往家中，不久就去世了。原敬是日本历史上第一位不拥有士族身份、不拥有任何爵位的首相，被誉为"平民宰相"。中冈初中未毕业，当了几年印刷厂学徒，1919年成为铁路员工，受右翼团体的影响，思想激进。这是日本历史上在职首相首次被暗杀。但中冈仅被判处12年有期徒刑，"量刑轻得非同寻常"，而且三度减刑。中冈在

① 爱德华·赛登施蒂克：《东京百年史 从江户到昭和 1867—1989》，谢思源、刘娜译，上海社会科学院出版社，2018年，第87页，第309—第310页。

② 海外铁道サロン：《ヨーロッパおもしろ鉄道文化ところ変われば鉄道も変わる》，交通新聞社，2011年，第10页。

③ 爱德华·赛登施蒂克：《东京百年史 从江户到昭和 1867—1989》，谢思源、刘娜译，上海社会科学院出版社，2018年，第354页，第409页。

狱中撰写了《铁窗十三年》。1934 年当中冈从仙台监狱获释时，右翼以欢迎英雄的方式迎接他，"还为他提供终身的生活保障"。①出狱后中冈良一积极参加政治活动，与右翼组织保持密切联系。相隔 9 年后，即 1930 年 11 月 14 日，东京站再次发生在职首相被暗杀事件。10 月 27 日，右翼团体爱国社成员佐乡屋留雄为了刺杀滨口首相，专程乘火车来到东京。他认为这位首相只为海军发展拨款 3 亿日元而非 5 亿日元，违背了他自己对天皇的承诺。但佐乡屋并没有马上实施刺杀。按照他对警察的说法，他在火车上"碰到一名皇室王公"，他听从此人的劝说而推迟了行动。佐乡屋尾随滨口首相的行动引起了警察的注意，但主管警察事务的内务大臣安达谦藏是右翼组织黑龙会的成员，因此警务人员虽然监视了佐乡屋，却并没有逮捕他。刺杀的前一晚，佐乡屋在东京最好的一家艺妓馆过夜，一名主顾替他买单，对于这个人的身份，警方后来守口如瓶，拒绝透露。11 月 14 日上午 8 时 45 分，拟搭乘开往神户的特急列车"燕"号的滨口雄幸首相在第四站台遭遇佐乡屋留雄的近距离枪击，身负重伤，在站长室紧急处置后被送往医院，翌年 8 月 26 日去世。警方对刺杀事件进行了长时间调查，却没有透露任何细节。1933 年 11 月 6 日，佐乡屋被判处死刑。但是在行刑前夕被天皇特赦，改为无期徒刑，1940 年出狱。战后佐乡屋仍然在日本右翼分子的集会上发表蛊惑人心的演讲。②现在东京站内有"滨口首相遇难现场"标示牌，提醒人们，勿忘历史。

太平洋战争期间东京站遭遇美军飞机轰炸，损毁严重。"站在东京站那没了屋顶的走廊，虽然没有风，却感觉冷飕飕的，身上穿的单层外套正好可以抵挡。两个同伴搭乘了先来的上野方向的电车，只剩下我一人，

---

① 戴维·贝尔加米尼：《天皇与日本国命》（上），王纪卿译，民主与建设出版社，2016 年，第 271 页。

② 戴维·贝尔加米尼：《天皇与日本国命》（上），王纪卿译，民主与建设出版社，2016 年，第 333—第 334 页。

等待着品川方向的电车。半阴的天空中，灰色的月亮朦胧映照着日本桥一侧的轰炸留下的废墟。月亮约莫初十月龄，初升在天，不知为何看起来很近。时间大约八点半左右，没有行人，宽阔的走廊显得越发宽阔了。远远看见电车的前照灯，不一会儿电车忽地驶到了近前。"——这是著名作家志贺直哉在小说《灰色之月》中对损毁的东京站的描写。"那是昭和二十年（1945 年）十月十六的事。"①战后日本对东京站进行了重建。因东京站具有厚重的历史韵味和独具特色的建筑样式，成为东京一处著名的游览景点。2014 年，东京站迎来开业 100 周年，举行了大规模纪念活动。

战争对日本铁道运行以及乘客搭乘列车的精神风貌产生了极大影响。1940 年秋天，年届六旬的著名作家永井荷风，在日记中抱怨道："东京市中心的街景已面目全非。仅仅半年前还热闹繁华的街头，如今却变得安静而毫无生机。晚上 6 点左右，这儿如往常一样挤满了通勤族，但看看这些都市男女穿的什么衣服啊！说这些人变得没有光彩都是客气了，他们显得老态而土气。女人们似乎也不再注重外表，不费心打扮了。夜晚的街道漆黑一片，人们不得不加紧回家的脚步。那些拼命挤进火车的人相互推挤，一个个看起来与难民无异。"②著名作家太宰治发表于 1939 年 4 月的短篇小说《女生徒》，描绘了战时日本人的精神面貌以及铁道运输的失序。小说主人公是一位 14 岁的女中学生，每天乘坐火车到位于御茶水的学校上课。主人公上车以后——"紧挨车门旁有个空座，我将书包轻轻地放在座上，然后捋了捋裙褶，正准备坐下去，一个戴眼镜的男人毫不客气地将我的书包挪开……一屁股坐了下去。'对不起，这个是

---

① 志贺直哉：《在城崎：志贺直哉短篇小说集》，吴菲译，北京联合出版公司，2022 年，第 237—第 241 页。
② 堀田江里：《日本 1941：导向深渊的决策》，马文博译，新华出版社，2020 年，第 3 页。

我先找到的座位……'男人听了，只是苦笑一下，便若无其事地看起报纸。""没办法，我只得将雨伞和书包搁到行李架上，单手拉着皮吊环。"列车行驶一段时间后，终于有空座位了，主人公连忙从行李架上取下书包和雨伞，敏捷地坐了过去。"右首是个中学生，左首是个身穿无领短棉罩衣、背着个婴儿的太太。"这个女人"脖颈下堆挤着黑黑的皱纹，简直不堪入目，恶心极了，让人恨不能上去扇她两下"。对面座位上坐着四五个年龄相仿的上班族，"愣怔怔的，估摸着大概三十上下吧。他们个个让人讨厌，眼神迷离，一幅睡意惺忪的样子，一点都不精神"。主人公在巴士上看见的也是令人讨厌的女人。"她身穿领襟满是污渍的和服，乱蓬蓬的棕红头发用一柄木梳卷起着，手上脚上脏兮兮的，还有一张红里透黑、凶巴巴的脸盘，男女莫辨。"主人公"因为自己是女人，所以很清楚女人身上的腥秽，简直令我讨厌到咬牙切齿的地步，好像浑身渗着那股抓过金鱼之后沾上的难闻的腥臭，怎么洗也洗不掉"。父亲去世，姐姐出嫁，主人公与母亲相依为命。孤儿寡母，又是战时，易遭人欺负。母亲刻意讨好周围邻居和亲戚，疏于对主人公的关心。主人公怀念战前与父亲在一起的日子。爸爸会陪着女儿一起散步，"父亲永远是那样朝气蓬勃。他一路上叫我唱德语小调"，"和我聊星星，还即兴作了诗"。以往夏天一家外出旅行的情景"就像岚烟一样幽缓地蒸腾而起，宿泊山形的场景、乘坐火车时的场景、浴衣、西瓜、小溪、知了、风铃……霎时间，我好想带着这把扇子再搭火车出行"。但是，昔日的快乐时光一去不复返了。主人公想要一双夏天的鞋子，母亲告诉她太贵了，买不起。为了安慰女儿，母亲允许她去看电影《赤脚少女》。主人公喜出望外，"我真的非常高兴，并且打心里喜欢母亲，于是我情不自禁的笑了"。1942年发表的小说《等待》，太宰治再一次描写了战时乘客的精神状态："每天，我都会来到省线（国营铁道线——引者注）的这个小车站等人。等我并不认识的人。从市场买完东西，回家的途中，我必定要绕至车站，坐在站前冰凉的长椅上，将购物篮搁在膝上，茫然地望着车站检票口。每当往来的电车驶抵站台，就会有许多乘客挤下车门，蜂拥着朝检票口涌来，个个一脸怒气似的出示证件或递上车票。"[①]

战后初期，即1946年6月，厚生省估计全国大约有4 000名战争孤儿。这些战争孤儿大都栖身在火车站、高架桥和铁路桥底以及废弃的建筑物中。他们凭借自己的"智慧"生存——擦皮鞋、卖报纸、偷钱包、捡烟头、非法贩卖粮食配给券，以及乞讨。聚集在这些地方的，不仅有战争孤儿，还有流浪汉、战败被遣返归国的日本人（包括一无所有的伤残军人）以及妓女等。满载遣返的复员士兵与回乡平民的列车上，许多乘客都陷入了疲惫而绝望的"虚脱状态"。铁路超载严重。1945年12月，日本发生了绑在妈妈背上的婴儿因车厢拥挤窒息而死的悲剧性事件。1945年11月1日，一个新成立的市民团体"饥饿对策国民协会"宣布，东京上野车站的无家可归者，每天有多达6人死于营养不良或相关病因。1946年9月29日，《每日新闻》刊登了一个21岁女孩的来信，讲述了自己在上野车站的地下通道中讨生活的经历："我住在那里顺便找工作，但是找不到任何事做，连续三天我什么也没得吃。然后在第三天夜里，一个不认识的男人给了我两个饭团。我赶忙吞了下去。第二天夜里，他又带给我两个饭团。后来他要我到公园去，因为他想跟我聊聊。我跟他去了。我就是在那时沦落为受人鄙视的'夜之女'的。"各种各样的人聚集在上野车站，在车站附近形成了"繁荣"的黑市，进一步加剧了车站的混乱局面。1947年12月24日，警方在上野站的地下通道进行了一次夜间搜捕活动，围捕了居住在这里的744名男子、200名妇女和80名儿

---

① 太宰治：《女生徒》，陆求实译，天津人民出版社，2020年，第21—第34页，第53—第56页，第64页。

童。1946 年初，在儿童们中间有 3 个最流行的游戏，分别是"潘潘"游戏、模仿黑色交易游戏和挤"火车"游戏。"潘潘"是战后对那些专做美国大兵生意的站街女的一种委婉称呼。一张 1946 年初的照片上，衣衫褴褛的欢笑的儿童们正在玩这个游戏——一个头戴美国兵船型帽的男孩，胳膊上挎着个穿补丁裤子的小女孩。这种游戏让家长们心如刀割，难以接受。这也反映了战争给日本人民带来的灾难和耻辱。1947 年，有一位大阪的老师报告说，他的小学生们看来迷上了挤"火车"的游戏。他们将教室前面的讲台作为他们的活动中心。在"遣返列车"上，孩子们背上他们的书包，挤在讲台上晃来晃去，然后在"大阪"站下车。而"特别列车"，顾名思义是模仿占领军人员的"专列"，只允许"漂亮人儿"上车。由一位"列车长"判断谁有资格上车。衣服上掉了一粒扣子？不合格。脸上脏兮兮的？不合格。那些通过这些刁难的孩子悠闲自在地坐在车上。而被拒绝的孩子们则羡慕地站在旁边看。而"普通列车"，允许每个人都往上挤，推来推去，抱怨着被踩了脚，大声地呼救。偶尔，"列车长"勉强挤在讲台边，宣布列车已经挤塌了，每个人都必须下车。这位老师悲叹，这真是一幅令人难过的景象：从模仿战争到模拟彻底的混乱。其实挤"火车"游戏，也真实地反映了战后初期日本铁路运输秩序的混乱状态。[①]为了整顿越来越混乱的乘车秩序，据 1944 年 5 月 19 日发行的《读卖新闻》报道，运输通信省开展所谓铁道"总亲和运动"，呼吁乘客"坚守乘车道德"，"在左侧乘车，不要堵住出入口，把行李搁置在行李架上或凳子下面"，等等。战后初期日本铁路乘车秩序一度失控并延续了相当长的时间，经常有乘客不按序排队，而随意插队，拥

[①] 约翰·W. 道尔：《拥抱战败：第二次世界大战后的日本》，胡博译，生活·读书·新知三联书店，2015 年，第 29 页，第 64—第 65 页，第 71 页，第 80—第 81 页，第 94—第 95 页。

挤上车，导致发生交通事故。乘客按照车门前时间轴上的前后关系排列，有序上车，不仅是乘车礼仪，也是控制伴随铁道移动的行为规范，与车站自动扶梯一样，是不可或缺的。1951年6月18日，在日暮里站跨线桥上，由于换乘的乘客互相推搡，有十多名乘客从桥上坠落伤亡。1956年8月2日《读卖新闻》以"东京站大乱斗，争抢座位，公安官遭受重伤"为题报道，四五名乘坐东海道线长途列车的乘客在东京站14号站台为争抢座位，在列车外打开车窗，往座位上放置行李，与其他乘客发生争吵。一名乘客殴打前来维持秩序的公安值班员，酿成一场混战。公安值班员面部多处受伤，1个月以后才痊愈。最终车站人员合作，以现行伤害罪逮捕了3名乘客。为了让乘客有序乘车，铁路管理人员真是操碎了心。

1940年夏天，日本政府开始提倡所谓的全国节俭宣传运动，仅"真正的日本经不起放纵"和"奢侈是敌人"这样的标语牌，就有1 500个悬挂在东京各处。①太平洋战争期间，日本国铁大幅度减少长途旅客列车的数量。1944年4月，特急列车、卧铺列车以及列车上的餐车都被废止。单程距离超过100千米的出行，需要先从所在单位或警察署取得旅行证明才能购买车票。1945年3月，急行列车也仅剩下东京与下关之间开行的一列。至于人们平时乘坐的通勤列车，不仅每一趟都挤满了人，车窗玻璃也基本上是破的，连车厢座椅上的布料也都被人偷走用来缝补衣服。新造的车厢更是从一开始就没有安装座椅。铁路管理部门停运包括私营铁路在内的利用率不高的线路，或是将复线改为单线。多余的铁轨则被拆卸，用于在利用率较高的干线铁路边修筑平行的辅助线路。此外，为

---

① 堀田江里：《日本1941：导向深渊的决策》，马文博译，新华出版社，2020年，第3—第4页；斗鬼正一：《整列乗車−鉄道というメディアと社会》，《江戸川大学纪要》第29号，2019年。

提高运力，铁路部门还研制出 D52 型新型蒸汽机车。因为钢材都被优先分配给军需部门，所以 D52 型新型蒸汽机车车体的一部分只能用混凝土制造。①

  明治时期新宿位于东京西部的边界，被称为东京的"肛门"。因为每天早晨收集粪便的手推车排成长龙，堵塞了新宿的道路。但是当新宿火车站拔地而起时，一切都改变了。早在 1930 年代，国铁、西武轨道、京王电气轨道和小田原急行铁道等公司共同经营新宿站。1964 年东京奥运会的举行进一步加快了新宿的开发。新宿站作为乘客人数最多的火车站，带动了周边地区的发展。新宿站东出入口有精心设计的购物餐饮中心，并有一个英文名字：My City（我的城市）。新宿站西出入口有大量超高层建筑，与其他地方摩天大楼都是形单影只不同，新宿站附近却是超高层林立。东京都政府迁至新宿。新宿的崛起令人感到意外，甚至有点不知所措，"从远处看过去，这片超高层聚集区总有一种独立于街区之外、孤零零的感觉。就好像这座城市还没有做好足够的准备，不太清楚该拿它怎么办一样"。②既然东京的政治中心已迁至新宿，那么东京的文化中心是否会转移至新宿？"也就是说现在身为中心的丸之内、银座、日本桥以及向南向西直到港区的这片地域，是否会退而成为副都心，而如今最大的副都心新宿，是否会取代前者，成为新的中心地带？"答案是肯定的。明治时期，银座是东京最西边的闹市区，现在最西边的闹市区是新宿，银座转变为东京最东边的闹市区。东京都市圈集中了日本半数以上的大学生，而很多来自外地的大学生在东京度过了整整 4 年时光，

① 古川隆久：《毁灭与重生：日本昭和时代（1926—1989）》，章霖译，浙江人民出版社，2021 年，第 150 页，第 175 页。
② 爱德华·赛登施蒂克：《东京百年史 从江户到昭和 1867—1989》，谢思源、刘娜译，上海社会科学院出版社，2018 年，第 92 页，第 612—第 613 页。

却根本没有见过隅田川。[1]

涩谷站位于新宿站南面，以车站为中心形成了东京最为繁华的商业街之一。战前国铁、帝都电铁、玉川电气铁道、东京高速铁道、东京横滨高速电铁等公司共同使用该车站。二战后，东急百货公司垄断了涩谷站周边的商业运营。奥运会后，西武铁道公司进军涩谷站，开设百货商场，召集时尚服饰与餐饮界的精英人士进行特许经营，使得涩谷冲出了狭窄的山谷地带，涩谷以及西南角的原宿和青山，取代了过去一直由银座独占的地位，"即成为最高端的时尚中心，这是浅草和新宿从来都望尘莫及的"。[2]现在涩谷成为年青人最喜欢的地方，也是东京第二副都心。JR东日本、京王电铁、东急电铁、东京地铁等公司线路互联互通，由东急电铁公司负责管理车站。涩谷站西北面的十字路口设计非常巧妙，在信号灯转绿时，可以直行、横行或向斜对面行走，成为东京特有的都市景观。十字路口的红绿灯转换间隔时间为两分钟，有一次通过人数居然高达3 000人，而行人之间互不干扰，没有推搡、碰触的现象，令人叹为观止。笔者多次站在商业大楼窗口观看十字路口行人通行情况。工作日经过该十字路口的行人平均约26万人，周六周日约39万人，最多时曾达到50万人。涩谷站西出口有"忠犬八公"的铜像。笔者每次路过都看见许多游客与忠犬八公铜像合影。忠犬八公是一条秋田犬。1924年，东京大学农学教授上野英三郎购入一条秋田犬，取名"八公"。翌年，上野在上课中突发脑出血去世。上野在世外出时，"八公"常常伴随其到涩谷站。上野去世后，"八公"仍像以往那样去车站迎接主人，时间持续了10年。人们感念"八公"的忠诚，为其塑像。1987年，电影《忠犬

---

① 爱德华·赛登施蒂克：《东京百年史 从江户到昭和 1867—1989》，谢思源、刘娜译，上海社会科学院出版社，2018年，第617页，第626页。

② 爱德华·赛登施蒂克：《东京百年史 从江户到昭和 1867—1989》，谢思源、刘娜译，上海社会科学院出版社，2018年，第538页。

八公的故事》上映，反响热烈，以后美国又进行了重拍。"八公"像旁是最好的约会碰头地点，尤其约会对象是对涩谷不熟悉的人。因为如果在涩谷站问路，只要对方对那一带略知一二，就会告诉你"八公"像在哪里。因此"八公"像周围变成了有名的碰头地点，不论什么时候都有很多像是在等人的人。[①]

池袋的崛起有点偶然。池袋位于东京的西北面，该区域的第一座火车站建在目白，即池袋的南面。铁路管理部门在规划山手线时，最初计划的行进路线是由南向北依次经过涩谷、新宿、目白延伸至池袋，设想在目白分线，一支往北，另一支折向东。但缺乏远见的目白居民强烈反对在目白分线，结果改为在池袋分线。这一改变为池袋带来了机会。本来池袋是一片沼泽地带，人烟稀少，"就这样，池袋建起了火车站，由此开始成长为继新宿和涩谷之后的第三大副都心"。[②]

明治早期，铁路作为一种工业化机器贸然进入城市，给人造成了巨大的震撼。日本人普遍用"陸蒸気"来指称"铁道"，也就是说，火车代替水上蒸汽船在陆地上运输大型重载货物，把"铁道"看成是水上蒸汽船的陆上版，即"陆蒸气"，并作为通用词语而确定下来。当时日本人所理解的铁道，是用铁制作的陆上航道，即"铁之航道"，而水上航道或运行在水上航道上的蒸汽船则被称为"水之铁道"，也称为"河蒸气"。除此以外，还有其他的和式汉字指称"铁道"，如"鉄道""銕道""鉄道汽車""鉄路""鉄車道""鉄道汽船""蒸気車""蒸気車船""蒸気舟車""蒸気行動""陸汽車""汽車""機関車"等。[③]有

---

① 佐藤忠男：《电影中的东京》，沈念译，上海人民出版社，2022 年，第 237—第 240 页。

② 爱德华·赛登施蒂克：《东京百年史 从江户到昭和 1867—1989》，谢思源、刘娜译，上海社会科学院出版社，2018 年，第 623—第 624 页。

③ 宇田正：《鉄道日本文化史考》，思文閣，2007 年，第 119 页，第 132 页。

日本人担忧，蒸汽机车要拉动这么大的负担，引擎"骨头肯定会断的"，"流着汗的"机车"肯定会很热"，于是取水泼到火车头上。①因此要对进入城市的铁路以某种方式"过滤"一下。这种"过滤"就是通过车站来进行的。车站发挥了门户的功能，将城里的交通空间与铁路的交通空间连接起来。乘客在火车站逗留，这是从城市到铁道之旅上的一段空隙，"这个暂停非常必要，因为它能让旅客们应对空间性质的转换"。②早期铁路乘客对火车站充满了信赖。"绝大多数旅行者并没有注意到线路途中的轨道、拱桥、高架桥、隧道和其他形式的工程奇迹，只有车站才是旅客与铁路的接触点。建筑师在设计过程中必须直切要害：为了能给史无前例的冒险旅程蒙上一层舒缓的面纱，车站首先得具备坚实可靠的形象；其次还要反映出车站所属铁路公司的重要地位，以及对它所服务城镇或社会群体的认可"。③由于技术不成熟，早期的火车头是骇人的机械，喷出烟雾和火花，烟囱里闪烁着炽热的火光，仿佛随时会爆炸。三等车厢的乘客坐在露天车厢的木质长凳上。乘客对铁路的快速度感到害怕，担心留下健康隐患，即内脏无法再与往常一样工作，当有人这么想时肌肉会过度紧张，大脑会被挤到头盖骨上。简单地说，身体不是为了这样的速度所制作。然后是心灵损伤，飞驰而过的风景将灵魂置入一种眩晕，人们有可能无法再摆脱眩晕感。④铁路对人们的时间认知带来了巨大挑战，早期铁路乘客心理上的内部时钟已然失衡。这种不平衡，在早期的

---

① 斯蒂文·J. 埃里克森：《汽笛的声音——日本明治时代的铁路与国家》，陈维、乐艳娜译，江苏人民出版社，2011年，第41页。

② 沃尔夫冈·希弗尔布施：《铁道之旅：19世纪空间与时间的工业化》，金毅译，上海人民出版社，2018年，第243—第246页。

③ 克里斯蒂安·沃尔玛尔：《钢铁之路：技术、资本、战略的200年铁路史》，陈帅译，中信出版集团，2017年，第154页。

④ 吕迪格尔·萨弗兰斯基：《时间：它对我们做什么和我们用它做什么》，卫茂平译，社会科学文献出版社，2018年，第123—第124页。

心理治疗领域中以歇斯底里或神经衰弱呈现。"一种原因不详的症候群，即所谓的'铁路脊椎'——焦虑、头疼、食欲不佳、恐惧——对于心理分析治疗的反应多过传统医药，结果促成了一门向来遭受忽视的新学问。"早期欧洲的火车车厢非常简陋，除了在站台上下车的开口以外，再没有其他出入通道。"车厢之间不能互通；车上没有任何设备；暖气系统不良。如果车上有 6 个绅士抽烟，还有人看报、进食或喝饮料，整节车厢就成了炼狱。乘客不会自我介绍，也不会互道背景或目的。第一代的欧洲车厢就是恐怖的斗室、迅速运输的模式，但绝非愉快的旅行经验。"眼睛习惯驿车速度和熟悉景观的早期铁路乘客，搭乘火车时受到警告，"不可观赏路边的景色，而必须注视远方的物体、大树、教堂尖塔或废墟，以避免晕车或失去方向感而引起疯狂。旅客必须培养'全景'视线，以免看到扰乱方向感的片段物件或模糊的前景。从行进的火车看到的风景，化成连串的模糊影像；远处的形状产生弯曲，变成平面，不符合透视的感觉。这一切诱发了新的知觉和期望"。[1]1830 年，第一辆在美国制造的蒸汽火车头在运行了仅仅 6 个月后就发生了爆炸事故，导致旅客对乘坐火车望而却步。法国一家铁路公司特意安排巴黎区主教为鲁昂至勒阿弗尔这条新敷设的铁路线上运行的第一趟列车赐福，以消除公众的恐惧。[2]

1848 年，英国著名作家狄更斯发表了长篇小说《董贝父子》。当时距离英国敷设第一条铁路已过去 20 多年了，铁路里程已突破了 2 000 千米，英国从纺织时代，进入了铁路时代。在《董贝父子》一书中狄更斯第一次采用了一个象征来贯穿全书，以传达出一个总的世界图景，一种对时代、对社会的理解。他曾用雾、浊流、垃圾等形象作为这种象征，

---

① 克拉克·布列斯：《时间的秘密》，范昱峰译，上海人民出版社，第 128—
　第 129 页，第 133 页。
② 菲奥纳·麦克唐纳：《看得见的文明史——19 世纪的火车站》，刘勇军译，
　知识出版社，2015 年，第 16 页。

而在这里则是铁路。"铁路——火车、铁轨——的形象在书中出现多次，往往在关键时刻渲染气氛，烘托主题。用铁路的形象来概括四十年代工业化的英国。"铁路改变了人们的生活方式，意味着力量、运动和速度，使破败不堪的街区焕发了新的生命。①《董贝父子》中描写了某贫民区，因铁路建设从地面上消失了。"古老、破烂的凉亭从前曾经所在的地方，如今宫殿耸立，显露峥嵘；围长粗大的花岗石柱子伸展开一片路景，通向外面的铁路世界。往昔堆积垃圾的污秽的荒地已经被吞没和消失了；过去霉臭难闻的场所现在出现了一排排堆满了贵重货物与高价商品的货栈。先前冷僻清静的街道，如今行人熙来攘往，各种车辆川流不息；原先在泥泞与车辙中令人灰心丧气、中断通行的地方，现在新的街道形成了自成体系的城镇，生产着各种有益于身心、使生活舒适方便的物品与设施，在这些物品与设施没有出现之前，一般的人们从没有进行过这种尝试或产生过这种念头的。原先不通向任何地方的桥梁，如今通向别墅、花园、教堂和有益于健康的公共散步场。房屋骨架和新的通道的初期预制品正装在火车这个怪物内，飞速地运往郊外。"

铁路沿线居民对铁路的感受经历了排斥、爱恨交加乃至完全接受的过程：

他们在铁路最初蜿蜒伸展的日子中还打不定主意是否承认它；后来像任何一位基督徒在这种情况下都可能表现的那样，变得聪明起来，翻然悔悟，现在都在夸耀这位强大、兴隆的亲戚。布店里织物上印有铁路图案，卖报人的橱窗中陈列着铁路杂志。这里有铁路旅馆，铁路办公楼，铁路公寓，铁路寄宿处；有铁路平面图，铁路地图，铁路风景画，铁路包装纸，铁路酒瓶，铁路三明治包装匣和铁路时刻表；有铁路出租马车

---

① 朱虹：《〈董贝父子〉——资产者的画像及其他》，载查尔斯·狄更斯著《董贝父子》，吴辉译，译林出版社，1991 年。

和铁路出租马车停车处；有铁路公共汽车，铁路街道和铁路大楼；有铁路食客；铁路寄生虫和数不胜数的铁路马屁精。甚至还有钟表那样准的铁路时间，仿佛太阳它自己已经认输让步了似的。在被铁路征服的人们中间，有清扫烟囱的工长，这在过去在斯塔格斯花园中（贫民区的名称——引者注）是难以令人置信的；如今他住在一座墁上灰泥的三层楼房中，在一块油漆招牌上用金色的花体字书写广告，自称是用机器清扫铁路烟囱的承包人了。

滚滚翻腾的洪流像它的生命的血液一样，日日夜夜永不停息地流向这个变化巨大的心脏，又从这个心脏返流回去。成群结队的人们，如山似海的货物，每昼夜二十四小时几十次运出运进，在这个活动不息的地方起着发酵般的作用。甚至连房屋也好像喜欢给打包起来，外出旅行似的。奇妙绝伦的议员们二十年前对工程师们异想天开的铁路理论还曾冷嘲热讽，盘问时百般阻挠，现在却戴着手表乘车到北方去，事先还发出电报通知他们即将到达。所向无敌的机车日日夜夜在远方隆隆地前进，或者平稳地开向旅程终点，像驯服的龙一般滑向指定的、精确度按英寸计算的角落，站立在那里，吐着白沫，颤抖着，使墙壁都震动起来，仿佛它们充满了至今还没有被发现的巨大力量的知识以及至今还没有被达到的伟大目标似的。[1]

小说主人公董贝，作为冷酷无情的商界精英对铁路持何种态度呢？起初董贝对铁路是排斥的，因为火车力大无穷而又难以控制，它在急驰中似有自己的目的而把人的意愿置于不顾。董贝最心爱的儿子，也是他事业的继承人保罗将要死去时，外面的火车却"日日夜夜，往返不停，翻腾的热浪犹如生命的血流"。董贝在保罗身上花费了大量心血、寄予

---

[1] 查尔斯·狄更斯：《董贝父子》，吴辉译，译林出版社，1991年，第259—第260页。

无限期望，但董贝只能眼睁睁地看着保罗悄悄死去，"而车声隆隆正以雷霆万钧之势驶来，显得那样冷酷无情"。保罗死后，董贝乘火车出门旅行散心，"火车的机械运动与董贝的沉重心情互相衬托"。后来，董贝去追赶拐骗他妻子私奔的卡克，一个在逃，一个在追，这时火车像个可怕的怪兽，"混身冒火的魔鬼"，愤怒地奔腾咆哮，活像个复仇神，终于非常戏剧性地将卡克碾死。①此外，早期英国火车乘坐并不舒服。小说叙说了董贝与白格斯托克少校搭乘火车前往伯明翰的情景。少校的仆人为其带了很多东西，担心少校途中挨饿受冻。少校乘坐董贝的四轮轻便马车前往车站，仆人事先在董贝马车中"一切可能的和不可能的角落里塞满了数量异常之多的毡制旅行提包和小旅行皮包"，仆人又在自己的口袋中"塞满了塞尔查矿泉水、东印度群岛的雪利酒、夹心面包片、围巾、望远镜、地图和报纸，这一类随身携带的轻便物品是少校在旅行中随时可能要的"。最后"房东又把一堆少校的斗篷和厚大衣猛掷到他身上"，"把他完全蒙盖住了，他就像埋葬在一个活坟墓里似地向着火车站前进"。抵达车站后，工作人员匆忙做着开车前的准备工作，董贝和少校在站台上百无聊赖地走来走去，"董贝先生沉默寡言，闷闷不乐"。由于少校身重体胖，很难踏上车厢门口的踏板，于是少校破口大骂仆人。董贝则仰靠在车厢里、皱着眉头看着车外不断变化的景物，"郁郁不乐"。"他没有从旅行中找到快乐或安慰"，怀着忧闷无聊的心情。狄更斯描绘了当时（170多年前）搭乘火车旅行给董贝带来的感受：

通过了迅速飞逝的风光景色；他匆匆穿过的不是物产富饶、绚丽多彩的国家，而是茫茫一片破灭了的计划与令人苦恼的妒忌。急速转动的火车速度本身嘲笑着年轻生命的迅速过程，它被多么坚定不移，多么铁

① 朱虹：《〈董贝父子〉——资产者的画像及其他》，载查尔斯·狄更斯著《董贝父子》，吴辉译，译林出版社，1991年。

面无情地带向预定的终点。一股力量迫使它在它的铁路——它自己的道路——上急驰，它藐视其他一切道路和小径，冲破每一个障碍，拉着各种阶级、年龄和地位的人群和生物，向前奔驶；这股力量就是那耀武扬威的怪物——死亡！

它尖叫着，呼吼着，卡嗒卡嗒地响着，向远方开去；它从城市出发，穿进人们的住宅区，使街道喧嚣活跃；它在片刻间突然出现在草原上，接着钻进潮湿的土地，在黑暗与沉闷的空气中隆隆前进，然后它又突然进入了多么灿烂、多么宽广、阳光照耀的白天。它尖叫着，呼吼着，卡嗒卡嗒地响着，向远方开去；它穿过田野，穿过森林，穿过谷物，穿过干草，穿过白垩地，穿过沃土，穿过粘泥，穿过岩石，穿过近在手边、几乎就在掌握之中、但却永远从旅客身边飞去的东西，这时一个虚幻的远景永远在他心中缓慢地随他移动着，就像在那个冷酷无情的怪物——死亡的轨道上前进一样！

它穿过洼地，爬上山岗，经过荒原，经过果园，经过公园，经过花园，越过运河、越过河流，经过羊群正在吃草的地方，经过磨坊正在运转的地方，经过驳船正在漂流的地方，经过死人躺着的地方，经过工厂正在冒烟的地方，经过小溪正在奔流的地方，经过村庄簇集的地方，经过宏伟的大教堂高高耸立的地方，经过生长着石竹、狂风反复无常地有时使它表面平顺光滑、有时又使它兴波起浪的萧瑟凄凉的荒原；它尖叫着，呼吼着，卡嗒卡嗒地响着，向远方开去，除了尘埃与蒸汽外，不留下其他任何痕迹，就像在那个冷酷无情的怪物——死亡的轨道上前进一样！

迎着风和光，迎着阵雨和阳光，它转动着，吼叫着，猛烈地、迅速地、平稳地、确信地向远方开去，向更远的地方开去。巨大的堤坝和宏伟的桥梁像一束一英寸宽的阴暗的光线闪现在眼前，然后又消失了。它向远方，更远的地方开去，向前，永远向前地开去，瞥见了茅舍，瞥见了房屋、公馆、富饶的庄园，瞥见了农田和手工作坊，瞥见了人们，瞥见了古老的道路和小径（当它们被抛在后面的时候，看去是那么荒凉，渺小和微不足道——它们也确实如此——）、在难以制服的怪物——死亡的轨道上，除了瞥见这些东西之外，又还有什么别的呢？

它尖叫着，呼吼着，卡嗒卡嗒地响着，向远方开去；它重新投入地面，以狂风暴雨般充沛的精力和坚韧不拔的精神向前奔驰；在黑暗与旋风中它的车轮似乎倒转，猛烈地向后面退回去，直到射向潮湿的墙上的光辉显示出，它的顶部表面正像一条湍急的溪流一般向前飞奔过去。它发出了欢天喜地的尖叫声，呼吼着，卡嗒卡嗒地响着，又一次进入了白天和经过了白天，急匆匆地继续向前奔驰着；它用它黑色的呼吸唾弃一切，有时在人群聚集的地方停歇一分钟，一分钟以后他们就再也看不见了；它有时贪婪无厌地狂饮着水，当它饮水的喷管还没有停止滴水之前，它就尖叫着，呼吼着，卡嗒卡嗒地响着，开向紫红色的远方去了！

当它急急匆匆、不可抗拒地向着目标奔驰的时候，它尖叫、呼吼得更响更响了；这时它的道路又像死亡的道路一样，厚厚地铺盖着灰烬。周围的一切都变得黑暗了。在很下面的地方是黑暗的水池，泥泞的胡同，简陋的住宅。附近有断垣残壁和坍塌的房屋，通过露出窟窿的屋顶和破损的窗子可以看到可怜的房间，房间中显露出贫困与热病的各种惨状；烟尘、堆积的山墙、变形的烟囱、残破的砖头和废弃的灰浆，把畸形的身心关在里面，并且堵挡住阴暗的远方。当董贝先生从车厢窗户望出去时，他没有想到，把他运载到这里来的怪物只不过是让白天的亮光照射到这些景物上面，它没有制造它们，也不是它们发生的原因。这是恰当的旅程终点，也可能是一切事物的终点——它是多么破落与凄凉。

少校劝说旅途中闷闷不乐、寡言少语的董贝："别爱沉思。这是个坏习惯。""您是个伟大的人物，董贝，不能这么喜爱沉思。"旅途中少校倒是一直兴致勃勃、滔滔不绝。抵达目的地的第二天早上，少校"像一个精神振作的巨人一样吃喝"，而"董贝先生宁愿待在自己房间里或独自在乡间散步"。但董贝毕竟是商界精英，敏锐地觉察到铁路给人类社会带来的巨大变化，很快放弃闭门独居的习惯，走出公司业务经营的小圈子，"他现在开始觉得这次旅行对他的孤独生活将会有所改进；因此，他放弃了他单独一人时原打算独自再待上一天的想法，跟少校手挽着手地出去了"。①

1906 年，著名作家夏目漱石发表的中篇小说《草枕》也描述了主人公对火车爱恨交加的复杂情感。主人公说："我把能看到火车的地方称作现实世界。再没有比火车更能代表二十世纪文明的了。把几百个人圈在一个箱子里，轰轰隆隆拉着走。它毫不讲情面，闷在箱子里的人们都必须以同样速度前进，停在同一个车站，同样沐浴在蒸汽的恩泽里。人们说乘火车，我说是装进火车；人们说乘火车走，我说是用火车搬运。再没有比火车更加轻视个性的了。文明就是采取一切手段最大限度地发展个性，然后再采取一切手段最大限度地践踏个性。""我每当看到火车猛烈地、不分彼此地把所有的人像货物一般载着奔跑，再把封闭在客车里的个人同毫不顾忌个人的个性的铁车加以比较，就觉得危险，危险。一不留意就要发生危险！现在的文明，时时处处都充满这样的危险。顶着黑暗贸然前进的火车便是这种危险的一个标本。"②

日本铁路发展初期，经常会出现这样的景象："一些人会悠闲地花一天时间到达火车站，另一些误车的人会第二天捧着午饭盒到火车站等

---

① 查尔斯·狄更斯：《董贝父子》，吴辉译，译林出版社，1991 年，第 326—第 335 页。

② 夏目漱石：《草枕》，陈德文译，上海译文出版社，2017 年，第 137—第 138 页。

待出发。"①早期列车上没有厕所，也不提供任何服务。铁路是工业革命的产物，但很长时间内铁路部门和员工的管理方式与风格却是农业时代式的，充满了傲慢或对乘客的蔑视。英国维多利亚时代晚期乡镇火车站的员工"均是村里的知名人物，在那些日子里，在铁路上工作是体面活儿，无论职位多么卑微"，"站长穿着的洁净的制服，饰有金色穗带，扣眼里插着一支玫瑰"。检票员衣服上则插着一支康乃馨。②火车站站长在忙碌了一天之后，晚上一般都要去参加当地的社交活动、会议或晚宴，这是他的职责，他去参加这些活动，能提醒人们铁路对他们的城镇是多么重要。虽然火车站发挥相同的功能，但早期建造的火车站却各具特色，风格迥异。建造火车站使用了当时最先进的技术以及新的建筑材料，比如铸铁、软钢和厚玻璃板。玻璃屋顶比覆盖石板和瓦片的屋顶轻很多，更适于建造大屋顶，玻璃的采光性能好，所以在火车站工作会变得更加惬意。由于不需要更多人工照明，运营起来也比较经济。早期火车站的样式与中世纪的大教堂或瑞士的牧人房舍相类似。19世纪60年代，欧洲大部分重要城镇都拥有了一座火车站，一些城镇还会有两座甚至三座互相竞争的火车站，因为经过这些城镇的铁路线路是由几家互相竞争的铁路公司分别运营的。火车站的建设和运营给所在城镇带来了巨大变化，缩短了乡村与城市以及城镇之间的距离。没有火车站，城镇就赶不上工商业快速发展的步伐。因此有时候城镇还会贿赂铁路公司，让铁路公司在当地敷设新的铁路线，以拉动经济发展。世界上第一座火车站出现在英国曼彻斯特的利物浦路，比较简陋，不过是几个露天站台，供乘客在

① 斯蒂文·J. 埃里克森：《汽笛的声音——日本明治时代的铁路与国家》，陈维、乐艳娜译，江苏人民出版社，2011年，第51页。

② 克里斯蒂安·沃尔玛尔：《铁路改变世界》，刘嫩译，世纪出版集团、上海人民出版社，2014年，第195—第196页。

那里等车，后来火车站有了屋顶、售票处、候车室和物品寄存处。[1]以后火车站日趋豪华，铁路公司滋生了傲慢自大的习气。这种习气也蔓延至日本。直到1903年，日本铁路公司仍以一种傲慢的态度进行管理，"在铁路工作人员的词汇中，其北部地区的乘客被称为乡巴佬，公司的这些小官们认为自己是高于这些农业人口的一群人"。[2]

火车服务是从火车站开始的，铁路公司在大城市为"蒸汽火车建起了傲视邻近建筑物的殿堂"，即便乡村火车站也确立了基本要求：一间售票处、一间候车室、厕所以及煤油灯。之后又增加了小吃店、报刊亭以及电报室（1848年，伦敦尤斯顿火车站开设了第一家车站报刊亭）。"即使是最简陋的火车站，也很快成为当地社区的焦点，不仅吸引了乘客，同时还吸引了接待员、商贩，成为见面和告别之处、快乐与悲伤之地。士兵从这里离开，再也没有回来；新娘远道而来，再也没有离开。在新旧世纪之交，没有哪个地方比当地的乡村火车站更加重要。"[3]1886年，英国一位男爵夫人描绘了她乘车旅行的经历，火车上什么服务都没有，抵达加来火车站后，每个人疯狂地冲向车站餐厅，"每个人都点了同样的东西——肉汤、嫩鸡、土豆泥、半瓶红酒"，饭还未吃完，列车长就大声催促乘客："五分钟后开车。"付了账、抓上衣服，乘客们在站台上像疯子一样奔跑，焦急地寻找自己的车厢。车厢里没有厕所，也没有走廊，但男爵夫人神秘地写道："大部分人都带着一件最有用的家用器皿，为了倒空它，不得不频频地把窗户放下来。"而男爵夫人乘坐的可

---

[1] 菲奥纳·麦克唐纳：《看得见的文明史——19世纪的火车站》，刘勇军译，知识出版社，2015年，第8—第14页，第29页。

[2] 斯蒂文·J. 埃里克森：《汽笛的声音——日本明治时代的铁路与国家》，陈维、乐艳娜译，江苏人民出版社，2011年，第48页。

[3] 克里斯蒂安·沃尔玛尔：《铁路改变世界》，刘媺译，世纪出版集团、上海人民出版社，2014年，第195页。

是头等车厢。①1910 年，著名作家志贺直哉发表小说《到网走去》，讲述了主人公搭乘下午 4 时 20 分从上野开往青森的列车，上车后邂逅一位带着两个孩子的年轻女人的故事。女人约二十六七岁，背着一个婴儿，手上牵着另一个小男孩上车。火车经过小山、小金井、石桥前行，窗外渐渐地暗了下来。男孩开口说要尿尿。但是这趟客车没有厕所。"你能再忍一忍吗？"女人不知所措地问道。男孩皱着眉点点头。女人把男孩拥在怀里，回看四周，不停地安慰孩子："再等一会儿，好不好？"男孩扭动身体，说是快憋不住了。不久火车到达了雀宫站，询问乘务员，乘务员说时间不够，请到下一站再说。下一站是宇都宫站，停车 8 分钟。"在到达宇都宫之前，这位母亲将会多么煎熬啊。不一会儿，睡着的婴儿也醒了。母亲给他含了乳头，只管重复着一句话：'就快到了。'"不久，火车轰鸣着驶入宇都宫车站。火车还没停稳，小男孩就弓着腰按着小腹说"快点，快点"。②有些车站餐馆的无良奸商会收买列车长，让他们提早开车，这样花钱买了食物的乘客就来不及吃，这些奸商就可以把食物重新卖给坐下一班火车到来的饥肠辘辘的乘客。有一幅美国绘画，描绘了美国早期铁路乘客在有限的停车时间里就餐的场景。乘客匆匆忙忙地买食物，然后匆匆忙忙地吃掉。服务员急匆匆地把茶和咖啡端给又累又渴的乘客，而乘客必须尽可能快地喝光，以免误车。而列车长则站在餐馆门口，手里拿着怀表，催促乘客加紧用餐。③1889 年 4 月 27 日，东海道线上发生了一件悲剧。宫内省一位名叫肥田滨五郎的重要官员在藤枝车站短暂停留期间下车使用洗手间。当他从洗手间出来时，火车已开始驶离站台，

① 克里斯蒂安·沃尔玛尔：《铁路改变世界》，刘嫩译，世纪出版集团、上海人民出版社，2014 年，第 190 页。
② 志贺直哉：《在城崎：志贺直哉短篇小说集》，吴菲译，北京联合出版公司，2022 年，第 9—第 10 页。
③ 菲奥纳·麦克唐纳：《看得见的文明史——19 世纪的火车站》，刘勇军译，知识出版社，2015 年，第 8—第 14 页，第 30 页。

肥田疯狂追赶，结果滑了一跤，在"一等和二等车厢连接处"摔死了。肥田事件引起了舆论对铁路管理部门的严厉批评，要求铁路员工照顾乘客，在较大的车站停留 15 分钟以方便乘客去洗手间和购买食品等。《东京经济杂志》载文将乘坐日本火车的"不方便和不舒适"与美国火车"旅行的美妙"相对比，认为后者的优势可以通过三个"W"来总结，即"温暖、水和洗手间"（英语里这三个词的开头字母，分别是 warm，water，water-closet）。[①]19 世纪末，欧美各国的列车服务与车站服务一样，有了很大改进。车厢外面可能是荒芜的原野，但车厢之内简直就是芝加哥的沙龙或巴黎的五星级旅馆。1881 年后的美国，许多铁路线上的列车车厢已安装了电灯（多数家庭都还没有），提供冷冻香槟和亮晶晶的盥洗室。1887 年以后，欧美各国的车厢都已电气化，使用空调并且保持空气流通，旅客跨州旅行的舒适情况等同甚至超过家中，将大自然更舒适度的情况搬到室内来享受。1898 年远至西伯利亚中部的托木斯克都有了豪华的乘车服务。[②]日本铁路管理部门从车站开始逐渐改进服务，形成了具有日本特色的车站服务。

笔者曾在奈良大学担任研究员，访学期间多次乘坐火车外出，下了火车之后，一般不会马上离开车站，而是在车站或车站附近溜达，购买生活用品、就餐、逛逛书店。一般大的火车站建筑有四、五层高，每一层都发挥不同的功能，如有的楼层是百货，有的楼层是超市，有的楼层是餐饮一条街，有的楼层是政府机关或公司办公场所。好几次笔者离开车站以后，一旦饥肠辘辘，很难快速找到餐饮店。即便找到了，餐饮的丰富性与站内餐饮相比，不可同日而语。因此，如想领略具有日本地方

---

① 斯蒂文·J. 埃里克森：《汽笛的声音——日本明治时代的铁路与国家》，陈维、乐艳娜译，江苏人民出版社，2011 年，第 56 页，第 59 页。
② 克拉克·布列斯：《时间的秘密》，范昱峰译，上海人民出版社，第 208—第 209 页。

特色的美食，车站是一个不错的选择。京都火车站经过多次改造，体现了日本铁路服务的高水平，也为铁路运营部门带来巨大收益。京都站高12层，楼顶为天台，可俯瞰京都全景。12层为日本料理一条街，11层为"拉面小路"，集中了最具人气的拉面店，10层以下为各种商店和旅店，包括世界名品店，仅1层为购票大厅和出入口。地下2层，分别是书店、剧场等，并设置了大量储物柜以方便乘客。JR大分车站楼顶平台共栽种了1 000棵各类绿植，"此外种植了约1 000棵一年四季错落开放的花木，还有9棵松树，22株竹子，800盆球根植物，4万盆细竹类盆栽"。平台上有民俗商品街，三轮代步车，平台下方设有供儿童玩乐的滑滑梯和秋千。①

笔者常候车的车站是近畿铁道的"高之原站"。近畿铁道会社是一家私营铁路公司，简称近铁，其所辖线路全长508千米，是日本最长的私有铁路，连接京都、大阪和奈良三大古都，线路延伸至日本中部的中心城市名古屋，沿线旅游资源非常丰富。高之原站在近畿铁道线上并不是一个大站，可它仍是高之原社区人流最集中的地方。社区居民以车站为中心构建自己的生活和工作。笔者在奈良期间，刚好有一位教授想购房，希望笔者帮忙参谋一下。我们看的第一处房屋是一所新建的独门独户的两层小楼，外墙呈淡绿色，房屋土地面积198平方米，售价约合180万元人民币。笔者觉得挺好，环境清静，可教授不满意，因为从此处步行到火车站需30分钟。这是笔者第一次听说购房必须考虑火车站的距离。教授告诉笔者，除了个别特大城市，日本人购房首先考虑的是所购房屋与火车站的距离，房价随房屋距火车站远近而上下波动，远离车站的房屋是无人问津的。紧接着我们又看了一处房子，也是两层小楼，土

---

① 水户冈锐志：《铁道之心》，杜红译，文化发展出版社，2018年，第184页。

地面积也是 198 平方米，楼上四室，楼下一室和一个客厅，日照充足，环境优雅，房屋东南角有两个私家车位，步行 12 分钟即可到火车站，售价 2 580 万日元（约合 155 万元人民币）。但教授仍嫌房屋距车站太远。最后在车站附近购买了一处土地面积 186 平方米的两层小楼，可房价要高出前两处房屋一大截。日本是一个人多地少的国家，可是房价为什么那么便宜呢？面对笔者的困惑，教授告诉笔者说，其实很简单，政府不允许炒房，所以老百姓没有买房的冲动和紧迫感。确实如此，教授已年满 60，一直居住在政府提供的公租房里。

（a）车站站内　　　　　　　　　（b）车站天台

图 1-3　京都火车站

在日本居住时间长了，笔者才慢慢体会到火车站不仅仅是一个候车的地方，而是一个资源聚集地，车站附近云集了学校、医院、商场、银行、公司、住宅区、休闲娱乐设施等，形成了"聚集经济"效应，也使生活在火车站附近的人们享受到了便捷和多姿多彩的生活。

全长 508 千米的近畿铁道设有大小车站 294 个，分为京都线、奈良线、大阪线、天理线、难波线、志摩线、吉野线等，从京都到奈良的京都线，不过区区 40 千米，却设有 28 个车站。为了提高列车运行效率，并不是每一列火车都遇站即停。日本私有铁路公司运行的列车等级分为普通列车、准急行列车、急行列车以及特急列车。急行及急行以下列车，票价相同，而乘坐特急列车，须在车票基础上加购一张特急券，价格基本上与车票相同。因此车站规模有大小，有些车站只有几个工作人员，甚至没有工作人员，旅客自己在车站的自动售票机上购票进站；如果来不及购票也可上车买票。所以火车司机还要充当售票员和检票员，自然也无安检，节约了不少人力物力。无论车站规模有多小，它都是当地社区的一个中心。截至 2015 年 3 月，JR 九州运营的 566 个车站中有 281 个为无人车站。日本著名铁道设计师水户冈锐志认为无人车站是宝贵的财富，通过精心设计可将无人车站打造为全新的具有高附加值的商品，将检票口变换为商业街的玄关口，建造全新的站内商城，将车站从"经停地"打造成"目的地"。根据环境条件不同，无人车站可以分为 4 种类型，即"农业车站""渔村车站""森林车站"和"河川车站"。日本已经有了"农业车站""渔村车站"和"森林车站"，独缺"河川车站"。所谓河川车站就是将车站建造在横跨河流的桥上，乘客从月台下来后可通过旋转型楼梯走到桥下方的小型码头，可以垂钓，也可以登上小船去体验两岸风光。①

铁路不仅是日本城市之间的主要交通工具，而且连接各个社区，使得城市化在空间上呈持续扩大趋势，在郊区和远郊区产生了诸多以火车站为中心的小城镇，这些小城镇以居住功能为主，分散和吸附了大城市的过剩人口，避免出现城市过大、人口过多、环境污染、交通拥堵的"城

---

① 水户冈锐志：《铁道之心》，杜红译，文化发展出版社，2018 年，第 243—第 247 页。

市病"。所以日本的许多所谓"市",人口不过几万人,其规模与中国的"市"不可同日而语。许多中产人士,上班在大城市,家在郊区。有些城镇征收高所得税,实际上限制了低收入者入住,保持所谓的高品位。为了方便社区居民生活,铁路管理部门和地方政府以车站为核心进行市镇建设,将资源聚集于车站一带。由于铁路线把各个城市、社区、旅游景点有机地连接起来,传统铁路在经济发展和小城镇建设中发挥了积极作用。早上我看见许多中小学生乘坐火车到学校上学,下午三四点钟学生乘坐火车回家,车站是学生社交的重要场所。有些学生在站内依依惜别。结伴而行的伙伴们则在站内交流信息。穿着漂亮校服成群结队的学生绝对是站内一道靓丽的风景线。学生可凭学校出具的证明购买定期乘车券,享有优惠。火车站伴随着人们度过了儿童和青少年时代,所以日本人对火车站怀有一种特殊的感情。

铁道本来是输送人和物的交通工具,但日本铁道却具有了超越运输工具的作用。有学者认为日本人是世界上最喜欢铁道的民族,日本形成了特有的铁道文化,铁道、列车和车站成为文艺作品描绘的重要对象。[1]夏目漱石、芥川龙之介、太宰治、永井荷风、川端康成等著名作家都曾在作品中对火车站进行了描述。车站聚集了各种各样的人,乘客又去往不同的地方,车站不是留守的场所,而是移动据点。夏目漱石的早期作品《趣味的遗传》(1906年1月刊载于《帝国文学》杂志)反映了在新桥站候车的"我"随站前广场上的人流悄悄溜进了一等候车室,观察候车室内各色乘客的相貌神态。虽说是一等候车室,但当时新桥站一等候车室和二等候车室是一样的,即便不是三等候车室,也很嘈杂拥挤。[2]

① 田辺謙一:《日本の鉄道は世界で戦えるか 国際比較で見えてくる理想と現実》,草思社,2018年,第173—第174页。
② 小関和弘:《鉄道の文学誌》,日本経済評論社,2012年,第129页,第136页。

夏目漱石是较早意识到车站公共性的作家，即"作为公共设施，是人们确认彼此权利的场所"。火车站是由工业革命所创造的巨大空间，同时也是确立了市民社会的公共性空间。①

川端康成在短篇小说《三等候车室》中描写了男主人公在东京站三等候车室等候恋人的故事。主人公之所以选择三等候车室与恋人相会，因为这是恋人主动选择的。主人公认为恋人平时打扮精致，像个上等人，"过着与三等车无缘的生活"，因此他反对说："一二等车设有妇女候车室嘛。在三等候车室太显眼，不好办啊！"但恋人却说："你是说我吗……我是个那么引人注目的女人吗？"贫寒的男主人公为恋人的体贴和彬彬有礼有些感动，接受了恋人的安排。主人公来到东京站，没有径直走进三等候车室，而是先进入一二等候车室，那里的墙上挂有一块小银幕，正在放映松岛的风光片。而三等候车室墙上却没有银幕，"大概是以为坐三等车的客人没有能力到松岛观光吧"。休假旅行归来的农村女学生挤满了三等候车室大厅，她们谈笑风生，主人公坐在少女们的后面，突然感觉有些不安，"在三等候车室里相会，反而比在一、二等候车室更不引人注目，这是凭经验知道的"，难道恋人经常幽会吗？或者恋人"悄悄地将男性分类，分成在一二等候车室相会的和在三等候车室相会的，难道她不是在嘲笑这些男人吗"？主人公在东京站等得疲惫不堪，但并没有等来恋人。回到家便收到了与他一样处于贫寒境地的恋人写来的一封信，信中写道："你以为我是坐二等车的女人。不过，这不是你的责任，而是由于我平素煞费苦心装成那样子。昨天我无意中说出了三等候车室，终于原形毕露。我在家里落入沉思。对于把我看成是坐二等车的

---

① 原田勝正：《駅の社会史—日本の近代化と公共空間》，中央公論新社，2015 年，第 232 页、237 页。

女人的先生，我已经感到厌倦了。"①川端康成还在短篇小说《阵雨中的车站》中描绘了妻子们在 JP 大森站为下班回家的丈夫雨中送伞的故事。"有的妻子把孩子绑在身后背着，手里撑着粗制的雨伞，还有上了年纪的妻子，拄着丈夫的雨伞走来，她们都与身穿防寒的胭脂红大衣、没有穿秋雨斗篷的新婚妻子一样，是绝不稀罕。这些群集的妻、妻、妻，一个个找到了从检票口出来的自己的男人。散开时，他们有的伞并着伞，有的共撑一伞，洋溢着一种安全感和新婚般的短暂的喜悦，步行回家去。"JP 大森站位于东京都大田区，是京滨线上的重要车站，每日上下乘客有七八万人，往北的列车开往品川、东京、上野、大宫方向，往南的列车开往蒲田、川崎、横滨、大船方向。主人公是作家，有一天雨中回家，来到这个带两把雨伞的妻子们把出站口团团围住的大森站。但是作家的妻子却不能到车站来迎接他，因为妻子是舞女。作家"想起正拥抱着男人在舞厅里狂舞的妻子，不由得涌起一种晦暗的寂寞感"。"你回来啦，给你送雨伞来了。"邻居太太说着将雨伞递到作家面前。作家产生了一种莫名的感动，"递到他面前的，岂止是一把雨伞，而且是一种妻子的感情。邻居太太脸颊绯红到脖颈根"。突破人妻重围之后，作家松了一口气，"他撑开的是一把浅蓝带彩色花纹的女式伞"。作家有点纳闷，心想是邻居太太慌了神递错了呢，还是拿她的伞来送给自己呢？"不管怎样，来到阵雨中的车站迎接的温柔女子，犹如流水渗入他的心田。"作家经常从二楼书斋眺望邻居太太稍稍分开和服底襟、跷起脚在井边压唧筒汲水时露出的脚脖根，从邻居太太的微笑中，"联想到吹拂着着色果实的秋风"。实际上是作家想多了。邻居太太给他送伞，是因为来到车站时遇到了她昔日的情敌。为了不再输于昔日的情敌，她假扮是作家

---

① 川端康成：《阵雨中的车站》，叶渭渠译，南海出版公司，2015 年，第 185—第 186 页。

妻子前来车站送伞。本来早已把昔日恋情全然忘却的邻居太太，"如今又看到情敌来迎接昔日的恋人，这无疑是十分痛苦的"。果然情敌看见邻居太太的丈夫是著名作家，艳羡之色溢于言表，希望邻居太太介绍她认识其丈夫。于是每次化装前往车站送雨伞的邻居太太陶醉在幸福中，可以带着作家夫人的面具回家。但是情敌也不愿意让邻居太太看到自己的丈夫，"当年同他们热恋的大学生，现已不再是他们想象中的美貌青年，而是生活落魄、只拿微薄薪金的丈夫。尽管丈夫的兜里没有车钱，与婚姻同龄的穿过四年的旧西服就是在阵雨中淋湿也不值得可惜。可是她绝不会输着回家的"。此时某一著名演员从检票口出来，邻居太太说这是著名演员中野时彦，情敌立即迎上前去低声说："您是中野先生吧。我在等你哪。请像情人那样撑着我的伞回家吧。"情敌一只手动作机敏而又漂亮地打开了雨伞，遮挡着男人的肩膀，然后回过身对邻居太太说了声"对不起，我们先走啦"，就得意地投入人妻们雨伞的海洋中扬长而去。邻居太太醋意顿生，但她认为，"那人或许成为著名演员的恋人，但不是妻子，而我是著名作家的妻子。本来就是这样，即使同样是化妆，但抹上肤色脂粉的妻子，要比抹上变色脂粉的情妇更值得自豪，当然，自己是不会忘却对丈夫的忠贞的。待到与丈夫共撑一伞时，再对丈夫叙述阵雨中的车站的战斗情景吧。"邻居太太陪伴作家走出一段路程后再次返回车站，"妻、妻、妻找到了各自的夫、夫、夫，便散去了。车站的墙像一片废墟褪色了。不住的阵雨浇得眼睑又冰冷又僵硬，邻居太太的化妆已被雨水完全冲洗掉，她肚子饿极了。这样一来，反而愈发不能离开车站，只能紧张地、一心一意守候丈夫的到来，活像被流放到鬼界岛的囚徒一样。"但邻居太太的第二把伞并没有送到丈夫手上。因为邻居太太突然看见一个人摇摇晃晃地被吸到检票口，他不是邻居太太的丈夫，而是昔日的恋人。"忽然涌上心头的悲伤，比促使她回归自我的力量还更强大。她被悲伤冲走了。这男人像是刚从狱中出来，又寒碜又疲惫，他提心吊胆地环顾了一下四周，一边寻找自己的妻子，一边走向台阶。邻居太太不言声，刚将剩下的另一把雨伞撑开递给他，眼泪就扑簌簌地滚落下来。"①

文学作品另一个关注点是时间，表现乘客和接站人员进入站内候车到列车发送和抵达期间随时间变化所呈现的状态。著名盲人古筝演奏家宫城道雄曾创作了《雨夜的车站》的散文名篇。文章写道："淅淅沥沥地下着雨的夜晚，我在京都站候车。亲戚家的年轻人，很早就来帮我排队了，但是依然排在靠后的位置。"一起候车的人们在谈论列车。"因为我等得焦急，多次拿出手表摸索。感觉已经过了好久，但是一摸手表，才过了 10 分钟左右。""这是盲人用的手表，但是我摸着普通的手表，也能用指针推断出 30 秒的时间，再短一点的话，可能摸着摸着时间就过去了……在想这些事情的时候，周围开始嘈杂起来，原来开始检票了。"②

从 1872 年第一条铁路开业，铁路发展在日本已历经近 150 年，有近 150 处铁道设施被登录为有型文化遗产，其中火车站是铁道文化遗产的重要组成部分，仅东京就有上野站、两国站、原宿站、日野站、高尾站、青梅站、奥多摩站、浅草站、田园调布站等历史悠久且独具特色的火车站。原宿站于 1906 年开业，现车站大楼建于 1920 年，木结构，英伦风格，屋顶有八角形的塔楼，是日本仍在运营的最古老的木结构车站大楼，不少民众利用节假日前往观赏。由于原宿站邻近明治神宫，所以距该车站 200 米有皇室专用站台。这是东京两个临时火车站站台之一，另一个在两国站。当然最著名的车站是东京站。太平洋战争期间东京站遭遇美

---

① 川端康成：《阵雨中的车站》，叶渭渠译，南海出版公司，2015 年，第 198—第 205 页。
② 蒋云斗等：《重读经典——日语名篇佳段读赏》，中国宇航出版社，2017 年，第 37—第 41 页。

军飞机轰炸，损毁严重，战后进行重建。因东京站具有厚重的历史韵味和独具特色的建筑样式，成为东京一处著名的游览景点。2014年，东京站迎来开业100周年，举行了大规模纪念活动。东京站除了供乘客上下车外，大部分空间被开辟为商场，或铁路部门自己设店经营，或租赁给商业公司，取得了很好的经济效益。我每次到东京总要在东京站逗留一会儿。2019年冬天，我在东京站二楼观看东京站模型和车站修复的照片，从二楼走廊可以看见检票口和进出车站的乘客。在车站地下一层墙壁上挂有介绍世界著名火车站和铁路线路的照片，青藏铁路和台湾地区的平溪线的照片排列其中。青藏铁路最高点为5 072米，是世界上海拔最高的铁道。JR京都站、阪急电车梅田站、近铁上本町站等作为各铁路线路中央火车站，承担了大都市玄关的功能，其建筑风格采用了时髦的西式风格，以车站为中心形成了繁华的商业街区。①此外，日本还有一些具有和式风格的火车站，如山阴本线的二条站大楼为和式木结构建筑，与古老的京都街区风格非常协调。近江铁道本线的新八日市站（建于1900年）、若樱铁道的八东站（建于1930年）等也被列为文化遗产。现存的JR奈良站大楼建于1934年，采用寺院风格的大屋顶，与以佛都著称的奈良建筑风格十分吻合。铁路部门为了扩建JR奈良站，一度拟拆除老站建造新站，遭到当地居民的强烈反对，认为老站是重要的文化遗产，结果居民意见被采纳，在老站旁边另建新楼。②我第一次入住奈良的旅馆就位于JR奈良站大楼内，大楼内还有商场、饭店、旅行社、房屋中介机构、酒吧等，站前广场是奈良巴士车站始发站和终点站，是奈良又一个重要的商业区。高仓健主演的电影《铁道员》叙述了一个即将废弃的火车站站长的故事，当同事劝说他离开没有前途的小站去度假村工作时，遭到了老

---

① 内田宗治：《東京鉄道遺産100選》，中央公論新社，2015年，第155—171页。
② 宇田正：《鉄道日本文化史考》，思文閣，2007年，第286—287页。

站长的拒绝。因为车站是他的一切，他想用生命陪伴车站。漫天飞雪，夜色苍茫，老站长伫立在月台尽头，厚重的国铁外套肩头积了一层雪，深藏青色的制服帽带紧紧地系在鄂下，只见他凛然挺胸，挥动戴着棉纱手套的指尖，威严地指向进站线，一列火车缓缓停靠在信号灯前……，[①]熟悉的场景、动人的故事触动了人们心中最柔软的部分，让观看影片的观众热泪盈眶。游子返乡首先映入眼帘的就是车站，车站成为"乡愁"的同义词。被誉为"日本近代诗之父"的萩原朔太郎写过一首名为《新前桥站》的诗：

……………

忧愁的时序已经腐烂

心脏难耐激烈的痛苦我踏上旅途。

啊我拎着这破旧的包跟跟跄跄

如瘦骨嶙峋的狗无人怜悯。

此刻太阳在站外的荒野上高高照着

蒲公英的茎被农夫们的锄头砍断。

我一个人站在寂寞的站台上

啊从遥远的地方

那如海般轰鸣之物碾压着感情靠近。

萩原朔太郎又创作了名为《归乡》的诗，诗的前言中写道——昭和四年（1929 年）冬，与妻离别后，我抱着两个孩子回到故乡：

回到故乡的那天

---

① 浅田次郎：《铁道员》，施小炜译，文汇出版社，2018 年，第 8 页。

火车在大风中突进。

我独自靠着车窗醒来的时候

汽笛正在黑暗中咆哮

火焰照亮平原。

暂时还看不见上州的山。

在夜行火车昏暗的身影中

没有妈妈的孩子们正在梦中哭泣

隐隐搅动我的忧愁。

啊，我又从城市中逃走了

去往不知何处的家乡。

过去连着寂寥的山谷

未来朝向绝望的河岸。

沙砾般的人生啊！

我已然勇气衰落

倦于黯淡而漫长的人生

…………

火车在旷野中行驶

…………①

　　由于日益严重的少子化和老龄化趋势，一些车站被废弃。每当此时，人们总是齐集车站，默默送别，流下了伤心的泪水。北海道旧白泷车站所在社区居民很少，仅有一位女生乘坐火车外出上学。铁路公司拟关闭车站，但社区居民纷纷请愿，希望将车站保留至女孩毕业。公司接受了居民的要求，于是该车站每天仅有两班车停留，接送女孩上下学。2016

---

　　① 萩原朔太郎：《吠月》，小椿山译，北京联合出版公司，2021 年，第 163
　　　　页，第 179—第 180 页。

年 3 月 26 日，女孩高中毕业，车站关闭。当天新闻媒体对车站关闭进行了实时报道，社区居民拉起了横幅——"感谢旧白泷车站，69 年的服务"。40 多万中国网友观看了网络转播。铁路公司以人为本的商业精神博得了广泛赞誉，这是对公司最好的广告宣传。

火车站人流攒动，具有极高的商业价值和利益，成为黑帮团伙争夺和斗殴的重要场所，也是学生运动和市民斗争的主要场所，上演了无数幕悲喜剧。1968 年 10 月，有几万人在新宿站举行反战示威。战争期间，伦敦滑铁卢车站和巴黎东站里即将开往西线的士兵人潮令人印象深刻。"电影制片们没有错过车站所具备的情感力量。"许多经典电影都以火车站为素材。实际上全球第一部电影，即 1895 年 12 月上映的由路易·吕梅尔执导的《火车进站》，反映了火车进入巴黎萧达车站的情景。"影片中，列车笔直驶来的镜头把观众们吓得惊惶四散。"[1]画家们也从火车站汲取创作灵感。1862 年，英国画家弗里斯创作了《火车站》，描绘了伦敦帕丁顿车站火车即将发车、人们在站台上依依惜别的情景。印象派大师莫奈于 1877 年创作的名画《圣拉扎尔车站》，表现了列车抵达巴黎圣拉扎尔车站的景象。[2]日本以火车站为素材的影视绘画作品产生得比较晚，但不乏精品佳作。最为人津津乐道的电影是山田洋次执导的喜剧片《男人之苦》（中文译为《寅次郎的故事》）。影片以柴又火车站、站前商业街、江户川为背景，表现了"盲流"寅次郎一年四季浪迹各处、每次作为不速之客来到葛饰柴又叔叔家的故事，由于影片充满了"早已荡然无存的平民城区脉脉温情"，引起了观众极大共鸣。电影连续拍摄

---

① 克里斯蒂安·沃尔玛尔：《钢铁之路：技术、资本、战略的 200 年铁路史》，陈帅译，中信出版集团，2017 年，第 157 页。
② 汤沢威、小池滋、田中俊宏、松永和生、小野清之：《鉄道》，ミネルヴァ書房，2012 年，第 124—第 127 页。

了 48 部，作为"世界最长的系列电影"被收入吉尼斯世界纪录大全。①

2019 年 4 月中旬，我乘坐京成铁道金町线列车慕名抵达柴又参观。金町线连接高砂站至金町站，采用 1.435 米的标准轨距，沿线是密集的住宅区，每 10 分钟或 15 分钟发车，全线位于东京市葛饰区内，设 3 站，中间唯一的停靠站就是柴又站。柴又位于江户川西岸，是一个以日莲宗的题经寺闻名的门前町，有居民 23 000 多人。题经寺又名帝释天题经寺，帝释天为佛教守护神之一。柴又火车站前矗立着寅次郎的铜像，吸引无数影迷前往瞻仰。柴又最有名的景观当然是题经寺。从柴又火车站到题经寺的街道两旁排列着各式各样的土特产品商店和饮食店。进入二天门后，正面是帝释堂，右边是祖师堂，寺庙建筑大都是明治以后的建筑。日本环境省将帝释天题经寺选定为"日本声音风景 100 选"之一。2018 年 2 月，"葛饰柴又的文化景观"被选定为"国家重要文化景观"。参观完题经寺后，我沿江户川行走，去寅次郎纪念馆。该馆展示了影片《寅次郎的故事》拍摄时的各种资料、景观模型以及关于山田洋次的资料。山田洋次是一个创作欲望极为旺盛的导演，拍摄了许多优秀影片，如为我们中国人所熟悉的《远山的呼唤》《幸福的黄手帕》等。当我在纪念馆内静静观看高仓健、倍赏千惠子主演的、由山田洋次导演的影片片段，仿佛有一种时光倒流的感觉。纪念馆还对柴又的历史进行介绍。馆内的帝释人车铁道车厢引起了我的兴趣。

1899 年，"帝释人车铁道株式会社"成立，敷设了连接金町站至柴又的人车铁道，长 1.2 千米，轨距 0.610 米，同年 12 月 17 日运行。所谓人车铁道，顾名思义就是用人力作为动力在敷设的轨道上运行车辆。人车铁道并不为柴又所独有。最早敷设人车铁道的是静冈县。1891 年，连

---

① 四方田犬彦：《日本电影 110 年》，王众一译，新星出版社，2018 年，第 229 页。

图 1-4　柴又站

接静冈县藤枝町与烧津村的人车铁道运营，设 3 站，每日一般发客车 7 次，货车数次，运行时间 25 分钟或 30 分钟。敷设人车铁道的目的是快捷运输旅客和货物，将铁路干线与城镇中心、工矿业产品产地以及港口等连接起来。第二条人车铁道是 1895 年产生的豆相人车铁道，第三条是 1896 年产生的宇都宫石材轨道，紧接着是 1897 年产生的岛田轨道。因此，帝释人车铁道是第五条人车铁道。1890 年代—1910 年代是日本人车铁道的全盛时代，日本共生了 29 条人车铁道，而藤枝—烧津间人车铁道是唯一的木质轨道。人车铁道一直运行到 1959 年才最后终止，较长的人车铁道有宇都宫石材轨道，长 29.5 千米，连接宇都宫至城山村等地；豆相人车铁道，长 25.6 千米，连接热海町与小田原町，每日发列车 6 次，途中设 6 个车站，全程运行时间 4 小时。1907 年，"帝释人车铁道株式会社"改名为"帝释人车轨道株式会社"，拥有车辆 64 辆，其中 59 辆车可载客 10 人，5 辆车可载客 6 人，一辆车可载客 1 人。载客 10 人的车长约 1.82 米，宽约 1.21 米，载客 6 人的车长约 1.36 米，宽约 1.15 米，载客 1 人的车长宽均为 30 厘米。我进入 10 人载客车，感觉空间比较宽敞，有玻璃窗户可供观赏沿途景观。帝释人车铁道经营并不容易。开业第一年，由于乘客少，线路不完备，驾驶员技术不熟练，没有达到预定的收入目标，亏损 304 日元（1932 年前，日本法律规定，1 日元与 750 毫克黄金等价）。从 1904 年后逐渐盈利，1904 年利润为 565 日元，1905 年为 495 日元，1906 年为 564 日元。1907 年 5 月，京成电气轨道公司（以后的京成电气铁道公司）获得了从押上经柴又到成田间的铁路敷设权。1912 年 11 月，高砂至柴又、押上至江户川间的铁路开通。京成铁道的开通显然会严重影响帝释人车铁道的运营。1912 年 4 月，"帝释人车轨道株式会社"将经营权和财产转让给京成电气轨道公司，宣布解散。经历了 13 年之久的帝释人车铁道终于被电气铁道所取代。但是，人车铁道给当地居民所带来的历史记忆并不会消失。1969 年，千叶大学成立了铁道研究会，这是大学铁道研究会中唯一专门研究人车铁道的学会。1976 年，学生们制作了人车铁道，车厢中部为出入口，颇受欢迎。以后每年的 11 月，即千叶大学节时进行人车铁道的运行。起初线路仅长 20 米，免费乘坐。由于乘坐人数太多，后延长线路并收取一定的乘坐费用。2019 年，乘坐人车铁道，1 人票价为 80 日元，2 人乘坐为 150 元。人车铁道车厢颜色也是不断变化，有白色、红白相间、黄色以及蓝色等。千叶大学铁道研究会还发行出版物，介绍研究成果。[①]日本在敷设铁路的同时，对传统运道进行改造，不仅敷设人车铁道，还修建了独具特色的马车铁道。从 1872 年 6 月起，东京至高崎间，东京至八王子间，东京至宇都宫间，境至福岛间，大阪至京都间，函馆至札幌间等马车铁道陆续开始运

---

① 数据来源：葛飾区郷土と天文の博物館编《帝釈人車鉄道》，葛飾区郷土と天文の博物館，2006 年。

营。19 世纪 80 年代后，马车铁道得到了进一步发展。1875 年马车台数为 364 辆，1880 年达到 1 792 辆，1885 年达到 10 526 辆，1890 年激增到 31 965 辆。[①]这种兼有现代性与传统性的人车铁道和马车铁道，其运能大大超过了人力车、驮马运输或马车运输。1888 年，东京拥有马车台数 58 辆，日载乘客 21 843 人。马车铁道颇受大众欢迎，因为与普通马车或人力车相比，价钱较低，而且速度完全不低于普通马车，尤其是在雨天或者行李多的时候，乘坐起来非常方便，特别适合带小孩子买东西的人或小商贩的出行。"对于在此之前只能徒步移动的市井中人来说，是自己能够负担得起的最早的交通工具。"[②]

图 1-5　人车铁道

　　日本的铁路运营主体比较复杂，有国有民营的 JR、公营铁道或轨道、民有民营的"私铁"，如近畿铁道、名古屋铁道、南海铁道、东武铁道、阪急铁道等，以及第三方铁道（由地方政府以及民间企业共同出资运营的"半官半民"铁道和轨道）。在日本乘坐火车需掌握换乘技巧，各条铁路线换乘时间一般为十几分钟。列车运行非常准时。不同铁路运营主体往往共同开发火车站，利益共享。近铁名古屋站与名铁名古屋站相邻，乘坐近铁的旅客可在此换乘名铁、地铁、JR 东海道线以及新干线。由于多条铁路线在此交汇，所以名古屋车站人流攒动，被称为"迷站"。近铁与名铁共用检

① 野田正穂、原田勝正、青木栄一、老川慶喜：《日本の鉄道—成立と展開》，日本経済評論社，1994 年，第 49 页。
② 藤森照信：《制造东京》，张微伟译，中信出版集团，2021 年，第 207—第 208 页。

票口。站前广场高楼林立，商业繁荣，成为名古屋最繁华的商业区。日本在发展高速铁路的同时，并没有废弃传统铁路，而是把传统铁路与高铁、地铁、游船、巴士等有机地衔接起来。各种交通工具都在火车站交汇，人流都在火车站聚集，使得火车站规模呈现超大化趋势，商业气息浓厚，车站大楼往往成为当地的地标建筑，如名古屋最时尚、最豪华的建筑就是名古屋火车站，而大阪有两个超一流的火车站，即大阪站和新大阪站。

日本铁路运营部门实施多角经营，铁路外创收已超出了铁路运营收入。如铁路公司在车站和铁路沿线经营高级公寓和住宅小区开发，在车站大楼内设立房屋中介机构，推销本公司开发的房地产；火车站内设有"观光介绍所"，旅客可在此免费拿取地图，上有乘车线路和乘车地点、名胜古迹以及当地土特产品介绍，不仅方便了旅客，也带动了当地经济发展。京都是日本著名的旅游城市。京都站内的旅游观光所免费提供各种京都游览图及宣传册，站前广场是各条巴士线路的起始站和终点站。旅客可在此购买巴士一日券，价格仅为 600 日元，可乘坐当天京都所有的公交车。京都成为世界上最适合旅游的城市。车站还推销铁路定期乘车券，我曾几次购买和使用，非常实惠和便利。这是由关西地区各私营铁路公司和市营交通公司联合推出的一款优惠乘车券，不记名，持券人可在 60 天内任意使用 3 天（可间断），成人券价格为 5 200 日元，小孩券价格为 2 600 日元。乘车区间涵盖了近畿铁道、山阳铁道、南海铁道、阪急铁道等，并可乘坐区间所有城市的巴士、路面电车和地铁。同时还提供 15 张优惠券，持券人如在指定的商场、饭店、咖啡馆、游乐场等 350 家设施消费，可享受打折优惠，吸引人们尽量使用火车出行，提高了乘车率。JR 公司则推出了针对外国游客的各种铁路周游券，如关西广域铁路周游券，售价 10 200 日元（儿童 5 100 日元）。除了关西地区（大阪、京都、神户、奈良、姬路、和歌山、滋贺、敦贺、伊贺上野）以外，还包括冈山、高松、城崎温泉等地。持有该周游券，可在 5 天内无限次乘坐区域内的列车，包括新干线。2021 年 4 月，JR 东日本公司为外国游客推出了分别售价为 2 万日元（小孩半价）、18 000 日元（小孩半价 9 000 日元）和 10 180 日元（小孩半价）的铁路周游券。售价 2 万日元的铁路周游券可搭乘 JR 东日本线（含巴士）、伊豆急行线全线、东京单轨线全线、青森铁道线全线、银河铁道线全线、仙台空港铁道线全线的特急（含新干线）、急行、普通列车以及普通车的指定席、JR 与东武铁道相互直通特急列车"日光号"等。该周游券在发售之日 14 天内可任意连续使用 5 天。售价 10 800 日元的铁路周游券可搭乘 JR 东日本线（含巴士）、伊豆急行线全线、富士急行线全线、东京单轨线全线、上信电铁线全线、埼玉新都市交通线"大宫—铁道博物馆间"特急（含新干线）、急行、普通列车以及普通车的指定席、JR 与东武铁道相互直通特急列车"日光号"等。该周游券效力与 2 万日元周游券相同。售价 18 000 日元的铁路周游券可搭乘 JR 东日本线（含巴士）、伊豆急行线全线、东京单轨线全线、北越急行线全线、直江津—新井间特急（含新干线）、急行、普通列车以及普通车的指定席、JR 与东武铁道相互直通特急列车"日光号"等。该周游券在发售之日起 3 日内使用。JR 东日本公司还与 JR 西日本以及 JR 北海道公司协作发售周游券，价格稍贵，但涵盖的线路更广。当然最有名的铁道优惠券是 JR 公司发行的"青春 18 车票"。该车票除了不能搭乘新干线以及 JR 公司的特急列车以外，可以乘坐 JR 全线的普通列车。在规定期间内，可以乘坐 5 次列车或者 5 个人同时使用该车票。但是集体利用该车票不能通行自动检票口，而必须走人工检票口，并需要同时进出站。"青春 18 车票"在学生春假、暑假和冬假期间发售和利用。"青春 18 车票"从 1982 年 3 月 1 日首次发售，票价为 8 000 日元。

以后票价逐渐上涨，1984 年为 10 000 日元，2019 年为 12 050 日元。购买"青春 18 车票"没有年龄限制。非学生也可以购买，票价一样，一经推出，大受欢迎。2007 年发售了 35 万张，2013 年发售了 67 万张，2015 年发售了 71 万张，这样既避免了铁道运力的浪费，又促进了日本旅游业的发展。在日本留学的许多中国学生，都购买过"青春 18 车票"，游遍了整个日本。

铁路公司还经营体育俱乐部、高尔夫球场、宾馆饭店、主题公园、温泉浴场等。东武铁路公司与万豪集团共同出资修建了"东武银座万怡酒店"，建造了世界上最高的电波塔——"东京晴空塔"，塔内设有水族馆、天文馆、餐饮、商场等商业设施。近铁奈良站地处奈良市中心，是奈良最繁华、商业和文化气息最浓厚的地方，车站大楼内各种商业、办公设施齐全，相邻的商业步行街出售当地土特产品，经商业街往东，有世界文化遗产——兴福寺、元兴寺和东大寺，奈良国立博物馆、奈良美术馆、奈良文化馆、奈良县政府以及奈良公园，公园内散养着奈良最具特色的动物——梅花鹿。因此，近铁奈良站附近是游客最集中的地方，极大地促进了当地经济的发展。

铁路部门对火车站的经营非常重视。近铁四日市站是三重县最大的车站，站前广场上矗立的"近铁百货商店四日市店"不仅是四日市最大的商业大楼，而且与带拱顶的商业步行街和县政府办公大楼相邻，形成了大规模商业区，产生了良好的经济效益。大阪是京阪神都市圈的中心城市，经济发达。各铁路公司都殚精竭虑地以车站为中心进行多角经营。位于大阪阿倍野区的近铁阿部野桥站与 JR 天王寺站相邻，前往大阪南部与和歌山地区的乘客在此转车，日均旅客量近 16 万人。由于缺乏商业设施，乘客仅把此处作为中转站，造成客流资源的浪费，非常可惜。为此近铁公司投巨资在此建造超高层商业大厦，楼高 300 米，有 60 层，截至 2016 年 4 月，是日本最高的大楼。楼内的近铁百货店面积约 10 万平方米，成为远近闻名的百货商场。2014 年 3 月 7 日开业，立刻吸引大量顾客，仅 4 个月，客流量就突破 100 万人次，年客流量竟高达 258 万人次，[①]这是铁路多角经营的成功范例，以近铁阿部野桥站为中心，大阪又形成了一个重要的商业区。

① 天野太郎：《近鉄沿線の不思議と謎》，実業之日本社，2016 年，第 50 页，第 183—第 184 页。

二、 日本铁道超长的通勤距离与超载的列车

每次去东京，笔者总是入住御茶水一带的旅店，因为御茶水区域是传统与现代交汇之地，也是私立大学云集之地。御茶水区域的范围是从昌平学问所到水道桥。这一带之所以得名御茶水，是因为从这里将水引入江户城。所以江户时代沿河有许多茶馆，此处还是著名的夏季纳凉避暑地。御茶水并不是自然形成的，而是人工挖掘的。为了预防洪水，1596年，江户人凿开了神田的山让河水穿过，这项宏大水利工程的一个结果就是产生了御茶水。江户时代前期水道桥两侧架有导水管，将神田川的水导入神田以北、浅草一带，故得名水道桥，也就是说江户时代就有了自来水，这是江户人引以为傲的事情。不过百姓不用缴纳水费，水费由武士和商人承担。[①]从 JR 御茶水站或东京地铁丸之内线御茶水站徒步 2 分钟即可到汤岛圣堂。汤岛圣堂占地 13 915 平方米，内有孔子庙与昌平学问所，矗立着巨大的孔子青铜立像，这也是世界上最大的孔子塑像。汤岛圣堂由德川幕府第四代将军德川纲吉于 1690 年创建，建有祭祀孔子的大成殿和学校校舍，讲授以《论语》为核心的儒家经典。1797 年，德川幕府扩大校舍面积，以孔子出生地命名为"昌平学问所"（又称昌平簧），是德川时代的国立大学，也是文化教育中心，培养了大批学者。

---

① 善养寺进：《江户一日》，袁秀敏译，北京联合出版公司，2018 年，第 68—第 69 页。

同时汤岛圣堂也是近代日本教育的发源地，现东京国立博物馆、国立科学博物馆、筑波大学、御茶水女子大学、国立国会图书馆等都曾创建于此地。

图 2-1　御茶水

　　与汤岛圣堂一桥之隔的就是东正教的东京复活大教堂，也称圣尼古拉大教堂。由于从 JR 御茶水站的圣桥出口就能看到巍峨耸立的大教堂，这种"能看到尼古拉大教堂"的感觉总会让人对御茶水一带形成一个固定印象，"不知为何，一到这里我就好像来到了异次元空间一般"。创建尼古拉大教堂的是东正教大主教尼古拉。尼古拉俗名伊凡·德米特里耶维奇·卡萨特金，1836 年出生于俄罗斯中部的斯摩棱斯克州，1861 年抵达函馆。尽管当时日本还未解除基督教禁令，但作为俄罗斯驻函馆领事馆常驻主教，他已经开始传道布教并改名尼古拉，收获了一大批信徒。1872 年尼古拉将传教阵地移至东京，以神田骏河台为据点。尼古拉对于日本人的高识字率震惊不已，在日本开设俄语私塾（后更名为传教学校），培养俄语翻译人员。该私塾就是尼古拉学院的起源。尼古拉在日本做得最有影响的事情无疑就是主持修建了尼古拉大教堂。该大教堂修建历时 7 年，总共花费了 24 万元，这在当时是一笔巨款，全凭尼古拉回俄罗斯动用一切关系募集而成。他在日记中记述了艰辛的募捐过程："一到各处募捐就常常气不打一处来，每每敲开别人的家门后，虽家中有人，可还未等我开口，就被对方粗鲁地赶了出来。这样下去会有结果吗？我心里也没底。但我只知道，一定要在日本建一座像样的圣堂。"有志者事竟成，1891 年尼古拉大教堂竣工。为此，尼古拉欣喜不已："大圣堂简直太棒了。从东京的所有地点都能看到它。"大教堂是一座新拜占庭风格的建筑，分为主堂和钟塔两幢。主堂高 35 米，钟塔高度超过 40 米，加上地处骏河台高地上，巍峨耸立，可以俯瞰整个东京城。明治末期，著名作家与谢野晶子夫妇迁居骏河台东红梅街，每天都能听到尼古拉大教堂的钟声。夫妇两人刊行的和歌集中就收有如下的和歌："近邻南蛮寺，钟鸣泪欲垂，听音惜春时，唯叹暮春近。"著名诗人石川啄木是与谢野夫妇的好朋友，常来家中做客，因此在石川啄木诗集中有一首描写尼古拉大教堂的诗歌《沉睡的都》："钟声过后，回归夜的庄严，夜更深重，城市万般寂静，俯瞰沉睡的首都呀，像极了战死的一头野狮。"诗中所说的"钟声过后"指的就是尼古拉大教堂的钟声。遗憾的是，尼古拉大教堂在 1923 年 9 月的关东大地震中严重受损。[①]

从圣尼古拉大教堂步行不久即可到著名的书店街——神保町，有多

---

① 鹿岛茂：《漫步神保町：日本旧书街通史》，杜红译，文化发展出版社，2020 年，第 326—第 332 页。

达 180 余家旧书店聚集于此，这里也是世界上最大的旧书店街，其中的内山书店为中国人所熟知。神保町旧书店街起源于 1880 年代，历经沉浮，有许多故事流传。侵华战争及太平洋战争爆发后，不少在神保町旧书店工作的店主或店员被征招入伍。有一位名叫藤井正的店员征招入伍后，在深夜执勤时偶遇一名海军飞行员中尉。藤井正告诉中尉，自己入伍前在神保町岩松堂书店工作，引起中尉极大兴趣，说："原来是岩松堂书店呀，就是那家店吧，转角处那家。右手边是新书，左手边是旧书，很大的一家店呀。往里走小巷子那里还有一家欧文旧书专卖店，我对这一带熟着呢，经常在那边买书。"两人认识以后，有一次在隆冬深夜执勤时，为打发时间，两人比赛相互说出神保町旧书店店名，中尉说："我来报店名吧，从三省堂开始到九段的旧书店的店名，我来试着挨个数一数。好，现在开始。"中尉依次说出大屋书房、东阳堂、玉英堂、文盛堂、彰文堂、弘文堂……，"接下来是文川、村山、悠久堂，然后是一诚堂分店，转角处是岛崎、小宫山"，听中尉如数家珍的样子，藤井正回忆说："我震惊极了。而我却有点跟不上他的节奏，听他说着一家家店名，就像特写镜头一般眼前飞速地闪过神保町的光景。"以后中尉参加冲绳决战，有死无回。出征前上司询问中尉唯一的心愿，中尉表示自己想开一家书店，由藤井正代为完成。中尉在与藤井正告别时说："分别的时刻到了。本来我已经忘了在神保町收集了不少书的事儿，但自从遇见你后又想起来了，隔三差五心里总隐隐作痛。我的青春时代就在神保町啊。如果有朝一日你能回到故乡，请你一定要再回神保町，然后继续把好书便宜卖给那些爱书的少年们。虽然我们都不知道彼此明天究竟会怎样，但是，我知道我已经没有明天了。"最后，身为长官的中尉主动抬起手来向藤井敬了一个礼。上司按照中尉遗愿将藤井正送回大阪，藤井终于熬过了战争年代，战后复员在 JR 中央线上的吉祥寺开了一家藤井书店，如今已经发展到第三代，依旧生意兴隆。藤井说："每每想到中尉，我便心痛不已。原来是神保町这条旧书街救了我一命。""在旧书行业浮沉三十余年，我再未遇见过中尉这样的爱书家，再未遇见过这般爱书超过爱自己的人。"

图 2-2　神保町旧书店街

广义的神保町，东抵骏河台，西至九段坂，北到水道桥，南至皇居护城河，位于东京两大街区中间。1904 年出生于神田区猿乐町的著名作家永井龙男回忆说："旧东京市十五区大致分为山手和下町两大区块，我所出生的神田区猿乐町一丁目二番地位于山手和下町之间，由这里顺势而下就能通往骏河台下、神保町、锦町、小川町等下町，逆行而上便能通往骏河台，跨过架于神田川深谷之上的御茶水桥后，便可依次抵达本乡台、汤岛台。山手和下町是依据东京市的地形地势自然形成的称呼，与区域内居民的贫富并无关系。"这一空间布局从明治末年到今天几乎没有什么变化。以神保町为出发点，不管是到小川町、淡路町，还是到骏河台、御茶水，步行也就 15 分钟左右。①所以神保町、御茶水一带是学者和学生们最喜欢逗留的地方。

　　朋友特意请我在神保町的"汉阳楼酒店"用餐，其实神保町旧书店街也是中餐馆街。甲午战争以后，大量中国青年赴日留学。初到日本，留学生难以适应一菜一汤的简单日本料理。因营养不良，不少留学生患了脚气病。1905 年,有一位名叫黄尊三的中国留学生从湖南来到东京，入读弘文学院。他对学校饮食极不满意，在日记中写道："晚餐是味增汤和鸡蛋，米饭盛在小小的盒子里，且不能添饭。初次尝食，恶心极了。""同来东京留学的同学中，不少人患了脚气。因为日本四面环海，湿气颇重，米的湿度也较大，吃多了这种米便会患上脚气，简直危险。"黄尊三也曾感到过脚痛，吓得晚上做噩梦。"夜里做了一个梦，梦见双脚罹患重症，医生说这是不治之症，让我赶紧准备后事，听完这话，我顿时慌了神，茫然自失。"由此面向中国留学生的中餐馆悄然兴起。中国留学生之所以聚集在神保町、御茶水一带，因为看书、买书方便。黄尊三说："神田的旧书街，晚饭过后，漫无目的地来到街上闲逛，心情异常舒朗。在日本的神田，书店鳞次栉比。学生们都心照不宣地把这里当做临时图书馆，走进一家书店便随意翻开各种书籍阅读起来，店主也不会强行制止或责备。常有囊中羞涩没钱买书的穷学生每晚都来店里摘抄书中重要信息。新书种类越来越多，杂志数量也多达百种。由此可见，日本文化繁荣与文明进步之程度。"著名学者钟敬文也记录了自己在日留学期间逛神保町的情景："我抓紧一分一秒努力学习，也会去神田的旧书店看书。旧书街绵延伸展，小书店鳞次栉比，每到周末，我就从第一

---

① 鹿岛茂：《漫步神保町：日本旧书街通史》，杜红译，文化发展出版社，2020 年，第 3—第 5 页，第 417—第 420 页。

家书店开始一家一家地依次逛下去,其乐无穷。"①"汉阳楼"创办于 1911年,孙中山、周恩来、鲁迅等曾在此就餐,周恩来特别喜欢该酒店的家乡菜"狮子头"。酒店展出了许多周恩来照片以及《周恩来东京日记》,墙上还挂有 1917 年周恩来在日本留学时撰写的著名诗句:"大江歌罢掉头东,邃密群科济世穷。面壁十年图破壁,难酬蹈海亦英雄。"晚上笔者和朋友坐在御茶水一家露天咖啡馆喝咖啡,只见呈立体状、多层次的铁路线上一列又一列火车驶过。早在明治末期这一带就是铁道迷观赏列车的最佳场所。永井龙男在其所著的《一只手套》中有这样的描述:"小孩儿都爱列车,古往今来皆如此。那时,我们最得意的事就是能清楚地分辨出'街铁'和'外濠'。"所谓"街铁",就是"东京城市街道铁道"的简称,而"外濠"就是"东京电气铁道外濠线"的简称。"外濠与街铁在骏河台下十字路口南角交汇,那里正好有一栋砖造建筑,建筑前还有个小广场,原来这里就是东明馆。""从御茶水方向一路下坡驶来的外濠线电车,通过十字路口上呈井字形交错分布的电车线路时,车厢简直晃得让人站不住脚,从小川町方向驶来的街铁电车也是如此。""直到两车在震动中交汇而过,一切才又恢复平静。而市民们都聚在东明馆前将这一切尽收眼底,望着震动摇晃的电车,不住地指指点点。""从电车的外形来看,我偏爱外濠。外濠的车身涂装为明亮的褐红色,褐红色之外的地方都涂成了近乎白色的鹅黄,像是戴了一顶古风的帽子。而街铁的车身上有很多细细的线条,充满了市井风情。两车车前都挂有金色的救生网,看上去就像围裙一般。总之,外濠更优雅时髦,街铁则丝毫不拘小节地豪放穿行于城市之中。"②现在通过御茶水一带的铁路线

---

① 鹿岛茂:《漫步神保町:日本旧书街通史》,杜红译,文化发展出版社,2020 年,第 286—第 291 页。

② 鹿岛茂:《漫步神保町:日本旧书街通史》,杜红译,文化发展出版社,2020 年,第 264—第 266 页。

（包括地铁线）更多了。每次路过此地，笔者都喜欢伫立在桥上，静静观赏不同颜色的列车或平行或立体交叉而过。晚上从市中心开往郊外的列车非常拥挤，而从郊外驶来的火车却空空荡荡，清晨刚好相反，从郊外驶入市区的火车满满当当，而从市区开往郊外的火车却空空如也，终于理解了日本人为何常称火车为"通勤电车"（电力驱动）。

铁道作为基础设施，促进了国家、社会运营机能的效率化与公共交通的便利化，其作用体现在物与人的输送两个方面，而日本铁道是以人的输送为主的交通工具，包括：（1）政治的或权力的输送，如军队、治安组织集团的移动、因官吏任命而来的公务移动、驱逐出境者的强制移动等；（2）产业的、社会的输送，如劳动力的移动（劳动者的集体的或季节性的大量移动）、灾害期间灾民的集体输送、城乡间探亲者的往返输送等；（3）日常的、事务性的往返输送，如通勤、上下学、出差以及其他的事务性移动；（4）非日常的、文化性输送，如修学旅行、参观旅行、参拜寺院，观光旅游等。[①]通勤在日本铁路运输中占据首要乃至绝对地位。白天人们从郊外流到市中心。到了夜里，人们搭乘铁道或地铁回家，铁道和地铁就变成了静脉，将大众运离市中心。通过这种通勤模式的大众运输，"现代都市空间的时间地理于焉成形，白天人群密集并多样化，晚上则稀疏而同质。白天的混合并没有造成阶级之间的广泛接触。人们只是去工作、购物，然后回家"。[②]

有日本记者透过列车晚高峰持续时间、拥挤程度来判断日本的"加班文化"以及"过劳死"现象。调查发现，晚高峰会持续到很晚，列车拥挤程度丝毫不亚于早高峰，而且在晚高峰列车中，女性的比例明显越

---

① 宇田正：《铁道日本文化史考》，思文阁，2007年，第174—第175页。
② 理查德·桑内特：《肉体与石头：西方文明中的身体与城市》，黄煜文译，上海译文出版社，2011年，第340页。

来越高。1990 年代，东京有一家银行分行被评为"早下班模范分行"，因为这家银行平均下班时间是晚上 7 时 30 分，按照这家银行的标准上下班时间来计算，平均晚上 7 时半下班就意味着每人每月平均加班时间约为 50 个小时。平均加班 50 个小时都能被评为"早下班模范分行"，说明其他分行的加班时间更长。下班以后，工薪族搭乘列车回家。东京等大城市的通勤时间很长。在东京，单程通勤时间在 30 分钟以内的仅占 32.4%。1 小时以内的也仅有 66.3%，也就是说，上班单程时间在 1 小时以上的高达三成。东京的工薪族平均到家时间在晚上 8 时至 10 时之间，占比 44%。他们每天在家里的时间约为 12 小时 9 分钟，减去睡眠时间，可以计算出在家清醒的时间，早晚加起来约为 5 小时 15 分钟。如果再减去吃饭、入浴、上厕所、整理仪表等最低限度所需时间后，可以自由支配的时间几乎所剩无几。所以家对许多工薪族来说，就是一个"吃""洗""睡"的地方。这样长时间、高强度、快节奏的工作不仅造成了心理疾病及"过劳死"现象，而且严重影响夫妻情感和家庭生活。工薪族回家后由于体力严重透支，心情抑郁、烦躁，不愿意与伴侣和家人进行情感上的沟通，引起伴侣和家人的埋怨，发生争吵乃至夫妻离婚。欧盟国家通勤时间在 30 分钟以内的占 75%，1 小时以内的则达到了 96%。[①]著名作家森村诚一年轻时曾在赤坂的一家饭店工作，家在郊外，每天从家里到单位上班的单程时间就要花费两个多小时。他在小说《车站》中描写道："在清晨上班的巅峰时分，眼望着涌到国铁上行线站台的人潮，人们禁不住喟然长叹：大都会的日常营生是如此凄惨啊。与下午和傍晚的高峰时间不同，早晨的通勤高峰时间令人无暇喘息。人潮向着东京都中心连绵不断地流动。人与人之间互不搭理，只顾背负着昨日积累下来的疲惫，

---

① 斋藤茂男：《饱食穷民》，王晓夏译，浙江人民出版社，2020 年，第18—第 20 页，第 155 页。

紧张地、痛苦地默默挤进鱼贯而入的列车中。"森村诚一每天在上班途中都要经过重要的中转站——新宿车站，他说从国铁新宿站站台上可以看到中央线列车的站台。在国铁站台上挤满了像他一样十年如一日地奔向枯燥郁闷的工作单位的上班族，而中央线站台上却聚集着兴高采烈的旅客，"因为他们从繁忙的日常生活的枷锁中挣脱出来，要去登山，要去观光。当我看到他们的身姿，便想放弃一切，置身于开往与我工作场所相反的列车——每天早上我都有这种冲动"。《车站》中叙述了两位刑警去犯罪嫌疑人郊外住宅办案的情节。两位刑警乘上京王线（东京—八王子）列车前往犯罪嫌疑人的家，列车运行了很长时间，下车时夜幕降临。犯罪嫌疑人住宅在车站附近，原先这里是农地，填埋以后开发为住宅区，毫无都市情调和自然风趣，只能提供睡觉的机能。有一位是从外地来东京办案的刑警，看到住宅区宛如一座废品垃圾厂，房子密集得似乎让人插不进脚时，不由得感叹："每天都要从这里赶到东京都中心去上班，东京人真惨啊！"当他听说这里仍然属于东京上班族住家圈范围之内时，更是大惊失色。与他同行的东京都刑警告诉他："住在这里还是幸运的呢！因为这里还属于23个区之内。有不少人住在东京都以外，还有从临近县赶来上班的人哩！"地方刑警惊叹道："光是上下班就将自己的时间全报销啦！""日复一日地如此上下班，工薪者会造反的呀！"[①]但是，问题在于，如果没有便捷的轨道交通，日本工薪族的通勤时间会更长。东京大学教授、著名建筑师芦原义信自嘲道："东京大学的老师如果上午在学校上课，为了晚上参加学生的婚礼而返回在八王子的家换身礼服，来回便需要3个小时，这一天他能用在研究上的时间便只剩下1个小时左右。而京都大学的老师，如果做同样的事情，则15分钟便可以搞定，

---

① 森村诚一：《车站》，叶宗敏译，群众出版社，2000年，第198—第199页，第277—第278页。

还剩下 4—5 个小时可以用在研究上。能用在研究上的时间差别如此悬殊，怪不得诺贝尔奖全被京都大学拿走了。"①从东京新宿至调布、经八王子的京王线是典型的通勤铁路。每小时开行特急列车 9 列，急行列车 5 列，快速列车 6 列，普通列车（各站均停靠）6 列。1960 年代以来，该线路运行列车长期处于超载状态。

日本是世界上铁路乘客最多的国家，2015 年度，铁路乘客达 230 亿 822 万人次，约占世界铁路乘客的 1/3，远超第二名印度，印度的铁路乘客为 159 亿人次。日本的铁路线长度不到印度的一半，为什么拥有如此高密度的乘客？原因就在于日本铁路的主要功能是通勤（包括上学），对经济和人们的生活影响很大，与通勤乘客相比，旅游、探亲的乘客数量少得多。许多日本人从上学开始到工作，除节假日外，几乎天天坐火车。我有一个在奈良某大学任教的朋友，家住奈良市内，其女儿在京都上高中。每天清晨女儿乘坐近铁（近畿铁道）列车抵达京都，学校放学后还要参加各种补习班，一直到晚上 8 点左右才搭乘火车回家。学生、教师和机关、公司员工凭证明可在各铁路公司购买定期乘车卡，享有很大的折扣优惠，这也是铁路运营部门应尽的社会义务。日本是世界上最早建成、运营高速铁路的国家，但日本在发展高速铁路的同时，并未放弃普通铁路。显然一个国家不可能把所有城市、乡镇都用高铁连接起来，既不经济也没有必要。高铁仅占日本整个铁路线长度的 1/10。普通铁路拥有庞大的通勤乘客。

由于铁路的主要功能是通勤，所以日本火车运行非常准时，以免耽误乘客上班、上学。铁路技术专家青田孝提供的一组数据令人印象深刻。2016 年度，东海道新干线每天开行列车 365 列，全年共开行列车约 13

---

① 芦原义信：《建筑空间的魅力》，伊藤增辉编译，江苏人民出版社，2019 年，第 29 页。

万列，列车平均延误时间仅 24 秒。2015 年、2014 年、2013 年、2012 年和 2011 年度，东海道新干线列车平均延误时间分别为 12 秒、36 秒、54 秒、30 秒和 36 秒。列车只能准时发车，不得提前，日本又是一个地震、台风、雪灾频发的国家，全年列车平均延误时间控制在 60 秒内，相当于零延误。与旅客所持有的列车时刻表不同，日本火车司机的时间概念以 15 秒为单位。日本火车不仅运行准时，而且发车密度高。列车抵达终点站后往往要立即折返，东海道新干线列车折返时间仅为 12 分钟。乘客下车需 2 分钟，下一班乘客上车需 3 分钟，用于打扫列车卫生的时间仅余 7 分钟，在 7 分钟内要快速完成对车厢地板的清扫，收拾乘客遗忘物品，翻转、擦拭座椅，更换座椅套等，所以保洁员在列车进站时已严阵以待，一个人负责一节车厢，卫生间则有专人负责清理，清扫工作专业、快捷。[①]为了加快乘客上下车，铁路运营部门还增加每节车厢车门或加宽车门。日本列车不仅干净，而且非常舒适。著名设计师水户冈锐志认为座椅是列车的核心，在列车上乘客个人能够唯一占有的资源只有座椅，所以一定要为乘客打造出最舒适的乘坐体验。水户冈锐志用木材或真皮制造座椅，在木板中间加入一层薄薄的铁板，既保证了座椅的坚固，又减少了座椅的空间，使乘客膝前的活动空间更加宽敞。水户冈锐志还把座椅设计得比较低，配上柔软的坐垫，座面距离地面仅有三十八九厘米。以往座面距离地面的高度为 43 厘米，主要是为了节约空间，尽量避免乘客往前伸腿，显然水户冈锐志的设计更加人性化。[②]

　　铁路"通勤"功能的形成与日本特有的地理地貌有很大关系，日本不仅是一个人多地少的国家，人口密度为每平方千米 341 人，居世界第

---

① 青田孝：《ここが凄い！日本の鉄道》，交通新聞社，2017 年，第 14—第 16 页，第 22—第 25 页。
② 水户冈锐志：《铁道之心》，杜红译，文化发展出版社，2018 年，第 93—第 94 页。

9 位，是世界平均人口密度的 6 倍，而且 3/4 的国土面积为山地，森林约占国土面积的 67%，人口主要分布在沿海平原，形成了带状的人口聚集区。这种特有的人口聚集状态为发挥铁路运能创造了有利条件，如东海道线是连接以东京、名古屋和大阪为中心的三大都市圈的主要铁路线，该区域聚集了日本一半以上的人口。从东京乘坐火车到京都和大阪，沿途是连绵不断的城市群。一都三县（东京都、千叶县、神奈川县、埼玉县）的东京都市圈则集中了日本 1/4 以上的人口，在这样密集的人口聚集区建设、运营铁路既可以节省土地，又可以最大限度地发挥铁路运能。[①]铁路具有输送量大、速度快、全天候运行的特点，最适合充当通勤交通工具。日本人购房首先考虑的是所购房屋与火车站或地铁站的距离，便于出行，远离车站的房屋是无人问津的。上班高峰期间，三大都市圈的通勤列车是非常拥挤的。2015 年度，每天 7:30 至 8:30 左右，JR 东日本的川崎至品川线，开行列车 19 列，每列 13 节，运送乘客 63 670 人次，约每 2 分钟发车 1 列，超载 82%；东武铁道伊势崎线，开行列车 40 列，每列 8 或 9 节，每一分半钟发车 1 列，运送乘客 66 537 人次，超载 50%；西武铁道池袋线，开行列车 24 列，每列 9 节，每两分半钟发车 1 列，运送乘客 48 060 人次，超载 59%等。列车空间是有限的，JR 的 223 系车厢定员为 141 人，其中坐席 72 个。川崎至品川线超载 82%，相当于每节车厢载有乘客 257 人左右。1973 年，因对列车严重超载不满，高崎线上尾站发生了乘客损毁车站设施和列车的严重事件（见表 2-1）。由于在拥挤、超长距离的通勤列车上待得时间太长，不少通勤族患上了"铁道病"，即一种"幽闭恐惧症"。著名作家谷崎润一郎在小说《恐怖》中描写了这种"铁道病"。主人公"我"患上了一种可恨而荒唐的病症，即被称

---

① 田边谦一：《日本の鉄道は世界で戦えるか　国際比較で見えてくる理想と現実》，草思社，2018 年，第 173—第 174 页。

作"铁道病"的精神疾患。"虽说铁道病，但我所染上的这一种，与世上妇女们常见的晕船和晕车完全不同，使我倍感苦恼和恐怖。一旦乘上火车，汽笛鸣响，车轮咣当一声慢慢滑动起来的时候，弥漫于我全身的血管的跳动，简直就像烈酒中毒一样，一下子冲上脑门，我的皮肤上渗出豆粒大的冷汗，手脚冰凉，寒战不止。如果不及时急救，我全身的血液就会从脖子向上，充满那狭小而坚硬的圆形部分——脑髓，使它犹如充满空气而变得胀鼓鼓的气球，说不定什么时候头盖骨就会破裂。纵然如此，火车却一向心平气和、生龙活虎，勇往直前地奔驰在铁道之上。——火车喷吐着火山爆发般的煤烟，发出冷酷而豪壮的轰鸣，仿佛在诉说着一个人的生命不值一提。它穿过漆黑的隧道，通过长长的、艰险的铁桥，越过河川，跨过旷野，绕过丛林，毫不犹豫、一刻不停地向前奔驰。"主人公在列车运行途中越来越害怕："谁来救救我呀！我现在脑溢血，快要死了。"主人公脸色青白，呼吸急促，犹如临终前的病人。"我想尽一切办法，巴望及早逃离火车。""我差一点就要打开行驶中的列车车门跳下去，有时又伸手想按下紧急报警器。尽管如此，我还是坚持忍耐到了下一个车站。我带着一副既可怜又悲惨的模样，狼狈不堪地从站台走向检票口。不可思议的是，只要下了火车，我的心跳就立即平稳下来，不安的影子一片片剥落尽净。"有一次主人公要从京都搭乘火车去大阪，特意买了一瓶威士忌，用酒壮胆。主人公带着行李来到拥挤不堪的车站。"好不容易被推到了检票口。检过车票，就在到达站台上的瞬间，我再次发觉被诅咒的命运正埋伏在那里等待自己。呜呜呜，电车发出惊天动地的喘息，傲然地做好了出发的准备。我窥视着车厢基座，酒精带来的醉意胡乱践踏着我的神经，我银针般敏锐的脑袋颤抖着。同时，一种强烈的恐怖充满全身，猛烈地撕裂了我的灵魂。就要将我推向疯狂而猝死的谷底。我不由猛地跳起来。"列车员对主人公到了车门口却不上车感到很奇怪，主人公连忙解释说："我已经检过票了，不过还在等一个人，待会儿再上车。"主人公使足了劲儿，就像被恶魔追赶一样，逆着人流仓皇失措地逃到车站外。时间在一点一点流逝，主人公坐在长椅上，眼睁睁地看着列车一趟一趟驶过，最后遇到一个朋友。朋友不知道主人公患了"铁道病"，拉扯着主人公一起上了车。不少通勤族读了这篇小说，深以为然，表示自己或多或少患过"铁道病"，发病症状与小说描写完全一样，称赞谷崎润一郎不愧是天才作家。为了缓解列车超载，铁路运营部门使用更宽、更长的车体，加挂更多的车厢，拓展站台长度。[①]

表 2-1 2015 年日本部分铁道线路超载区间和超载率表[②]

公司名	路线名	区间	时间段	列车编挂客车数和发车次数	定员	输送人员	超载率/%
JR东日本	东海道	川崎—品川	7:39—8:39	13×19	35 036	63 670	82
	横须贺	武藏小杉—西大井	7:26—8:26	13×10	18 640	36 010	93
	山手	上野—御徒町	7:41—8:41	11×24	39 027	63 720	63
		新大久保—新宿	7:43—8:43	11×23	37 444	62 600	67
	中央	中野—新宿	7:55—8:55	10×30	44 400	83 260	88
		代代木—千駄谷	8:01—9:01	10×23	34 040	31 570	−9
	宇都宫	土吕—大宫	6:56—7:56	13×14	25 816	38 600	50
	高崎	宫原—大宫	6:57—7:57	13×14	25 816	443 900	72

---

① 佐藤信之：《通勤電車のはなし—東京・大阪、快適通勤のために》，中央公論新社，2017 年，序言；谷崎润一郎：《初期短篇集》，陈若雷译，广西师范大学出版社，2018 年，第 101—第 110 页。

② 佐藤信之：《通勤電車のはなし—東京・大阪、快適通勤のために》，中央公論新社，2017 年，序言。

续表

公司名	路线名	区间	时间段	列车编挂客车数和发车次数	定员	输送人员	超载率/%
JR东日本	京滨东北	川口—赤羽	7:25—8:25	10×25	37 000	65 410	77
		大井町—品川	7:37—8:37	10×26	38 480	70 030	82
	常磐	中电松户—北千住	7:18—8:18	13×9	16 236	26 230	62
		快速松户—北千住	7:21—8:21	15×10	22 200	35 680	61
		龟有—绫濑	7:23—8:23	10×24	33 600	52 070	55
	总武	新小岩—棉系町	7:34—8:34	13×19	35 416	63 920	80
		棉系町—两国	7:34—8:34	10×26	38 480	76 760	99
	南武	武藏中原—武藏小杉	7:30—8:30	6×25	22 008	41 750	90
	横滨	小机—新横滨	7:27—8:27	8×19	22 496	38 280	70
	根岸	新杉田—矶子	7:13—8:13	10×13	19 240	31 090	62
	五日市	东秋留—拜岛	7:05—8:05	6×6	5 328	7 540	42
	青梅	西立川—立川	7:02—8:02	9.1×17	22 790	31 120	37
	埼京	板桥—池袋	7:50—8:50	10×19	27 960	51 120	83
	武藏野	东浦和—南浦和	7:21—8:21	8×15	16 800	29 400	75
	京叶	葛西临海公园—新木场	7:21—8:21	8×15	16 800	29 400	75
JR西日本	东海道	快速茨木—新大阪	7:30—8:30	12×13	21 430	20 040	−6
		快速尼崎—大阪	7:30—8:30	11.8×13	21 148	20 595	−3
		缓行茨木—新大阪	7:30—8:30	7×13	14 157	15 020	6
		缓行塚本—大阪	7:30—8:30	7×12	13 068	14 260	9
	大阪环状	鹤桥—玉造	7:30—8:30	8×17	18 974	22 165	17
		京桥—樱之宫	7:30—8:30	8×17	18 956	22 380	18
		玉造—鹤桥	7:30—8:30	8×15	16 692	13 725	−18

续表

公司名	路线名	区间	时间段	列车编挂客车数和发车次数	定员	输送人员	超载率/%
JR西日本	片町	鸭野—京桥	7:30—8:30	7×19	20 691	24 800	20
	关西	久保寺—天王寺	7:30—8:30	7.5×13	13 558	12 820	−5
		东部市场前—天王寺	7:30—8:30	6×6	5 040	5 660	12
	阪和	堺市—天王寺	7:30—8:30	8×13	14 248	15 000	5
		美章园—天王寺	7:30—8:30	6×8	6 720	6 340	−6
	东西	大阪天满宫—北新地	7:30—8:30	7×19	20 691	18 820	−9
	福知山	伊丹—尼崎	7:30—8:30	7.6×11	11 930	12 850	8
		塚口—尼崎	7:15—8:30	7×8	8 712	7 355	−16
	大阪东	久保寺—放出	7:30—8:30	6.5×6	5 787	3 560	−38
东武铁道	伊势崎	小菅—北千住	7:30—8:30	8.4×40	44 364	66 537	50
	东上	北池袋—池袋	7:30—8:30	10×24	33 120	45 566	38
	野田线	北大宫—大宫	7:30—8:30	6×14	11 592	14 839	28
		初石—流山	7:10—8:10	6×11	9 108	11 857	30
		新船桥—船桥	7:00—8:00	6×11	9 108	13 069	43
西武铁道	池袋	椎名町—池袋	7:30—8:29	9×24	30 240	48 060	59
	新宿	下落合—高田马场	7:37—8:36	9.2×26	33 600	52 493	56
	西武有乐町	新樱台—小竹向原	7:21—8:21	9.8×16	21 956	22 034	0
京成电铁	本线	大神宫下—京城船桥	7:20—8:20	7×18	15 246	20 128	32
	押上	京城曳舟—押上	7:40—8:40	8×24	23 232	35 338	52
京王电铁	京王	下高井户—明大前	7:40—8:40	10×27	37 800	62 493	65
	井之头	池之上—驹场东大前	7:45—8:45	5×28	19 600	28 150	44
	相模原	京王多摩川—调布	7:20—8:20	9.8×12	16 520	21 369	29

续表

公司名	路线名	区间	时间段	列车编挂客车数和发车次数	定员	输送人员	超载率/%
小田急电铁	小田原	世田谷代田—下北沢	7:46—8:48	9.4×29	38 428	73 573	91
	江之岛	南林间—中央林间	7:24—8:20	7.2×13	13 000	17 583	35
	多摩	五月台—新百合丘	7:21—8:19	7.1×11	11 092	9 461	−15
京急	本线	户部—横滨	7:30—8:30	9.5×27	32 000	46 559	45
相铁	本线	西横滨—平沼桥	7:26—8:25	9.8×24	33 040	48 291	46
东京急行电铁	东横	祐天寺—中目黑	7:50—8:50	8.7×24	31 344	51 235	63
	目黑	不动前—目黑	7:50—8:50	6×24	21 264	35 252	66
	田园都市	池尻大桥—涉谷	7:50—8:50	10×29	42 746	78 687	84
东京急行电铁	大井町	九品佛—自由丘	7:30—8:30	5.3×20	15 390	25 886	68
	池上	大崎广小路—五反田	7:50—8:50	3×22	8 096	10 991	36
	多摩川	矢口渡—浦田	7:40—8:40	3×20	7 360	9 459	29
近畿日本铁道	名古屋	米野—名古屋	7:35—8:35	4.7×18	11 560	15 320	33
	奈良	河内永和—布施	7:42—8:42	8.1×20	22 422	31 660	37
	大阪	俊德道—布施	7:36—8:36	7.7×19	19 856	25 920	31
	南大阪	北田边—河堀口	7:31—8:31	7×20	19 180	24 510	28
	京都	向岛—桃山御陵前	7:36—8:36	5.9×18	14 734	18 330	24
	京阪奈	荒本—长田	7:24—8:24	6×16	12 576	10 530	−16
南海电气铁道	南海本线	凑—堺	7:30—8:30	6.5×21	17 896	22 628	26
	高野	百舌鸟八幡—三国丘	7:20—8:20	7.5×24	23 710	29 114	23
京阪	京阪本线	野江—京桥	7:50—8:50	7.4×36	32 676	38 612	18

续表

公司名	路线名	区间	时间段	列车编挂客车数和发车次数	定员	输送人员	超载率/%
阪急电铁	神户本线	神崎川—十三	7:34—8:34	8.6×24	26 574	38 900	46
	宝塚本线	三国—十三	7:32—8:32	8.3×23	24 768	35 850	45
	京都本线	上新庄—淡路	7:35—8:35	8.1×23	23 964	31 500	31
	千里	下新庄—淡路	7:30—8:30	7.8×11	11 352	14 550	28
阪神	本线	出屋敷—尼崎	7:31—8:30	5.6×25	17 022	19 305	13
	难波	千鸟桥—西九条	7:42—8:41	6×10	7 668	7 146	−7
京福电气铁道	岚山本线	蚕之社—岚电天神川	7:30—8:29	1.5×12	1 672	1 094	−35
	北野线	帷子之辻—常盘	8:00—9:00	1×6	557	272	−51
能势电铁	妙见	绢延桥—川西能势口	7:10—8:10	5.1×18	11 528	9 002	−22
	日生	日生中央—山下	6:55—7:55	6×10	7 520	2 607	−65
关东铁道	竜崎	竜崎—佐贯	6:55—7:55	2×3	810	192	−76
	常总	西取手—取手	7:00—8:00	2×9	2 520	1 529	−39
江之岛电铁	江之岛电铁	石上—藤泽	7:10—7:58	4×5	1 500	1 394	−7
新京成电铁	新京成	上本乡—松户	7:24—8:19	6×14	10 444	13 068	25
		前原—新津田沼	7:08—8:06	6×14	10 444	12 110	16

近年来中国高铁快速发展，极大地方便了人们的出行，成为国家名片。但铁路服务质量可以进一步提高，如站台电子显示屏数量不多，标示效率可以提高，乘客进入站台时间短，容易紧张，往往要反复确认所乘车厢，当两列火车同时进站时，有时会误乘列车。相比而言，日本火

车站站台电子显示屏数量较多，表达清楚，可以借鉴。2018 年春天笔者在名古屋车站第 14 号、第 15 号站台候车，笔者所站立的位置有左右两块电子显示屏，中间是时钟，显示屏上显示即将进入第 14 号、第 15 号站台的 4 列列车名称、车次、本站开行时间、终点站、途经车站、车厢等。开行时间、终点站、途经车站、车厢等用白色字体显示，非常醒目，列车名称、车次等分别用红色或黄色、蓝色字体显示。乘客误乘列车是难免的，需要高效率地处理。有一次笔者从金泽乘坐新干线列车去静冈，匆匆进站时，站台上已停留了一列即将开往东京的列车，想当然地以为该列车会在静冈停靠。结果列车开行后很久我才意识到该列车抵达名古屋后直接北上，不再继续东行。列车员得知我误乘列车后，马上打印一张显示券，告知我乘坐的是"光 520 号"列车，现停靠岐阜羽岛，13 时 15 分从岐阜羽岛开行，经 10 分钟即 13 时 25 分抵达名古屋，下车后从名古屋第 14 号站台换乘 13 时 37 分开行的"光 468 号"列车，换乘时间为 12 分钟，列车运行 55 分钟即 14 时 32 分到达静冈。岐阜羽岛至静冈的时间为 1 小时 17 分钟。这种细致入微的告示令人叹服。

岐阜羽岛站是岐阜县境内唯一的新干线车站，羽岛是一个小城市，怎么会在此设立新干线车站的？其实该车站是一个政治站。1959 年 11 月 14 日，运输省在公布东京至大阪的东海道新干线设站方案时表示，途中设立 9 个车站，即横滨、小田原、热海、静冈、滨松、丰桥、名古屋、米原、京都等 9 个车站，不在岐阜境内设站。为了缩短东海道新干线距离，最初施工计划是从名古屋到大阪呈一条直线，不经过岐阜县境内，绕过岐阜县主要城市，但实施该计划，必须经过铃鹿山脉，要挖掘长长的隧道，增加施工难度和建设经费，延缓工期。直线方案被否决，决定线路穿越岐阜县，但不设车站。这一决定引起了岐阜县当地居民和政治家的强烈不满。运输省方案公布后仅仅 3 天，运输省官房长官就表示将在岐阜境内设站，选址为 4 万人口的羽岛，这是一个妥协方案，也是自民党副总裁大野伴睦施加压力的结果。大野伴睦表示，绝对不接受不在岐阜县内设站的方案，如果不设站就不让新干线通过岐阜。当时岐阜居民要求在主要城市岐阜市或大垣市设站，这将导致新干线大幅度往北绕行。由于当地居民的反对，在岐阜境内的线路测量工作一度限于停顿。新干线建设面临的最大问题之一就是征地问题，如果得不到当地居民的理解和支持，征地工作将严重受阻，从而拖延工期。[①]最后达成妥协，在岐阜县南部，距岐阜市 13 千米以及距大垣市 9 千米的羽岛设站。岐阜民众得知这一消息后非常高兴，大野伴睦在当地人气暴涨。1964 年 10 月 1 日，岐阜羽岛站与新干线同时开业，车站周边都是大片的水田。现在车站前矗立着大野伴睦夫妇的铜像。岐阜羽岛站每日平均乘客约 3 000 人。政治介入铁路选线、走向或设站在战前就是普遍现象，早在大正时代（1912—1926）就有"我田引铁"的说法，就是政治家施展浑身解数争取把铁路敷设到自己的"票田"（选区），争取选民的支持，保证自己当选。政治家与选区选民的关系在某种程度上是一种利益交换关系，即政治家运用自己的关系和个人影响对有关部门施加压力，为自己的选区争取更多的政府补助金和公共事业建设项目，提高当地居民的生活水平，选民则在选举中把票投给政治家。大野伴睦说过一句非常有名的话："猴子从树上掉下来也是猴子，但议员在选举中落败就是个普通人。"由此造成了两个明显的后果，即政治家的政治资金丑闻并不影响其政治生命，例如田中角荣因"洛克希德案"被判有罪后，仍然数次以最高得票数当选为国会议员。因为田中角荣在担任内阁有关大臣和首相期间将选区选民的利益要求，通过其个人影响纳入政府财政预算得以实施，从而使其所在的选区，即偏僻的新潟县第三区变得交通便利，社会福利设施

---

① 小牟田哲彦：《鉄道と国家—「我田引鉄」の近現代史》，講談社，2012 年，第 112—第 117 页。

齐全，居民生活方便。另外一个后果就是"子承父业"的"二世议员"增加，也就是老一代议员去世后，其集票组织会继续推举其后代或其他亲属当选为国会议员。①田中角荣对敷设上越新干线发挥了极大作用。该线路全长 300 千米，连接其家乡新潟至东京都市圈，并在高崎与北陆新干线相连，从而加强了与北陆三县（富山、石川和福井）的联系。运输省有一个决策咨询机关，即铁道建设审议会（简称"铁建审"），铁建审负责审议铁路的选线、走向以及经费预算，对铁路建设具有重要影响。根据不成文的法律，会长由执政党总务会长担任，执政党政调会长担任小委员长。1961 年，田中角荣任自民党政调会长，同时也兼任铁建审小委员长，掌握了铁道政策的主导权。1971 年，田中任通商产业大臣，上越新干线被纳入建设计划。1982 年 11 月 15 日，大宫—新潟间开业运营，当时新闻媒体以"田中新干线发车""就像是越山会（田中的后援会组织）的庆祝会"报道上越新干线开通。②

　　由于铁道的便捷性，有不少日本人经常搭乘火车进行纵贯日本、横贯日本和沿日本海岸线的旅行。1989 年 4 月，有一位医生撰文描述了自己从日本最北端的火车站稚内至最南端的火车站西大山站的长达 3 200 千米、历经 33 小时的乘车经历。12 时 23 分他从稚内站乘坐急行列车出发，沿途欣赏北海道北部广阔的原野，经名寄、旭川，傍晚 18 时 49 分抵达北海道首府札幌。19 时 10 分从札幌换乘列车出发，深夜经过青函隧道，于清晨 6 时 47 分到达仙台，换乘东北新干线，于 7 时出发，9 时抵达上野站，然后换乘山手线列车到东京站。从东京站乘坐 10 时始发的新干线"光 5 号"列车，经过 6 个小时，即 15 时 57 分抵达九州的博多站。17 时 16 分换乘特急列车，于 21 时 24 分抵达西鹿儿岛站。第二天，

---

① 王新生：《现代日本政治》，经济日报出版社，1997 年，第 43—第 44 页。
② 小牟田哲彦：《鉄道と国家—「我田引鉄」の近現代史》，講談社，2012 年，第 103—第 109 页。

搭乘西鹿儿岛站始发的指宿枕崎线列车抵达西大山站。①

　　如何高效地输送通勤乘客是各铁路公司考虑的头等大事，他们为此使出了浑身解数。随着城市化进程加快，铁路通勤线路不断延伸，导致工薪族乘车时间越来越长，身心疲惫。据统计，2011 年，东京圈定期通勤乘客数为 60 多亿人次，单程通勤时间为 30 分钟，乘客每分钟时间价值为 37.4 日元，通勤乘客在上班途中耗费的时间价值约为 7 兆 7 000 亿日元，约占东京圈国民生产总值的 4%。这是显性的损失，而长时间在超载的列车上会导致乘客身心疲惫，影响其工作热情和效率，这是隐性的不为人知的损失。②为此，铁路运营部门除了进行线路升级改造、增加行车密度外，还推出特快通勤列车，通过减少停靠站和加快行车速度来缩减乘车时间。千叶位于东京东南，人口 900 多万，大部分居民是在东京或其他城市上班的工薪族。JR 在千叶的苏我—东京间开行快速通勤列车，每天早上开行 4 列，傍晚开行 2 列，线路全长 43 千米，列车运行时间 35 分钟，比小田急电铁和京王电铁的急行列车所需时间少得多。小田急电铁开行的急行列车，每天早晨 7 时 35 分从海老名发车，抵达东京新宿的时间为 8 时 36 分，全程运行时间 1 小时 1 分，而距离为 42.5 千米。京王电铁开行的从白眼鸟台到新宿的急行列车全程运行时间为 1 小时 3 分，而距离不过 40.4 千米。所以 JR 京叶线快速通勤列车的运行，迫使其他铁路公司必须缩短快速列车的运行时间。大阪是著名的商业城市，神户是著名的海港城市和宜居城市，两地间有多条铁路线连接，除了新干线、JR 以外，还有近畿铁道、阪急铁道、阪神电气铁道等，上班高峰期间各条线路的列车都非常拥挤。大阪梅田至神户元町，全程 32.1 千米，阪神电气铁道公司为了满足不同乘客特别是通勤乘客的需要，开行了直

---

① 赤門鉄路クラブ：《紳士の鉄道学》，青蛙房，1997 年，第 96—第 100 页。
② 佐藤信之：《通勤電車のはなし—東京・大阪、快適通勤のために》，中央公論新社，2017 年，第 8 页。

通特急、特急、区间特急、快速急行、急行、准急行和普通等 7 种类型的列车。直通特急、特急列车在 33 个车站中仅停靠 6 或 7 个车站，运行时间 28 分钟，每小时开行列车 18 列，而每站停靠的普通列车仅 6 列。阪急铁道开行的大阪梅田至神户三宫间的特急列车，运行时间 27 分钟，票价与阪神特急票价一样，比 JR 开行的大阪至神户的特急列车票价便宜，但 JR 特急列车中途停靠站少，运行时间仅 15 分钟，以速度取胜。[1]连接城市之间的列车还有南海铁道公司开行的大阪难波至和歌山的列车（64.2 千米）、东京急行电铁开行的涩谷至横滨的列车（24.2 千米）等，各铁路公司为了争夺通勤乘客展开了白热化竞争。

以前笔者从东京去往旅游胜地镰仓，一般乘坐 JR。JR 从东京至镰仓的票价为 920 日元。2019 年春天我再一次去镰仓，仍像以往一样，先乘坐 JR 抵达镰仓，再从镰仓转乘江之岛电铁列车抵达藤泽，入住藤泽车站附近的酒店。第二天清晨笔者发现许多乘客在藤泽车站直接搭乘小田急电铁列车去东京上班，从藤泽至东京新宿的票价为 590 日元，比 JR 便宜许多，所以上班高峰期间，车厢内挤满了乘客。小田急电铁的小田原线超载达 90% 以上。日本有多种铁路运营主体，铁路线分布密集，极大地便利了人们的通勤和上学。藤泽是神奈川县南部的小城市，人口不过 30 余万，却有 JR、小田急电铁和相模铁道等多条铁路线穿越，许多人在东京上班，而居住在藤泽，因为藤泽房价便宜。

久里滨是著名的历史名胜地，隶属于横须贺市。1853 年 7 月 8 日，美国东印度舰队司令佩里率领 4 艘军舰来到日本的浦贺海面，即历史上有名的"黑船来航"事件。7 月 14 日，佩里在 300 名水兵的护卫下在久里滨登陆，向幕府官员递交了美国总统的国书，迫使闭关锁国的日本开国，从此"拍枕海潮来，勿再闭关眠"。久里滨建有"佩里公园"，内有"佩里纪念馆"，馆高两层，佩里登岸处矗立着巨大的佩里纪念碑，

① 原武史：《铁道ひとつばなし》，講談社，2003 年，第 112—第 120 页。

镌刻着伊藤博文手书的"北米合众国水师提督伯理上陆纪念碑",久里滨每年都要举办"佩里节"。"黑船来航"完全改变了日本历史。

藤泽距离久里滨不远。我先乘坐 JR 到大船(仅 1 站),然后搭乘 JR 横须贺线列车抵达久里滨,也可乘坐京急久里滨线列车抵达京急久里滨站,徒步 20 分钟即可抵达"佩里公园"。横须贺线是一条重要的通勤铁路,因为横须贺是著名军港,是美国海军第七舰队基地和日本海上自卫队司令部所在地。每天 7:26 至 8:26 开行列车 10 列,每列 13 节,每节车厢载有乘客 277 人,超载高达 93%。2020 年 1 月,我抵达横须贺港参观,参观须预约。游客搭乘游览船,从海上参观各类军舰,包括航母、潜艇等,船票成人 1 400 日元,小学生 700 日元。当天军港基地不对游客开放,不能上岸进入基地内部。据说基地的咖喱饭很地道,可惜无缘品尝。横须贺市稻冈町建有"三笠公园",保存着世界三大军舰之一的"三笠号"巡洋舰。1899 年,该舰由英国造船厂开始建造。1902 年 3 月竣工,排水量 15 140 吨,舰长 122 米,定员 859 人。出厂后立即被编入日本海军联合舰队,在日俄战争中作为联合舰队司令官东乡平八郎的旗舰,参加日本海海战。决战前夕东乡平八郎在"三笠号"升起了他的 Z字旗。华盛顿会议通过了《五国海军协定》,这是世界现代史上主要强国间据以进行过裁军的协议。"三笠号"巡洋舰被列入废弃舰名单。1924 年 2 月,以东乡平八郎为名誉会长的"三笠保存会"成立,将"三笠号"巡洋舰固定在岸边。后来几经变化,该舰对公众开放参观。

川越被誉为"小江户",居住在川越的工薪族一般搭乘东武铁道,仅 30 分钟就可抵达东京第三大副都心——池袋,然后换乘地铁。横滨是神奈川县首府,在东京上班的工薪族可搭乘新干线或 JR、东急铁道,仅30 分钟即可抵达东京火车站。

三、 多元化的日本铁道公司

在日本访学期间，每次出行笔者都是乘坐火车。我所担任研究员的奈良大学距离近畿铁道的"高之原站"步行约 20 多分钟。近畿铁道公司是一家私营铁路公司，简称近铁，其所辖线路全长 508 千米，是日本最长的私有铁路，连接京都、大阪和奈良三大古都。我去京都或大阪总是乘坐近铁列车，车厢外观呈紫色，特急列车外观则是橙色。如果我要去京都附近的抹茶之乡——宇治，或者从奈良站乘坐 JR，或者乘坐近铁列车到新祝园换乘 JR。JR 各公司所辖列车（除新干线外）外观以银色或浅绿色为主。如果去东京，当然是乘坐新干线，但奈良至今未通高铁，我要先搭乘近铁列车抵达京都，再从京都换乘新干线。新干线列车的颜色自然是白色，但机车颜色或者是蓝色，或者是蓝白相间。如果从关西机场回国，我一般是先搭乘近铁列车到大阪，再从大阪换乘南海铁道公司的火车。所以在日本生活了一段时间，看见什么颜色的列车，自然就知道该列车属于哪一家铁路公司。五颜六色的列车奔驰在原野上，令人赏心悦目。我还见过红色、彩色以及画有草莓或动物图案的车厢。

2018 年在中国上映的日本电影《镰仓物语》获得好评。镰仓是古都，位于东京附近，是日本第一个武家政权——镰仓幕府所在地，保存了大量古建筑，也是著名的旅游城市。在镰仓旅游，自然要乘坐江之岛电气列车。江之岛电铁是一条单线窄轨铁路，车厢外观为绿色，由小田急电铁公司运营，全长 10 千米，设 15 个车站，途经长谷寺、极乐寺、江之岛、湘南海岸公园等旅游景点。由于江之岛电铁列车沿海岸行驶，沿途景色非常漂亮，也是许多电影的取景地，旅客踊跃乘坐。如果从东京去镰仓，既可以乘坐 JR，也可以从新宿乘坐小田急电铁。20 世纪 90 年代，日本漫画家井上雄彦以高中篮球队生活为题材，创作了漫画《灌篮高手》，以后又改编为同名长篇电视动画片，大获好评。该动漫和电视剧引进中国以后，影响了无数青少年。1997 年，江之岛电铁镰仓高中前站入选"关东 100 车站"，因为它不仅是观海的绝佳胜地，也是《灌篮高手》电视剧的取景地。我每次乘坐江之岛电铁，抵达镰仓高中前站，喜欢出站走一走，看看海景，去镰仓高中门前溜达。看到无数游客，特别是中国游客在拍照，追忆自己的青春岁月。镰仓高中前站在江之岛电铁 15 个车站中，乘客数位居第六，每日上下乘客 4 300 多人。而江之岛站乘客数为10 000 多人，位居第三，从该站下车，徒步 10 多分钟即可抵达江之岛。江之岛系相模湾中的一个小岛，有居民 360 多人，通过江之岛大桥与湘南海岸相连，被誉为"日本百景之地"，有著名的江岛神社和展望台。登上展望台，可将海滨城市镰仓一览无余。日本著名导演是枝裕和拍摄的《海街日记》就是以镰仓为背景的，把镰仓称为"海街"倒是挺贴切的。同母异父的四姐妹互相帮助，《海街日记》将大姐的责任感、二姐的率性、三妹的善良、四妹的乖巧演绎得淋漓尽致，姐妹情深的温馨故事打动了无数观众。四姐妹常在极乐寺站上下车，住在极乐寺站附近外公外婆留下的老房子里。1999 年，极乐寺站也入选"关东 100 车站"。有一次我乘坐江之岛电铁列车抵达鹄沼海岸站，步行 7 分钟左右抵达聂耳广场，向著名作曲家聂耳表示敬意。1935 年 7 月 17 日下午，聂耳与朋友从鹄沼海岸下海游泳，结果溺亡，年仅 23 岁。"一曲报国惊四海"。

1954 年，藤泽市民树立了聂耳纪念碑，郭沫若题写的"聂耳终焉之地"石碑非常醒目。1986 年，为纪念聂耳逝世 50 周年，当地树立了聂耳胸像并建立了聂耳广场。

图 3-1　镰仓和镰仓站

图 3-2　江之岛电铁　　　　　　　　图 3-3　聂耳纪念碑

　　铁路是一种公共性高而收益性低的交通工具，许多国家对铁路实行国营或公营，即采取一元化运营，政府还对铁路运营所产生的亏损进行适当补贴，但是日本为何有那么多性质迥异的铁路公司呢？通过不断观察和询问，我逐渐解开了谜团。与中国不同，铁路对日本人而言，不仅是出差的首选交通工具，而且是上班、上学和观光旅游的主要交通工具。由于乘客数量多，所以对投资者有很大吸引力。长期以来，我想当然地以为中国铁路乘客量肯定居世界第一。可是 2018 年日本出版的一部关于比较日本与世界其他国家铁道运营的书所提供的一组数据颠覆了我的观念。根据国际铁道联合会（UIC）的统计数据，2013 年日本利用铁路出行的人数占世界的 31%，也就是说，全球利用铁路出行的每 3 个人中就有 1 个日本人；而根据法国铁道杂志的记载，世界上每天利用铁路出行的人中有一半是日本人，即每天利用铁路出行的 1 亿 6 000 万人中，日本人为 6 200 万。JR 东日本铁道是利用人数最多的铁道线，每天出行人数高达 1 630 万人。现在全球乘客人数最多的 51 个火车站中（含地铁乘客），日本就占了 45 个。2010 年度，东京新宿站平均每天乘客为 364 万人次，是世界上乘客人数最多的火车站，有 10 条铁路线和 3 条地铁线在此交汇，而这些铁路线分属于不同的铁路公司。[①]早在 1930 年代，国铁、西武轨道、京王电气轨道和小田原急行铁道等铁路公司就共用新宿站。

日本的铁路运营主体比较复杂，经营铁道与轨道的公司和地方公共体（地方交通局）合计 213 家，其中经营铁道者 186 家（含 10 家经营铁道货物运输的公司），经营轨道者 27 家。在 213 家铁道与轨道经营者中，公有铁道和轨道经营者分别有 7 家和 6 家。JR 是对原国铁进行分割和民营化后产生的公司，包括 6 家客运公司和 1 家货运公司。日本人引以为傲的新干线则分别由不同的铁路公司运营，如东海道新干线（东京—新大阪）由 JR 东海道公司运营，东北新干线（东京—新青森）、上越新干线（大宫—新潟）、北陆新干线（高崎—上越秒高）由 JR 东日本公司运营，山阳新干线（新大阪—博多）、北陆新干线（上越秒高—金泽）由 JR 西日本公司运营，九州新干线（博多—鹿儿岛中央）由 JR 九州公

---

① 田辺謙一：《日本の鉄道は世界で戦えるか　国際比較で見えてくる理想と現実》，草思社，2018 年，第 17—22 页。

司运营，而 2016 年开通的北海道新干线则由 JR 北海道公司运营。私有
铁路公司数量较多，其中有 16 家规模较大的公司，如近畿铁道、名古屋
铁道、京成电铁、南海电气铁道、东武铁道、西武铁道、阪急电铁、阪
神电气铁道、西日本铁道等。第三方铁道则有 92 条铁道线。^①第三方铁
道都是地方铁路，线路不长。大多数国家的民营企业对铁路运营望而却
步，可是日本的民营企业却纷纷涉足铁路业，显然庞大的铁路乘客为公
司运营提供了利润保障。

　　在日本乘坐火车需掌握换乘技巧，各条铁路线换乘时间一般为十几
分钟。列车运行非常准时。2017 年夏天我从佐贺搭乘火车去京都。由于
佐贺不通新干线，我要先从佐贺站乘坐 JR 抵达博多，然后从博多换乘新
干线抵达京都。售票窗口给了我 3 张票，一张是佐贺至京都的全程票，
售价 10 290 日元，一张是佐贺至博多的自由席特急券，售价 820 日元
（如果不坐特急列车，可省略），另一张则是从博多至京都的新干线自由
席特急券。乘坐 JR 特急列车从佐贺到博多，全程仅 30 多分钟，比巴士
快得多。传统铁路上行驶的特急车使用子弹头机车，6 个车厢编为一列，
通过减少乘客数量和停靠站来提高列车运行速度。这一幕给我留下了深
刻印象。显然一个国家不可能把所有城市用高铁连接起来，需要传统铁
路与高铁有效衔接，如共用车站，实行联运等。除了少数城市，日本一
般没有专门的高铁站，新干线运行列车停靠原有的火车站。在早期铁路
建设过程中，各国围绕火车站选址似乎形成了一个固定且科学、合理的
模式，即火车站位于城市边缘，在最佳交通位置与最低房地产价格之间
保持一种平衡。随着乘客人数的增加，造成了火车站区域的繁荣，从而
形成新的城区。考虑乘客出行的方便和节省昂贵的征地费用，日本新干

---

　　① 数据来源：梅原淳的《鉄道用語大事典》，朝日新聞社，2015 年。

线一般不再另建新站，大的火车站往往有几层高架线路，不同铁路公司的列车在此停靠。因此是否有必要建设专门的高铁站以及将高铁站建在远郊区，导致乘客乘车不便和造成车站与城市的割裂，是值得认真思考的问题。在日本，不同铁路运营主体往往共同开发火车站，共用检票口，利益共享。

日本第一条铁路是东京至横滨的京滨铁路。该铁路于 1870 年 4 月正式动工修建，于 1872 年 10 月竣工。1872 年 10 月 14 日，明治政府为京滨铁路正式运营举行隆重的开业典礼，明治天皇亲自参加了开业典礼。天皇乘坐四轮马车抵达新桥站，与媒体记者一起搭乘火车前往横滨。天皇身着传统服饰，皇后则选择了正式西装，出场时手里打着一把遮阳伞。英国铁道官员在横滨站迎接天皇，他们头戴高高的礼帽，身穿双排扣长礼服，仿佛正在参加维多利亚女王举办的游园会，展现了一幅文明开化的历史画卷。新的浮世绘画很快就以喷吐蒸汽、在田野山峦间穿梭运行的火车为描绘主题，以富士山为背景。火车作为机械化的标志，带来了隆隆的进步之音，宁静的田园风光逐渐消失。诗人正冈子规住在东京市较为清静的根岸地区，但火车也延伸于此。他在 1900 年所作的短歌中写道："月下忽见上野林，窗动屋摇火车来。"[1]国土交通省将每年的 10 月 14 日定为"铁道日"，举行大量宣传活动。铁路作为日本产业革命的先行官，发展极为迅速，1906 年突破 5 000 英里，形成了以南北干线为核心的铁路运输体系。明治时期（1868—1912 年）日本铁路事业发展的一个突出特点，就是私有铁路发展速度大大超越国有铁路，也奠定了投资铁路的三菱、三井、藤田、住友等特权大资本家成为财阀的重要基础。尽管日俄战争以后日本政府实施"铁路国有化"，但收归国有的是大型

---

① 斯蒂芬·曼斯菲尔德：《东京传》，张旻译，中译出版社，2019 年，第 73—第 74 页。

私有铁路公司，《铁道国有法》规定，"以某一地方交通为目的的铁道不在（国有）范围内"。于是，私有轻便铁路迅速发展。日本还出现了独具特色的马车铁道，1890年代马车台数超过了3万辆。投资马车铁道的自然是中小资本家。20世纪80年代日本政府又对国铁进行民营化。所以，在日本铁路发展过程中始终存在着多元化的铁路运营主体。

由于日益严重的少子化和老龄化趋势，一些车站或铁道线废弃。1965年，日本有11 519个火车站，平均不足两千米就有一个车站，而2013年，火车站减少到10 023个，其中许多是无人车站。乡镇铁路的经营尤其困难，成为主要被废弃的铁路。但是，当地居民、企业和政府不是被动地接受现实，而是进行抗争，想方设法保留铁路和车站，因为这是防止人口外流、乡镇衰败的最佳途径。许多乡镇的中小学生乘坐火车到学校上学，下午四五点钟乘坐火车回家，火车站伴随着人们度过了儿童和青少年时代。即便就业后，人们也常在车站与同事见面，一起搭乘火车。所以日本人对铁路与车站怀有一种特殊的感情，某种程度上铁路与车站是日本人的精神故乡。只要铁路和车站还在，家乡振兴就有希望。

21世纪初，位于和歌山县境内的乡镇铁路——"贵志川铁道"因乘客日益减少，决定关闭。贵志川铁道原隶属于南海铁道公司，单线，窄轨，全长14.3千米，连接和歌山站至和歌山县境内的纪之川市的贵志站，共设14个车站。1974年，输送乘客361万多人，2005年，输送乘客下降为192万多人。当地居民积极行动起来，呼吁政府和企业挽救贵志川铁道，结果冈山电气轨道公司决定收购贵志川铁道。2006年，冈山电气轨道公司的子公司——和歌山电铁公司运营贵志川线。该公司老板小岛光信得知贵志川铁道终点站贵志站附近有人照顾了一只流浪猫，名叫小玉，突发奇想，决定让小玉戴列车员帽子，充当贵志站站长，并将车站翻新改造。小岛光信邀请著名设计师水户冈锐志设计车站和列车。水户冈锐志独具匠心，将车站外观全由柏树皮裹覆，"整体看上去就像一只猫的形象。猫耳朵采用了铜板制成，猫眼睛则运用了彩色玻璃来打造"。和歌山盛产梅干，水户冈锐志用了梅干的谐音，将新设计的列车命名为"梅星"号。一到节假日，车厢内就装满了箱形盆栽的新鲜草莓，成为可以采摘草莓的"草莓电车"。车身外部绘制了 101 幅"小玉"形象，①以此来吸引乘客，结果"贵志川铁道"客流增加了 17%，每年乘客突破了200 万，创收 100 亿日元，迅速恢复了元气和活力。

图 3-4　贵志站

2008 年，和歌山县知事向小玉授勋。以后小玉又陆续担任了贵志川线的总站长和和歌山国际观光客大使。小岛光信还为小玉写了传记，即《猫咪站长小玉》，著名旅日作家毛丹青为该书作序。根据《猫咪站长小玉》的记载，小玉的故事先后被美国 CNN、英国 BBC 和日本 NHK 等众多媒体大幅报道，引起广泛关注，使得贵志火车站成为新的旅游点，每

---

① 水户冈锐志：《铁道之心》，杜红译，文化发展出版社，2018 年，第 204页。

年仅从中国专程来贵志站看望猫站长小玉的游客就达到 5 万多人次。2015 年 6 月小玉离世，前来参加葬礼的有 3 000 多人，当天晚上贵志站和猫站长小玉成为日本电视的头条新闻。不久，和歌山县建立了"和歌山名人堂"，猫站长小玉居然第一个入选。要知道，商业奇才松下幸之助，著名外交家陆奥宗光，海军将领、外交家野村吉三郎等都是和歌山县人。铁路公司在车站站台边，为小玉建了一个神社，挂有白布黑字的条幅，上面写有"小玉大明神"，并授予永远名誉站长称号。公司任命小玉的接班人、另一只猫二玉当站长，报酬就是猫粮。2019 年，贵志站每日乘客数平均为 1 276 人，在贵志川铁道中仅次于和歌山站，居第二位。贵志火车站的神奇故事还将延续下去。2020 年 1 月，我先搭乘近铁列车从高之原抵达京都，然后换乘 JR 列车到和歌山站，再换乘贵志川铁道抵达该线路终点站贵志站。贵志站是无人车站。一出站我就看见车站旁的小玉商店，售卖许多以小玉形象为代言者的商品。我购买了一袋外包装上印有小玉形象的巧克力，另一只猫二玉正在商店玻璃橱窗后打盹。

图 3-5　贵志线列车和车厢内景

　　"贵志川铁道"之所以扭亏为盈，除了借助人们喜爱猫咪的因素以外，还因为日本有浓郁的铁路文化。在日本，几乎所有的书店都有与铁道相关的书籍出售，还有专售铁道书籍的书店，一般的报纸杂志都设有"铁道趣味专栏"。在日期间，我曾多次去大阪和东京的铁道书店。进入书店就听见铁路道口栏杆下放的铃铛声，紧接着是列车的风驰电掣声，原来是店家模拟的铁路道口场景，非常逼真。据说日本有 200 万铁道粉丝。

四、一个人·一条铁路·一座城市——小林一三与他的事业

　　因为仰慕日本著名实业家小林一三（1873—1957年）的人格魅力和经营才能，2019年冬天我搭乘小林一三创建的阪急铁道列车抵达兵库县东南部的宝塚，一个人口仅22万的小城市。走出宝塚车站，浓浓的艺术气氛扑面而来，站前广场矗立着一尊男女舞者的艺术雕像，跨过架设在武库川上的宝塚大桥，沿花之道漫步，不到10分钟就抵达宝塚大剧场。闻名世界的宝塚歌剧团在此上演各种剧目，是艺术爱好者的圣地，也是明星启航地，不少日本青少年在此梦想成真，成为舞台和影视明星，如中国观众熟悉的黑木瞳、天海佑希等影视明星就成长于宝塚歌剧团。宝塚大剧场外观并不宏伟，楼层也不高，当天并非节假日却仍有不少人前往参观，我在剧场二楼餐厅用餐的时候，餐厅内人头攒动，熙熙攘攘。许多实业家生前轰轰烈烈，长袖善舞，创办和经营无数企业，死后却风流云散，消失得干干净净。可是小林一三不同，他不仅留下了他的事业，而且留下了他的经营模式和经营理念。他撰写的自传、文章、剧本、诗歌等不断再版，《小林一三全集》有厚厚的七大卷。他所创办的许多事业仍然惠及当地民众，促进经济发展。

图 4-1　阪急宝塚站

　　小林一三出生于日本山梨县，青年时代满脑子的浪漫主义，就读于庆应义塾大学期间，把大量时间用来写小说，一心想去报馆工作，做一名新闻记者。毕业前夕去热海旅游，遇到了一个年长他两岁的女子，产生了爱慕之情，难舍难分，居然没有出席大学的毕业典礼，活脱脱一个文青的模样。毕业后进入三井银行工作，但小林始终未放弃做一名新闻记者的梦想，最终还是从三井银行辞职，自己创业，但起初并不顺利，遭遇了不少挫折。小林的事业起步于阪急铁道。1907 年，箕面有马电气轨道公司成立，小林一三为实际负责人，开始敷设大阪梅田至宝塚、宝塚至箕面的约 30 千米铁路，1910 年，铁路开通运营。当时这条郊外铁路并不被看好，因为沿线均是农舍，分布着大片农田，人烟稀少，乘客数量根本无法保证。由于运行列车外观呈棕色，被时人讥讽为"蚯蚓电车"。但是小林一三却充满信心，体现了非凡的毅力和想像力。明治时期大阪纺织工业迅猛发展，人口急剧增长，被誉为东方的曼彻斯特。此外，包括造纸、兵器、机械制造等重化工业也随着工业革命的推进快速发展。在经济发展的同时，大阪环境污染日趋严重，污水横溢，烟雾弥漫，被称为"烟都"。大阪经济发展又导致大阪地价飙升，大量工薪阶层蜗居陋室，居住环境日趋恶化。小林一三立志为工薪阶层在郊外开发住宅，把铁路打造成工薪阶层的"通勤"工具。为此小林一三在铁路沿线低价购置土地，进行房地产开发，并推出分期付款购房模式，大受工薪阶层欢迎，随着铁路通车，沿线房价、地价快速上涨，获利不菲。在铁路沿线进行房地产开发，不仅为工薪阶层在山清水秀的郊外提供了宽敞的住宅，也保证了列车乘车率，可谓一举两得。小林一三率先在铁路业开辟了多角经营模式，运输收入不再是铁路公司的主要收入。1918 年，箕面有马电气轨道改称"阪神急行电铁"，简称"阪急"。以后线路延长到神户和京都，成为以大阪梅田为起点，连接京都、神户、宝塚等城市的关西都市圈的重要铁路线路，线路长度达到 220 千米，将沿线居民区和市镇连接起来。与中国铁路不同，日本铁路的主要功能是通勤（包括上学），所以设站密集，以便于人们上班和上学。大阪梅田至神户不过 30 多千米，阪急铁道在途中设立了 14 个车站；大阪梅田至京都市中心河原町约 40 多千米，途中设立了 26 个车站。2011 年，日本曾拍摄了一部纪实影片《阪急电车——单程 15 分钟的奇迹》，反映了居住在阪急铁道今津线沿途居民的世态百相、悲欢离合。今津线全长 7.7 千米，列车全程运行时间 15 分钟，在宝塚与西宫北口间设立了 8 个车站，不到 1 千米就有 1 个车站，而中国市域（郊）铁路站间距离一般不小于 3 千米。由于对铁路沿线进行开发，逐渐疏散了大城市的人口，所以在日本三大都市圈乘坐火车，沿线是连绵不断的居民区或市镇群。有学者指出中日两国铁路沿线的景观迥然有别，日本铁路线两旁经常是拥挤的房屋，有时从车窗伸出手，似乎就够着了人家的屋子，而中国铁路线两边是宽阔的、疏散的空间。1910 年刚刚开通的阪急铁道，乘客数量仅为 400 万人次，运输收入不到 40 万日元。1919 年，乘客数量上升为 1 200 万人次，运输收入超过 1 400 万日元。宝塚在江户时代（1603—1867 年）原是宿场町，即传递政府公文、为公务旅行者提供住宿服务与行李驮送的集镇，仅有一些酿酒业，面积不大，东西长约 400 米，南北宽约 750 米。小林一三选择宝塚作为重点开发地区，将宝塚打造为阪急铁道沿线代表性的游览胜地。因为宝塚位于神户和大阪的北面，与两地相距不到 20 千米，距离适中。结果，温泉旅馆、剧场、歌舞厅、酒店、高尔夫球场等在宝塚如雨后春笋般建立起来，小林一三对宝塚的开发成果非常满意，说："40 余年前这里还是武库川畔的一个小荒村，现如今已成为大众娱乐的胜地，还发展成一个叫宝塚的城市。我在年轻时对歌剧和写作满怀憧憬和热情，同时怀揣着实业家的梦，而这些热情和梦都在宝塚歌剧、宝塚街道中结出了丰硕的果实。"正如小林而言，"宝塚是一座强行建造的城市"，可以说，小林一三是"宝塚之父"。[①]在少子化和老龄化的背景下，近年来日本许多二、三线城市人口都呈下降趋势，而宝塚却逆势上扬，不能不归功于小林一三所打造的高品质的城市文化和居住环境。

随着日本现代化的推进，高等教育也快速发展，但城市用地的紧张和地价的昂贵限制了高校空间的拓展。为此小林一三极力劝说高校决策层在阪急铁道沿线建立新校区。关西学院（现关西学院大学）原在神户办学。1928 年在阪急铁道今津线的终点站——西宫建立新校区，翌年学校本部迁往西宫。2020 年，在校本科生达到 23 800 多人，研究生 1 200 多人，教职员工 1 300 多人，成为关西地区著名的四所私立大学之一（关西大学、关西学院大学、同志社大学、立命馆大学）。神户女学院（现

---

① 老川庆喜：《小林一三》，陈娣译，新星出版社，2019 年，第 80 页。

神户女学院大学）也在 1933 年将校本部迁往西宫，与关西学院为邻，有在校生 2 600 多人。关西学院和神户女学院都是基督教教会创办的私立大学，两校所建的西式风格的校园非常漂亮，成为阪急铁道沿线一道靓丽的风景线。两校附近又陆续产生了大手前大学、武库川女子大学等以及许多中小学。原来的酿造业集镇——西宫町，因阪急铁道的敷设和多所大学的迁入，发展为有 48 万多居民的西宫市，在兵库县人口数量中仅次于首府神户和姬路，位居第三。大学建在阪急铁道沿线，极大地增加了阪急列车的乘客量。与一般观光客和居民不同，学生几乎每天都要乘坐列车上学，是固定乘客，防止了列车返程的空置率。神户女学院的礼拜堂、图书馆、音乐厅、体育馆、正大门等 12 处建筑被列为重要文化遗产，关西学院大学钟楼被确定为"有形文化财"。2009 年，关西学院大学西宫校区被经济产业省确认为近代化产业遗产群，使得阪急铁道成为一条有文化品位的铁道，沿线充满了书卷气息，分布着 50 多所大学，极大提升了阪急铁道沿线住宅区的吸引力。经调查，居民最想入住的关西地区 20 个市镇（街区）中，阪急铁道沿线就占据了 8 个，即位于前三位的芦屋、西宫、夙川以及冈本（第五）、御影（第九）、宝塚（第十三）、高槻（第十五）和苦乐园口（第二十）。①2018 年 5 月，我乘坐 JR 东海道本线从大阪尼崎抵达芦屋，也可以乘坐阪神本线或乘坐阪急铁道神户本线抵达芦屋川站，芦屋川站每日乘客约 17 000 多人。其中购买乘车卡的定期乘客有 8 200 多人。芦屋恰好位于神户与大阪的中间位置，属于兵库县辖下的市。不少关西地区的有钱人在此购买住宅，有许多高级住宅区。

　　从车站下来后步行十几分钟即可抵达著名作家谷崎润一郎（1886—

---

① 天野太郎：《阪急沿線の不思議と謎》，実業之日本社，2015 年，第 43 页。

1965）纪念馆。谷崎润一郎被誉为明治中期至昭和中期日本最著名的作家之一，他的《春琴抄》《细雪》等作品风靡一时。谷崎润一郎迁居关西以后，每次去东京办事完毕返回大阪，踏上列车的一瞬间，有一种莫名的快乐。他说："尽管我去东京都没什么重要的事，不过在东京待着时的那种行色匆匆、一连串手忙脚乱的生活，在上车的那一瞬间就一下子结束了。""我从东京回到大阪，常常搭乘夜里十一点二十分从东京站出发的三十七次列车。这趟列车不属于快车，是开往大阪的列车中唯一一辆有二等卧铺的。"抵达大阪的时间是第二天上午 10 时 34 分，仅比普通快车慢了不到一个小时。人们喜欢坐快车，这种普通列车就变得空荡荡的。我一踏上列车就能轻易睡着。"坐上夜行车之后对过箱根山一无所知，毫无觉察的情况下便睡到了横滨。""我不但能够尽情睡觉，而且第二天早上睡醒之后，全身心都很舒畅。我差不多在上午八点到达名古屋的时候起床。""一个人将一张长长的席位全都占据了，可以自由自在地伸腿直腰，没睡够还能继续睡。""这一片——从大垣、关原、柏原、醒井一直到米原，沿着琵琶湖沿岸一直到大津的风景，早已多次反复欣赏，可是依旧不觉得厌烦。""名古屋这个地方，房子建筑物以及自然风景都有着东京的韵味，过了名古屋以后，这些就彻底看不到了，感觉走进了关西的势力圈里面。早晨经过卧铺车厢里面的一夜熟睡以后，一下子将眼睛睁开，发现窗外全是关西的景象，那真是一种无法言表的心情。"谷崎润一郎在名古屋车站拜托列车员帮忙购买一份大阪的报纸，因为他已经几天未阅读关西的报纸了。"想要仔细阅读一番，结果一直在身旁放着都没有阅读，人一直都在车窗边守着。火车从大垣离开，途经醒井、米原停、彦根停、能登川停、近江八幡停、草津停、大津停。不过我绝对没有厌烦和单一的感觉出现。飞燕号从这里一闪而过，是非常令人惋惜的，可是这样的车从关原经过时是慢慢行驶的，彦根天守阁、安土以及佐和山一带的地势全部能够一清二楚地看到，让人感到开心。
要是领着孩子，假如没有慢一点的车速，是很难对沿途的史迹进行讲解
的。"①我也经常搭乘火车途经这条沿琵琶湖的线路，到过大津、草津、
近江八幡、彦根、米原、长浜和敦贺等，参观日本现存最早的火车站——
——长浜站和敦贺铁道资料馆，感觉与谷崎润一郎一样。日本著名作家横
光利一写过一篇名为《琵琶湖》的散文。文章说，有一次，他携妻子畅
游关西时，妻子说她最喜欢的地方就是大津。大津系滋贺县首府，位于
琵琶湖畔，滋贺古称近江国。横光利一说每当我苦痛烦闷时总会想起琵
琶湖。"那夜晚泛舟湖面上，那少年梦幻时光的纯真记忆。" "那平静
如镜的湖面，缓缓返起幽暗的波浪，星星点点的街灯渐行渐远的美轮美
奂，带来凉意的风儿掠过湖面，瓜和茄子随波漂流；远处比睿山半山腰
灯火闪耀，几艘欢声笑语不绝于耳的灯笼船，正朝着山边行驶。这份夜
晚节日般的欢乐，让人们模模糊糊感受到如'暗夜行路'一般的人生命
运，给欢乐平添了一份象征意义。所谓象征意义，便是在过去的记忆中，
最具代表性的景致所带来的刻骨铭心的印记。如果这样理解的话，夜渡
琵琶湖的庆典对于我来说，便拥有这样的意味。"但是随着现代化的推
进，琵琶湖的景观也遭到了破坏。作家田山花袋的游记里有这样一段文
字："琵琶湖的美丽色泽看来正在一年一年褪去，它无疑是在走向死亡。"
横光利一说每次火车经过琵琶湖畔，总会想起田山花袋的这句话，"对
于我来说，每次与琵琶湖相遇，也会觉得它跟泥沼一样，正在渐渐地失
去生机"。②不过，经过治理，现在的琵琶湖恢复了往日的美丽，与富士
山一样同为日本的象征，为近畿地区 1 400 万人提供水源，被誉为生命

① 谷崎润一郎：《阴翳礼赞》，罗文译，台海出版社，2020 年，第 182—第
186 页。
② 横光利一：《感想与风景》，张平译，四川文艺出版社，2015 年，第 63—
第 67 页。

之湖。

图 4-2　芦屋谷崎润一郎纪念馆

芦屋谷崎润一郎纪念馆内展示了谷崎润一郎生前使用的书桌、笔砚、美术品以及各种资料。纪念馆占地约 1 700 平方米，有一个日式庭院，非常雅致。谷崎润一郎围绕妻子千代曾与作家佐藤春夫（1892—1964 年）发生感情纠葛，一度与佐藤绝交。尽管如此，谷崎与千代的婚姻并未持久，最后还是与千代离婚了。离婚后的千代与佐藤再婚。有意思的是，1990 年，谷崎润一郎纪念馆与和歌山的佐藤春夫纪念馆结为姊妹馆。佐藤春夫与谷崎润一郎一样，都是描写铁道空间的高手。佐藤春夫的名作《田园的忧郁》描写了某青年（我）携带妻子、两条狗和一只猫逃离喧嚣的都市，来到乡村生活的故事。主人公本来对田园生活充满了期待与憧憬，但来到乡下以后原野风光却逐渐失去了魅力，并且与粗野的乡民发生了冲突。作品发表于 1919 年，当时佐藤春夫患有神经衰弱症，作品反映了其真实的心路历程，主人公身上有一种无从诉说、无法摆脱的忧郁与倦怠。作品中所描写的田园位于武藏野南端，在横滨市青叶区东部，鹤见川左岸。鹤见川是一条流经东京都与神奈川县的河流。主人公感到城市生活乏味，令他窒息，周围的喧闹让他变得更加孤独。"于是，一种难以抑制、不可名状、类似于乡愁的情绪便急切地催促他前往那个未知的地方。"当主人公第一次看见乡下的住所时惊喜万分，清清的渠水、不知名的小草和五颜六色的花朵，"欢快的蜻蜓逆着水流和微风飞行，轻轻地掠过水面"，"他低头看看水，又抬头看看天，突然感觉自己变得像孩童一般，天真地想要轻松地唤一声蜻蜓，为它送上祝福"。但主人公四肢不勤，五谷不分，稍微做一点农活，身体就变得像木头一样僵硬，浑身关节疼痛。狗身上长满了跳蚤并传染给他。主人公每天晚上都被跳蚤所折磨，"跳蚤慢吞吞地在他身上画着细细的线条，爬来爬去"。由于缺乏运动，原本暂时忘掉的慢性胃病让他的身体首先抑郁起来，不久又让他的心也抑郁起来，每天一成不变的饮食让他变得食欲不振。头发长久没有打理，偶一梳头便紧紧地缠住梳子，"想沐浴，洗一洗像跳蚤窝一样的身体，清爽一下，可家里却没有浴桶"。由于周围景物逐渐失去了魅力，以及与乡民发生冲突，主人公勾起了对都市生活的怀念，这种怀念是以每晚火车的轰隆声幻觉而隐隐约约呈现的。"有一个声音传入他的耳中。那就是从南侧的山丘后面驶过的末班火车的声音。到深夜才能听到，而且是在很晚的深夜。时钟停了，他无法确认具体的时间。但若末班车十点六分（印象中）从 T 站发车，驶过约三四千米，就应该能从他家对面的山后驶过，这样算来，那声音发出的时间也未免太晚了一些。而且，他不止一次听到那个声音，第一次，在很晚的深夜听到后，过一个小时左右，又会听到火车驶过的声音。无论怎样计算，都和火车实际开过的时间不符……即便是车体漆黑的货车，也不可能在如此深夜从如此偏僻的乡下铁道车站频频发车。所以，在他听来那么响亮的火车声，他的妻子却说听不到。当火车轰隆隆驶过的声音从远处传来时，他便感觉有朋友乘着那辆火车，出人意料地到乡下来看望他。"主人公猜想会有哪个朋友来看望他呢？他想了一下所有能想起来的朋友，但会乘坐火车到乡下来看望他的朋友，却是一个也想不出来。"但是，他的确能清楚地想象出有个人（一个他认识的人）——倚着车窗的情景。奇怪的是，有的晚上他会觉得那个人——倚着车窗坐在那里的那个人，就是他本人。"①《田园的忧郁》在日本文坛大放异彩，为佐藤春夫赢得了巨大声誉。作品细腻地刻画了随着现代化进程，青年对社会景象的剧烈变化、无法适应的生活步调、纷扰复杂的人际关系等所产生的精神上的焦虑不安与格格不入，此种类型的"忧郁"可以说是典型的现代化社会现象。主人公渴望田园生活，但是又无法与都市生活彻底切割，从主人公所在的田园到东京直线距离只有20多千米，可以说东京远在天边，又近在咫尺。从乡村火车站搭乘火车，一个小时即可抵达东京。这种与世间隔绝、但又时而嗅到都市文明气息的场所，让主人公不仅没能摆脱忧郁，甚至加重了忧郁，象征都市文明的火车轰鸣声，势不可挡地闯入了主人公的精神世界。②

芦屋约有10万居民，是典型的田园都市，树木葱茏，没有一般城市的喧嚣。其他私有铁路公司纷纷仿效阪急铁道的做法。创建东急铁道、被誉为"电气铁道之王"的五岛庆太，1927年将东急铁道沿线横滨日吉地区的24万多平方米的土地，无偿转让给庆应义塾大学，劝诱该大学在此办新校区。当时转让的地价为75万日元，而东急铁道的运输收入仅51万日元，许多人为五岛庆太捏了一把汗。1934年，庆应义塾大学日吉校区开始运营，不久东急铁道日吉站周边商铺鳞次栉比，日趋兴旺，导

---

① 佐藤春夫：《田园的忧郁》，岳远坤译，陕西师范大学出版社，2018年，第13—第110页。
② 范淑文：《佐藤春夫〈田园之忧郁〉中的"他"因何忧郁？剖析"他"与"自然"之关系》，《文山评论：文学与文化》第七卷第二期，2014年。

致该地区地价暴涨，东急铁道公司开发的住宅区销售一空。①以后，五岛庆太如法炮制，劝说日本医科大学、青山师范学校（现东京学艺大学）、法政大学预科以及多摩美术学校等在东急铁道沿线办学，极大提升了东急铁道公司开发的房地产品质，取得了运输和房地产收入的双丰收。五岛庆太在回顾自己的事业时曾说过，他完全模仿小林一三的经营模式，即首先铺设铁路，接着扩展到沿线的土地、住宅地，以及位于终点站的百货商场，并延伸到娱乐文化设施等相关事业。②

　　如果说阪急铁道的运营使西宫成为大学城，那么宝塚就是艺术之都。由小林一三亲自创办的宝塚大剧场一楼和二楼拥有 2 550 个席位，另有小剧场 526 个席位，许多经典剧目在此上演，每年举行的演出吸引了 200 多万观众。1913 年，小林一三组建宝塚少女歌唱队，为前来宝塚温泉浴场的游客唱歌助兴。1919 年，小林一三成立了宝塚音乐歌剧学校，亲自兼任校长并组建新的宝塚少女歌剧团，聘请一流的导演，走高端和专业化路线，践行"纯洁、正直、高尚"的理念，要求"宝塚少女歌剧团像清香的冰激凌、清淡香甜的苏打水一般，以会心的笑容满足以家庭为中心的娱乐需求"，宣扬惩恶扬善思想。1940 年，宝塚少女歌剧团改称"宝塚歌剧团"，成为享誉世界的著名歌剧团。宝塚歌剧团不以营利为目的，阪急铁道公司设有歌剧事业部，经营亏损由公司承担。宝塚歌剧团以清一色的未婚少女组成，男角也由少女扮演。宝塚歌剧团作为阪急铁道公司的直属部门，团员与公司签订工作契约，也就是说，歌剧团成员同时也是公司员工。歌剧团成员分为花、月、雪、星、宙五个组，分别进行演出。1979 年，年仅 19 岁的黑木瞳观看了宝塚歌剧团上演的《凡尔赛玫瑰》，深受震撼，考入宝塚音乐学校。在校期间每当看见驶过宝塚的

① 天野太郎：《東急沿線の不思議と謎》，実業之日本社，2014 年，第 37 页。
② 老川庆喜：《小林一三》，陈娣译，新星出版社，2019 年，第 125 页。

列车,她都要鞠躬致敬,因为也许车上就有宝塚歌剧团德艺双馨的前辈。两年后黑木瞳进入歌剧团,被分在月组,很快脱颖而出,出演主角。以后转向影视界发展,主演了《化身》《东京塔》和《失乐园》等电影,多次获奖,深受观众喜爱。由于宝塚歌剧团的名声和演艺水平,其演出常常爆满,一票难求,既为公司带来了经济效益,也扩大了公司名声,是阪急铁道的形象大使。宝塚大剧场运营的成功,鼓舞了小林一三,他再接再厉,1934年创办东京宝塚剧场并进军电影业,成立了东宝电影公司,拍摄了大量影视剧,旗下拥有黑泽明、三浦友和、长泽雅美等著名导演和演员。名古屋、京都、横滨等城市也都有宝塚剧场。

走出宝塚大剧场继续前行就是著名漫画家手塚治虫纪念馆。手塚治虫5岁时随家人移居宝塚,父母常带他去观看宝塚歌剧团的演出,其初恋对象也是宝塚少女歌剧团的成员,所以手塚治虫视宝塚为故乡。宝塚不是一座自然形成的城市,而是强行建造、横空出世的现代化城市,其特有的空间景观和艺术氛围对手塚治虫的创作产生极大影响。手塚治虫在自传中说:"因为我住在兵库县的宝塚一带,所以接触'宝塚少女'的机会比较多。""我家隔壁就是宝塚少女歌剧团最负盛名的实力派天津乙女的家。那些想去宝塚歌剧学校学习的女孩子会被家长带着拜访天津乙女家。"她们多次从我家门前走过。"我自己也常被母亲带去观看宝塚歌剧。虽说这里剧目一般是仿作,但我也算见识了世界各地的音乐与演出。"当时我认为宝塚歌舞剧就是世界上最厉害的艺术了。《我的巴黎》《小巴黎》《诗集》《音乐相册》《山鹿小歌》等歌舞剧,你方唱罢我登场。"噢,我憧憬的巴黎哟!""我的梦想之都,曼哈顿百老汇!"这些台词反复回荡在我的脑海中,"让我陷入一种憧憬与梦境交织错乱的状态。《锻带骑士》就是在歌剧中毒尚未痊愈的情况下画出的少女漫画"。创作欲望旺盛的手塚治虫一度"立志要当舞台演员,扬名于世"。^①手塚治虫将自己的作品《铁臂阿童木》搬上荧幕，获得巨大成功，也是中国改革开放后最早进入中国的日本动漫作品之一。动漫爱好者纷纷前往宝塚，向这位战后日本漫画第一人致敬。纪念馆内最醒目的一幅宣传画就是《铁臂阿童木》。宝塚大剧场每年都要上演手塚治虫的作品。

小林一三最为人称道是对火车站的商业化运营。他 1920 年在大阪梅田创立了阪急百货商店，这是世界上第一个由铁路公司直接经营的百货商店。当时在阪急铁道梅田站乘车的旅客每天约 10 万人，而大阪最大的百货商店——三越和松屋每天的客流量不过 8 万人和 5 万人。由于缺乏商业设施，乘客仅把梅田当作候车的车站，造成客流资源的浪费，非常可惜。小林一三指出，百货商店为了招揽顾客开通迎送顾客的班车、筹划各种活动，增加了经营成本，抬高了商品价格，而每天乘坐阪急列车的乘客有 10 多万人，如果把百货商店设在车站的话，不用做任何宣传顾客也会过来的，这样就省下了招揽顾客的经费，可将商品价格下降 10%，在销售上做到物美价廉。为此小林一三在此建造了 5 层的阪急百货商店梅田本店，开创了日本独有的在火车站进行商业化运营的模式。以后梅田本店不断扩建改造，目前梅田本店所在的阪急梅田大厦高 41 层，地下 2 层，成为大阪标志性的建筑。店内金碧辉煌，餐饮、服饰、家电、奢侈品、文化用品、书店、剧场等一应俱全，商业营运面积约 8 万平方米，让人很难想像这是一个由铁路公司直接经营的百货大楼。2018 年销售额为 2 400 多亿日元，仅次于伊势丹新宿店，在日本居第二位。梅田站乘客数也在逐渐上升,日均乘客一度超过 65 万人次。其他铁路公司纷纷跟进，争相经营梅田地区，无数的名品店和公司入住于此，使梅田成为大

① 手塚治虫:《我是漫画家》,晓瑶译,北京联合出版公司,2021 年,第 13—第 14 页。

阪最繁华的商业区。各铁路公司还以阪急铁道为榜样，在各自所辖线路的火车站进行商业化经营，如近畿铁道公司运营的"近铁百货商店四日市店"，楼高300米，有60层，曾是日本最高的大楼，楼内的近铁百货店面积约10万平方米；南海铁道公司以难波站为据点进行运营，使难波成为大阪又一个繁华的商业区。所以在日本，火车站是一个多用途的公共空间，不仅仅是候车，还具有餐饮、购物、交流、娱乐、教育、广告等功能，是人气最旺的地方。

小林一三去世已60多年了，可是他的经营理念和经营模式却并未随时间流逝而消散，而是被传承下来并发扬光大，不像有些企业家"其勃也兴焉，其亡也忽焉"。小林一三去世的1957年，阪急铁道公司就在小林一三旧居大阪池田市的"雅俗山庄"建立了"逸翁美术馆"（小林一三号"逸翁"），展览其收藏的5 500余件美术作品，以体现小林一三"一都市一美术馆"的理念。2010年又以雅俗山庄为中心，设立了"小林一三纪念馆"。小林一三曾是一个"文青"，似乎与秉持现实主义态度的实业家相距甚远。但小林认为文青的经历培养了他的想像力和观察力，文青进入实业界能够很好地把握大众的心理和动态。小林一三自负地说："站在梅田车站20分钟，我就能想象出来今天能有几万乘客、多少收入。坐上列车转上一圈，根据遇到的乘客的情况，我就能大体估算出今天的收入。电影上映的时候，我一看表就能估算出收入来。在百货店，如果从地下楼层上到8楼的话，我就能从上上下下的人数估算出今天的销售。这样边走边观察人流的动态特别有意识。"小林指出他所从事的事业，无论是铁路还是百货、房地产以及娱乐业，都是以大众为本位在经营，"因为没有比大众本位的事业更安全的事。每天从民众手里收钱的买卖是没有坏账的"，"贪图利益最大化是错误的"。无论从事的事业遭遇怎样的状况，"我都会坚持让顾客满意，以最优惠的价格提供给顾客最优质的商品"。[①]所以小林一三在阪急铁道沿线居民中有很高的人气。最初运行的阪急列车车厢使用木质材料，外观呈棕色，显得非常高雅。小林一三认为，列车不仅仅是移动手段，也是乘客放松身心的空间，尽量为乘客创造有木质感、有温度的列车空间，车内座椅上铺设橄榄绿的毛绒编织物，非常温馨。1992 年，阪急铁道公司拟改变列车颜色，遭到沿线居民的强烈反对，列车颜色仍然沿用小林一山所确定的棕色。[②]

---

① 小林一三：《我的生活方式：写给年轻人的人生经验书》，唐帅、刘姝含译，辽宁教育出版社，2010 年，第 137—第 139 页。
② 天野太郎：《阪急沿線の不思議と謎》，実業之日本社，2015 年，第 49 页。

公私混合——日本的第三方铁道与区域社会发展

2019 年冬天笔者来到了濑户内海边的仓敷，一座颇有江户时代气息的美丽城市，属于日本冈山县。漫步仓敷川边的美观地区会有一种时光凝固的感觉，两岸杨柳依依，白壁黑瓦的和风建筑令人赏心悦目。仓敷市所属的真备町是奈良时代（710—794 年）著名政治家吉备真备的家乡。吉备真备在第 2 次担任遣唐使期间，赴扬州拜会高僧鉴真大师并力邀其赴日传播佛教文化。鉴真大师赴日旅途充满坎坷，但吉备真备与鉴真大师克服重重困难，终于一起抵达了日本。这样一位在中日文化交流史上做出杰出贡献的政治家，自然引起了我去其家乡看一看的愿望。于是我先乘坐 JR 普通列车抵达清音站（仅一站路），然后换乘井原铁道列车到吉备真备站（仅两站，4.8 千米）。井原铁道全长 41.7 千米，其中的 3.4 千米是与 JR 西日本列车共用的线路，清音站、总社站和神边站也是两家铁路公司共用。进站后往左走即是井原铁道站台。小小的站台上有一个用玻璃制成的候车室，旅客可在此小憩，也便于透过玻璃门窗观察列车进站。候车室非常干净，有一个小书柜，里面放着十来本书。

图 5-1 仓敷站　　　　　　　　图 5-2 井原铁道

　　井原铁道系第三方铁道。日本人把国有或公有铁路、轨道称为第一方铁道，把私有铁路、轨道称为第二方铁道，而把混合制铁路、轨道称为第三方铁道，也就是由地方政府以及民间企业共同出资运营的"半官半民"铁路和轨道。第三方铁道共有 90 多条线路，近 2 500 千米，由 60 多家公司运营。我们总是说公私分明，日本怎么会出现这种公私混合形态的铁路运营公司呢？这就要追溯日本铁路的历史。日本第一条铁路是 1872 年建成的东京—横滨的京滨铁路。早期日本铁路建设奉行国家投资、国家敷设、国家运营的原则，不许民间插手铁路事业。但"官设官营原则"严重制约了铁路发展。因为铁路建设投资大，持续时间长，仅靠国家财政难以持续。日本政府不得不开放铁路运输市场，让民间资本修建和运营铁路。1881 年，日本私有铁路业起步，在政府的扶植、保护下，立即以迅猛的势头向前发展，仅 10 年时间私有铁路里程就达到了国有铁路的两倍多。1901 年八幡制铁所开始投产，日本产业革命从轻工业领域扩展到重工业领域。日俄战争的胜利又促使日本出现了新的企业投资热潮。经济的高速发展与作为商品流通大动脉的铁路的分散经营产生了深刻矛盾。1906 年 3 月,日本政府实行铁路国有化,使得国铁与私铁在陆上交通体系中的地位发生了逆转。私营铁路的营业里程、资本仅为国有化前的 13% 和 11%。但是铁路国有化并未将所有私铁收归国有,只是将 17 个规模较大的私营铁路公司收归国有。铁道国有法规定"供一般运输之用的铁道全归国家所有,然而以某一地方交通为目的的铁道不在此范围内",也就是说地方铁路或轨道不在国有化范围内,为民间保留了敷设、运营铁路的人才。经过 80 多年的运营,日本国铁在 20 世纪 80 年代面临严重的财政赤字危机。1983 年度,国铁亏损 1 兆 6 604 亿日元,相当于每天亏损 45 亿日元,每小时亏损 1 亿 9 000 万日元,有些线路每获取 100 日元收益,要投入 3 000 日元以上的运营经费。为此日本政府不得不进行国铁改革,将国铁进行分割和民营化,国铁一分为七,包括 6 家客运公司和 1 家货运公司。

在国铁改革中,对经营亏损、乘客人数偏少、输送密度低的地方区域铁路予以剥离,或者废弃,或者转换为巴士线路。但废弃铁路引起了沿线居民的强烈反对。日本是一个运行在轨道上的国家,民众对铁路有深厚的感情。2015 年度,日本铁路乘客达 230 亿 822 万人次,约占世界铁路乘客的 1/3,是铁路乘客最多的国家,其中第三方铁道乘客达 8 亿 7 000 多万人次,约占 3.8%。铁路又是最能体现社会平等的交通工具,因此废弃铁路对沿线居民来说在感情上是难以接受的,75% 以上的民众表示反对。

第三方铁道的第一个来源是原国铁的地方赤字线路。1980 年 12 月,政府颁布《国铁再建法》。在国铁改革过程中,日本政府以旅客输送密度 8 000 人/(日·千米)为基准,将原国铁线路划分为干线和地方交通线，干线为 70 条，约 13 160 千米，地方交通线为 175 条，约 10 160 千米。对于地方交通线，如旅客输送密度 4 000 人/（日·千米）以上，可继续加以保留。结果地方交通线仅有 41 条线路（约 2 250 千米）达标。政府决定将未达标的地方交通线转换为巴士运营。除了 51 条线路（约 4 450 千米）难以转换为巴士运营外，其余的 83 条线路（约 3 157 千米）作为特定地方交通线从国铁剥离。为此，沿线居民发起了保路运动。日本宪法第 25 条规定："全体国民都享有健康和文化的最低限度的生活的权利。""国家必须在生活的一切方面为提高和增进社会福利、社会保障以及公共卫生而努力。"废弃地方铁路固然对拥有私家车的居民影响不大，但对于残障人士、中小学生以及老年人会造成极大的不便，损害了他们拥有的交通权即移动的自由，这是违宪的。所以居民以宪法为根据据理力争。83 条被剥离、拟废弃的线路有 38 条（约 1 311 千米）被保留下来了。三陆铁道会社的大股东为岩手县政府，持股 48%，宫古市与大船渡市政府分别持股 4.5% 和 3.8%；岩手银行、新日铁住金和东北电力分别持股 4%、3.3% 和 3.3%。①三陆铁道是第一条第三方铁道，也是一条海岸纵贯铁道和线路最长的第三方铁道，全长 163 千米，沿海岸运行，建于 19 世纪末，东接 JR 八户线，西连 JR 大船渡线，北接 JR 釜石线与山田线，为岩手县沿岸居民的生活、工作带来极大便利。但该线路因长期亏损被列为废弃线路，1984 年被转换为第三方铁道。沿线居民除了请愿以外，还积极乘坐火车，提高线路输送密度。面对居民的强烈呼吁，地方政府也采取积极措施。38 条被保留下来了的铁路有 36 条转化为第三方铁道，约占第三方铁道线路长度的 58%。第三方铁道按出资多少可

---

① 安藤陽：《第三セクター鉄道の成立・展開・課題》，《社会科学論集》第 142 号，2014 年。本节所引数据，除注明出处外，大都引自谷川一已监修的《第三セクター鉄道の世界》，宝島社，2016 年。

划分为地方政府主导型和民间企业主导型两类。如某一条第三方铁道的主要出资者为地方政府，则由其行政长官如府县知事或市町村首长担任第三方铁道公司董事会董事长，如主要出资者为民间企业，则由民间企业家担任董事长。公司总经理则公开招聘，有些总经理是从上百名应聘者中选拔出来的。

　　第三方铁道的第二个来源是原国铁未完工的地方线路。交通管理部门将输送密度难以达到 4 000 人/（日·千米）以上的未完工线路予以冻结。这一举措引起了地方政府和当地居民的不满。因为冻结工程不仅意味着废弃线路，前期投入打了水漂，而且对长年盼望铁路通车的沿线居民是一个沉重的心理打击。为此人们组织第三方铁道公司，接管施工线路直至竣工运营。井原铁道就是原国铁的井原线，1966 年开工建设，施工期间遭遇国铁改革被迫停工。冈山县政府成立了井原铁道会社，继续施工并于 1999 年营业。结果井原铁道运营后，因途经历史文化名人吉备真备的家乡，沿线的川边、矢掛、七日市、高屋、神边等又是江户时代的宿场町，即传递政府公文、为公务旅行者提供住宿服务与行李驮送的集镇，保留了许多古建筑，吸引了不少观光客。2017 年 1 月 11 日是井原铁道开业 18 周年，乘客突破了 1 900 万人次。近年来越来越多的中国游客搭乘井原铁道线，除了去吉备真备家乡外，还去井原市参观鲁迅的日本挚友内山完造故居，因为内山完造是井原人。在井原站下车后乘坐出租车只需 15 分钟即可抵达内山完造故居所在地——芳井町。三陆铁道长度起初为 107.6 千米，分为宫古至久慈和盛至釜石的两条线路。本来正在施工的 JR 宫古至釜石线路因故冻结。三陆铁道会社接管该线路后继续施工并于 2018 年贯通，终于将两条线路连接起来。

　　第三方铁道的第三个来源是私铁废弃线。随着人口下降和少子化趋势加剧，铁路乘客日益减少，一些私铁线路亏损严重，不得不予以废弃。

1999 年，京福电气铁道公司拟将福井至永平寺口的 10.9 千米线路转换为巴士运营。2000 年、2001 年又接连发生交通事故。国土交通省根据京福电气铁道运营状况，认为公司不可能在该线路上增加投资以提高行车安全，命令全线停业。为此福井县政府成立第三方铁道公司，出资置换旧式车辆，保障行车安全。2003 年，全线重新营业。藤野先生是福井县人，鲁迅的老师。小时候我们都熟读鲁迅的名作《藤野先生》。有一次我从京都搭乘 JR 特急列车抵达福井站，然后准备换乘三国芦原线到藤野先生的家乡，参观"藤野严九郎纪念馆"，馆内展示了藤野先生使用的书籍、医疗器械和书信等。如果不搭乘三国芦原线，则要继续搭乘 JR 列车至芦原温泉站下车，然后改乘巴士前往，感觉不如火车方便。这条直通藤野先生故居的第三方铁道就是由原来的京福电气铁道公司所辖线路转换而来的，分为胜山永平寺线和三国芦原线，营业里程 53 千米。作为一个鲁迅铁杆粉丝，2018 年 5 月，我从东京乘坐新干线列车抵达仙台。仙台是宫城县首府，人口超过 100 万。与日本其他城市一样，仙台站是仙台市最繁华的地方，JR 东北新干线、JR 东北本线、仙山线、仙石线等多条铁路线以及两条地铁线，即东西线和南北线在此交汇。仙台站每日乘客达 7 万多人，加上地铁乘客，超过了 11 万人。仙台还有一条由宫城县地方政府和原国铁共同出资运营的货物专用铁道，也是第三方铁道，即仙台临海铁道。抵达旅馆后，我放下行李直奔仙台博物馆。博物馆馆藏比较丰富，介绍了仙台市，特别是江户时代的仙台藩第一代藩主伊达政宗的历史。伊达政宗出生于山形，青年时期因触怒丰臣秀吉，领地被没收，不得不带领手下迁居现宫城县的岩出山城。1600 年关原之战后，伊达政宗将居城从岩出山转移到青叶山，在此修筑仙台城，奠定了仙台藩 62 万石的基础，成为仅次于加贺藩（102.5 万石）、萨摩藩（77 万石），与尾张藩（62 万石）并列的大藩。伊达政宗还是一个文青，喜欢能乐、茶道、和歌等。藏品中有一幅伊达政宗画像，上有伊达政宗写的诗："马上少年过，世平白发多，残躯天所赦，不乐是如何？"仙台藩主与其他大名一样，履行参勤交代的义务，从仙台到江户按指定线路行走，需要八天时间。1684 年，第四代藩主伊达纲村于 3 月 29 日从仙台出发，踏上参勤交代之路，经岩沼、福岛、郡山、白坂、喜连川、小山、粕壁，于 4 月 6 日抵达江户。博物馆位于仙台城遗址，成为青叶山公园的一部分，矗立着伊达政宗骑马像，还有郭沫若题写的"鲁迅之碑"和鲁迅半身像，遗憾的是博物馆未收藏鲁迅的相关资料。经打听，鲁迅在仙台读书时的资料被收藏于东北大学史料馆。东北大学史料馆专设"鲁迅纪念展示室：鲁迅与东北大学——动荡历史中的留学生"，占了史料馆一半面积。

鲁迅于 1904 年 9 月进入仙台医学专门学校。9 月 12 日，开学典礼在片平校区举行，第二天便开始上课，同年级共有 145 人。鲁迅入读仙台医专时 22 岁，当时藤野先生 30 岁，也就是在这一年，藤野先生升任教授。仙台医专成立于 1887 年，以后并入东北大学，成为东北大学医学部。鲁迅入读仙台医专拉开了仙台留学生史的开端。1904 年 9 月 10 日的《东北新闻》报道了仙台第一位留学生周树人（鲁迅），说他能巧妙地运用日语，"是一位非常爽朗的人"。鲁迅上课时总是坐在前两三排中间的坐位上，现在片平校区内还保留着"鲁迅阶梯教室"，原是仙台医专六号教室。出东门顺樱花小路行走不远，有一家名为晚翠轩的咖啡馆，鲁迅经常光顾此处。馆内展出了中国驻日公使杨枢就官费留学生周树人入读仙台医学专门学校致山形仲艺校长的信件、山形校长的回函、鲁迅亲笔书写的入学志愿书和学业履历书、医学科一年级一学期课程表、医学科一年级学年成绩表等，根据学年成绩表,鲁迅成绩属于中等偏上，排第 68 名。藏品中还有医学科一年级缺课调查表，上面记载鲁迅无故缺课一天。据当时同年级学生回忆，鲁迅的日语会话几乎没有问题，喜欢抽烟并经常给同学们让烟。鲁迅先是借宿在学校附近的"佐藤屋"，后来在某老师推荐下，移居到往南约 300 米的宫川家，一起借宿的还有另一位中国留学生施霖。鲁迅入读一年半后便退学，返回东京。^①在仙台读书期间，每逢春、夏、冬季的假期，鲁迅都会离开仙台，去东京与好友许寿裳等人会面。1904 年 11 月。以浙江人为主体的革命组织光复会在上海正式成立。12 月，陶成章等人来到日本，以留日的浙江人秘密组织"浙学会"为主体，建立了光复会东京支部。鲁迅和许寿裳作为浙学会会员也加入其中。^②当时鲁迅搭乘 JR 东北本线列车往来于仙台与东京。JR东北本线由东京至盛冈，全长约 535 千米，1883 年 7 月 28 日开工敷设，1891 年 9 月 1 日全线开通。从仙台至东京上野，列车运行时间为 12 小时。鲁迅在日本度过了整整七年半的岁月，经历了人生多愁善感的青春时代（20 岁至 28 岁）。鲁迅从上海乘坐日本邮船"神户丸"于 1902 年4 月 4 日抵达横滨，然后乘坐京滨铁路列车到东京。^③滞留东京期间鲁迅曾去横滨迎接新来日本留学的同乡。鲁迅在《范爱农》一文中写道：留学生入关"检验完毕，在客店小坐之后，即须上火车。不料这一群读书人又在客车上让起坐位来了，甲要乙坐在这位上，乙要丙去坐，揖让未终，火车已开，车身一摇，即刻跌倒了三四个。我那时也很不满，暗地里想：连火车上的坐位，他们也要分出尊卑来……。自己不注意，也许又摇了摇头。然而那群雍容揖让的人物中就有范爱农，却直到这一天才想到。岂但他呢，说起来也惭愧，这一群里，还有后来在安徽战死的陈

① 东北大学史料馆：《鲁迅和东北大学——动荡历史中的留学生》，东北大学史料馆，2010 年。
② 丸尾常喜：《明暗之间：鲁迅传》，陈青庆译，上海人民出版社，2021 年，第 72 页。
③ 藤井省三：《鲁迅的都市漫游：东亚视域下的鲁迅言说》，潘世圣译，新星出版社，2020 年，第 54—第 55 页。

伯平烈士，被害的马宗汉烈士；被囚在黑狱里，到革命后才见天日而身上永带着匪刑的伤痕的也还有一两人。而我都茫无所知，摇着头将他们一并运上东京了"。①鲁迅留学期间是日本铁路高速发展时代。1903 年，即鲁迅留学的第二年，日本铁路里程已突破 8 000 千米，东京也成为干线铁路网的中心枢纽，造就了全国范围内时间和空间的均等化，各种信息可以在短时间内快速传递到整个日本，尤其是东京。东京人口已达 162 万（1907 年），而仙台人口不过 10 万，居日本城市人口第 11 位，仅仅相当于绍兴城内的规模。在仙台读书的一年多时间，鲁迅竟然三次乘火车前往东京，最后索性从仙台退学回到东京，"其原因或许是因为鲁迅一直没能忘怀信息城市东京所特有的快感和兴奋也未可知"。1903 年，东京市政府对"东京马车铁道"进行电气化改造，废止马车铁道，产生了"东京电车铁道"，即路面电车。1909 年，即鲁迅回国的当年，"东京电车铁道"与"东京市街铁道"（1903 年 9 月开业，简称"街铁"）和"东京电气铁道"（1904 年 12 月开业，简称"外濠线"）合并为"东京铁道"，营业里程已达 165 千米，日平均乘客超过 4 万人。②

留日学人的学习和生活是相当忙碌的。不仅上课，还要购书、会友、结社、出游以及从事反清活动。1905 年 2 月 6 日，正在日本留学的宋教仁于日记中写道："午正，至黄毅侯寓，遂偕郭瑶皆至东明馆，购得华盛顿肖像一张，将为插入《二十世纪之支那》之用也。未初，遂偕黄、郭二君至熊田印刷所，以华盛顿像与之，属其印刷。申初，至留学生会馆，阅报良久，并购得正则英文教科（书）及《西力东侵史》。申正，至一书肆，购《外国人名地名辞典》及《扬子江》。酉初，回。写致万

---

① 《鲁迅全集》第二卷，人民文学出版社，2005 年，第 323—第 324 页。
② 藤井省三：《鲁迅的都市漫游：东亚视域下的鲁迅言说》，潘世圣译，新星出版社，2020 年，第 56—第 57 页，第 64 页。

午亭信，嘱其当《二十世（纪）之支那》发行所事。戌初，至越州馆杨仲达处。仲达言及有人将往东三省施运动手段一事，欲与余商其详法，余不甚赞成之。"在 10 日的日记中说："辰正，至顺天学校，遇田梓琴，遂托其转属《二十世纪之支那》社书记员速发邮信至各社员处，催缴股金。午正，至升盛馆，谈片刻。未正，回。郭瑶皆来，邀余同访日本之女教育家金井歌子，遂同去。至伊家，不遇而回。酉初，至海国馆章行严寓，谈良久。戌初，回。接同乡会来信，知各县举代议士（改良章程，而桃源即举得余。约后日议事者也）。①20 世纪初，留日学人外出，短途一般步行或搭乘路面电车，长途则乘坐蒸汽列车。1905 年 3 月 5 日，宋教仁在日记中记载邀友人搭乘路面电车去上野图书馆，途中遗失钱包一事："乃复同至上野图书馆，将阅书，而阅者已满。途中电车上遗失日金四元。"1905 年 2 月 15 日，宋教仁在日记中记载了搭乘火车前往京都、大阪的情景："辰正，余将往新桥，路遇张步青，乃邀余同去。已初，至火车栈，则十二时始有车开，乃购得乘车券一纸（自东京至大版<阪>四元一钱)以坐待之。午正，登车开行。车中人甚嘈杂，而余言语不甚通，颇苦人云。车行每十余里，数十里必一停，其地名不悉记载。酉正，至静冈市(骏州第一之都会，市舍甚盛，为日本三十四联队之营所)。亥初，至名古屋(为关西铁道自此分歧至大版<阪>各处乘换之所，与东、西京为繁荣之三都，名胜甚众)。亥正，至岐埠(亦一大市)。子初，至彦根（滨临琵琶湖，风景甚佳，此地昔井伊氏之所居也）。丑正，至京都（即西京）。彻夜未合眼也。"在 16 日的日记说："辰正，抵大阪，余下车，至久世田屋寓焉……"。23 日，宋教仁搭乘火车返回东京："偕王薇伯起行回东京。午初，至火车站购车券，遂登车。未初，开行。申

---

① 宋教仁：《宋教仁日记》，中华书局，2014 年，第 34—第 35 页。

初，过京都府。亥初，过名古屋。时同车有二军人，新（自）满洲战地归者，稍通中语，与余及王薇伯谈及满洲军事及风土人情甚多。子初，过静冈市。彻夜未睡，因时与薇伯谈，较前夜稍不苦也。""二十四日晴　辰正，至东京新桥下车……。"①

鲁迅从仙台医专退学以后，住在东京本乡区西片町十番地乙字 7 号（日本著名作家夏目漱石故居），由于五人同居，也被戏称为"伍舍"。以后又搬迁至西片町十番地丙字 19 号居住。②许寿裳在《亡友鲁迅印象记》中说："西片町是有名的学者住宅区，几乎是家家博士，户户鸿儒。我们的一家偏是五个学生同居。房屋和庭院却收拾的非常整洁，收房租的人看了也很满意。由西片町一拐弯出去，便是东京帝大的所在，赫赫的赤门，莘莘的方帽子群进群出。此地一带的商店和电车，多半是为这些方帽子而设的。方帽子越是破旧的，越见得他的年级高，资格老，快要毕业了。""在东京伍舍时，有一次我和他同游上野公园看樱花，还是因为到南江堂购书之便而去的。上野的樱花确是可观，成为一大片微微带红色的云彩。""我和鲁迅不但同居，而且每每同行。如同往章先生处听讲呀；同往读德文——那时俄文已经放弃不读了；又同访神田一代的旧书铺，同访银座的规模宏大的丸善书店。因为我们读书的趣味颇浓厚，所以购书的方面也颇广泛，只要囊中有钱，便不惜'孤注一掷'，每每弄得怀里空空而归，相对叹道：'又穷落了'。"③鲁迅归国后，周作人迁居麻布区森元町，靠近芝公园与赤羽桥。周作人说："平常往热闹场所去是步行到芝园桥，坐往神田的电车；另外有直通赤羽桥的一路，但是路多迂回，要费加倍的时间，所以平常不很乘坐；只有夜里散步看

---

① 宋教仁：《宋教仁日记》，中华书局，2014 年，第 37—第 38 页。
② 黄乔生：《鲁迅年谱》，浙江大学出版社，2021 年，第 66—第 69 页。
③ 许寿裳：《亡友鲁迅印象记》，长江文艺出版社，2019 年，第 27—第 28页。

完了旧书店之后，坐上就一直可到家门近旁；虽是花费功夫，却可省得走路，也是可取的事。因此之故，虽然住在偏僻的地方，上街并无不便之处，午后仍是往本乡的大学前面，或晚饭后上神田神保町一带看书，过着游惰的生活。"本乡区西片町是"知识阶级聚集之处"，而麻布区森元町则是平民居住地，周作人用列车二等车、三等车乘客来形容两地居民，说："在本乡居住的时候，似乎坐在二等的火车上，各自摆出绅士的架子，彼此不相接谈；而且还有些不很愉快的经验。""在森元町便没有这种事情，这好像是火车里三等的乘客，都无什么间隔，看见就打招呼，也随便的谈话。"①黄尊三留学日本期间写下了详细的日记。1905年7月23日的日记记载："坐电车至神田三省堂买书。"在10月17日的日记中写道："早起，至神田，访陈坤载、彭廷仪，以二人新到故也。稍坐，乘电车至本乡，访靖臣，留午餐，餐毕，访少留，姚小秦在坐略叙，乘电车至上野公园，上野位于东京市中心，四通八达……。"②

作为外交官夫人的单士厘外出，长途乘坐蒸汽列车，短途也是搭乘路面电车。1904年3月18日，她在游记中记录了去京都的情景："在东京时，以治行匆匆，未及游。道经名古屋，又未克中途下车。今日特乘汽车（火车）。往西京（京都）一游。入西京，仰见皆郁翠之山，随处有清洁之流。街衢广洁，民风朴质，远胜东京。下汽车（火车）乘电车，抵离宫名御所者门前。"③

全盛时期，东京路面电车线路长213千米，有40条线路，日平均乘客约175万人。遗憾的是，现在东京路面电车线路仅剩荒川线，长12.2

---

① 周作人：《知堂回想录》，三育图书文具公司，1980年，第244—第245页，第247—第248页。
② 黄尊三：《黄尊三日记》，凤凰出版社，2019年，第13页，第40页。
③ 杨坚校点：《钱单士厘·癸卯旅行记·归潜记》，湖南人民出版社，1981年，第28—第29页。

千米，轨距 1.372 米，日平均乘客 47 000 多人。宫城县境内的第三方铁道还有阿武隈急行铁道，全长约 55 千米，从福岛县福岛站延伸至宫城县柴田町槻木站，共设 24 站，由沿线地方政府共同出资运营，其中福岛县占股 28%，宫城县占股 25.6%，2017 年该线路输送密度为 1 794 人/日。

随着城市化进程的推进，城市区域越来越大，为此产生了在大城市周边和郊外的第三方铁道。日本人习惯于在城市或市中心上班，居住在郊外，为便于上班族工作和学生上学出现了"通勤电车"。所以日本大城市有一个奇特景观，晚上从市中心开往郊外的列车几乎满员，而从郊外驶来的火车却空空荡荡，清晨从郊外驶入市区的火车非常拥挤，而从市区开往郊外的火车却空空如也。这些主要用于通勤的第三方铁道大都是新敷设的线路，约占第三方铁道线路的 13%。由于输送密度大、乘客多，经济效益比较好。

第三方铁道产生伊始就面临严峻的形势，特别是财政方面的压力。为此各方都在为第三方铁道的运营创造良好条件。国铁将剥离的地方赤字线路无偿转让给第三方铁道公司，包括线路、轨道、站台设施等，并且为第三方铁道培养和提供铁路运营人才，包括铁路司机、铁道维修人员等。掌握铁路运营技术非短期内能够完成，需要长期培养，耗资巨大。分割、民营化后的各国铁公司（JR）还与地方政府共同出资运营第三方铁道，如仙台临海铁道、仙台空港铁道、福岛临海铁道、京叶临海铁道、横滨高速铁道、名古屋临海高速铁道、关西高速铁道、水岛临海铁道等。日本政府还对转让的原国铁线路按每千米 3 000 万日元的标准提供转让金，对第三方铁道 5 年内运营的亏损予以一定补贴。第三方铁道公司利用这笔转让金更换老旧车辆、升级相关设施、弥补经营亏损。地方政府对第三方铁道的运营全力以赴，如鼓励上班族、学生购买定期乘车卡并予以补贴，减免第三方铁道的固定资产税，补贴其运营亏损，在车站修建停车场等。为了降低运营成本，第三方铁道尽量减少在编人员，删减服务项目，许多车站改为无人车站等，这些措施固然削减了铁路运营成本，但同时也降低了服务质量。为此沿线居民积极行动起来，成立铁道之友会或铁道振兴对策协议会等组织，充当志愿者，如修缮、美化、充实和打扫站台设施，在车站为旅客充当导游，指点旅游路线，介绍和推荐当地土特产品，担任名誉站长等。

位于兵库县加西亚市的北条铁道是一条第三方铁道，全长13.6千米，公司员工仅12人，社长是加西亚市长。副社长是一位志愿者，原是某企业高管，退休以后无偿地服务于陷于困境的北条铁道。经过观察，他发现北条铁道之所以难以吸引乘客，一个重要原因就是车站厕所设备陈旧，肮脏，气味难闻，影响了乘客的乘坐心情。于是拯救北条铁道首先从改造厕所开始，他说看一个企业的运营情况只要观察厕所就可以得出结论，一个企业厕所不干净证明运营管理存在问题。只有厕所干净了，企业的经营才会有起色。但改造北条铁道各车站厕所需要投入巨资，企业和地方政府都拿不出这笔钱。为此他向铁路沿线居民募捐，共募集了2 400万日元，2 年后把整个北条铁道车站的厕所更换一些，慢慢吸引了乘客，唤起了当地人积极乘坐北条铁道的热情，许多居民经常义务打扫厕所，运营收益有了很大改善。为了节约运营成本，公司公开招募志愿者充当站长，负责车站的管理和运营，任期2 年。担任播磨下里站站长的是一位僧侣。该僧侣也是一位铁道发烧友，在车站创造了下里庵，把车站与寺庙合二为一，在车站讲经布法。他还在相模铁道、名古屋铁道、近铁、阪急铁道等做法事，祈愿列车运行安全。播磨下里站发售车票的背面印有下里庵三条戒律，即不许说人家的坏话，要心怀所遇到的每个人皆是佛的想法，要积极乘坐火车。一些乘客特意来播磨下里站听站长讲解佛法，平均每日乘客80多人。有些志愿者站长还在车站开办婚姻介绍所，因为无人车站运营婚姻介绍所是最合适的，因为相亲双方无须顾及人们的眼光。晚上把站长室改变为酒吧，人们在此喝酒聊天。对偏僻地方缺乏饮食店和便利店的居民来说，这是难得的聚会场所。聘请志愿者充当站长，不仅限于第三方铁道，其他铁道也聘请志愿者。如位于静冈县榛原郡川根本町的大井川铁道井川线接岨峡温泉站就聘请了一位在车站附近经营旅馆的老板兼任车站站长。大井川铁道分为本线和井川线，本线长 39.5 千米，井川线长 25.5 千米。受铁路公司委托，老板担任站长长达40 年。他兢兢业业，负责保管车站的运营收入，打扫车站卫生。该车站一天开行列车 6 列，每天约有 200 名乘客在此上车。下午 5 点送走最后一班列车后，站长就完成了当天的工作，然后返回旅店恢复了老板身份，为客人们准备晚餐。川根本町在 1950 年有居民约 21 000 人，2010 年下降为 7 192 人，2020 年又下降为 6 574 人。车站附近曾有居民 700 多人，现仅有 65 人。随着少子化和老龄化现象日趋严重，乡镇地方人口在不断下降或流失。地方铁路经营前景堪忧。日本 NHK 拍摄的纪录片《奔跑吧！我的地方铁道线》，专门讲述了这些动人的故事。所以我在日本旅行有一个习惯，一下火车首先去观光介绍所索取当地的旅游地图，询问参观路线以及铁路或巴士优惠券的购买等。有些城市可以凭护照借自行车骑行。无人车站非常干净，候车室内有空调、座椅、列车时刻表、线路图、自动售货机等。许多无人车站是由沿线居民维护的。由于沿线居民的积极参与，许多铁路服务项目得以恢复，如为残疾人和老年人提供上下车服务，在车站和列车上为乘客提供特色餐饮和土特产品的购买，讲解当地风土人情等，乘车旅行充满了温馨和浪漫的氛围，让人流连忘返。第三方铁道的票价比 JR 或私铁的票价要贵，有些线路甚至要贵 50%及 1 倍以上。沿线居民也能理解。当然铁路公司也会在节假日发行特别优惠卡，增进与民众的感情。井原铁道在开业 18 周年之际，发行 7 000

张 1 日乘车卡，其中成人卡售价 500 日元，孩子卡售价 300 日元，还在各车站向居民免费或低价发放一定数额的土特产品、巴士优惠券、美术馆参观券等。

那么第三方铁道运营情况如何？应当说财政状况不容乐观，一半以上的线路亏损运营。个别线路最终被废弃，如兵库县的三木铁道（厄神—三木），全长仅 6.6 千米，2006 年度亏损 4 400 多万元，在运营了 23 年后，终于在 2008 年 4 月 1 日被废止。绝大多数第三方铁道仍坚持亏损运营。日本人把铁路称为地方之足。每次我从日本一些中小城镇车站下车时，见到的最多标语口号是"复兴故乡"。一旦废弃铁路意味着该地区的永久衰落。所以我感觉第三方铁道公司有点类似于非营利组织，着眼于社会效益。如吉备真备车站前广场上有一幅吉备真备的宣传画，上面写道"欢迎来到宁静而有活力的田园文化之镇真备町"。道路两旁挂满了"复兴我们的城镇真备"的标语。下车后我参观了真备公馆遗址和吉备真备出生时洗浴的水井。水井已被封闭并盖了一个中式亭子。真备町有一所"真备町陵南高中"，距离车站步行仅 5 分钟。如果井原铁道被废弃，学生们上学就面临严重问题。日本铁路的重要功能之一就是为中学生上学提供便利。

日本政府在区域发展中比较注重均衡发展，早在战前就有企业家和学者呼吁建设人口限定为 3 万人的"田园都市"。但建设"田园都市"的前提条件是通行铁路。把铁路线转换为巴士线路并非长久之计，巴士线路一旦乘客减少也会被废弃，这样将会出现许多公共交通空白点，对居住在偏僻乡镇的人士尤其是老年人来说简直是一场灾难。短距离的第三方铁道就像毛细血管分布于日本的城镇乡村，甚至是某些城镇乡村唯一的交通工具，教育、振兴地方经济、保持社会均衡发展都仰赖于第三方铁道。有些第三方铁道穿行在湖畔沼泽、山川原野等风景名胜之地，沿途景色美不胜收，对拉动日本的观光旅游业发挥了重要作用。

2020 年，随着新冠肺炎疫情在日本蔓延以及确诊病例数的增加，日本政府多次颁布紧急状态令以及扩大紧急状态范围，对日本铁道运输造成了极大影响，车站和列车呈现死一般的寂静，没有了往日的喧杂。在新冠肺炎疫情肆虐的情况下，第三方铁道如何维持运营面临极为严峻的考验。

六、 变废为宝：日本的铁道主题公园

日本有非常发达的铁道文化，其表现之一就是对铁道遗存的保护和开发。我曾多次前往日本最著名的铁道博物馆——京都铁道博物馆参观，该博物馆收藏非常丰富，保存的机车和车辆共 53 辆，其中蒸汽机车 23 辆，电气机车 5 辆，柴油机车 2 辆，内燃机车 1 辆，电车 5 辆，新干线机车 6 辆，客车 9 辆，货车 2 辆等。扇形车库排列着 20 辆蒸汽机车，8 辆可以在馆内铁道线上运行，有些机车生火待发，蒸气缭绕，非常壮观。有些藏品属于国家文化遗产，如 7100 型的 7105 号机车，1880 年从美国购入，用于北海道幌内铁道、北海道煤矿铁道等线路，一直运转到 1952 年。保存的 230 型机车，系国铁从企业购入的第一款蒸汽机车，1903 年制造，用于境线、仓吉线等，运转到 1959 年。京都博物馆占地 3 万多平方米，高 3 层，从二楼的回廊可俯视馆内大厅。笔者每次参观，逗留时间都很长并在馆内午餐。该博物馆门票不便宜，成人 1 200 日元，大学生和高中生 1 000 日元，初中生和小学生 500 日元。如乘坐运行的蒸汽机车，需另外付费。尽管如此，参观者仍络绎不绝。

参观铁道博物馆、铁道主题公园就是浏览日本铁路发展的历史画卷，直观、近距离地感受与了解铁路技术在日本的传播以及东西方文化的碰撞。铁路技术发源于英国，是 19 世纪的王牌技术和高新技术，也是西方

图 6-1　京都铁道博物馆

国家领先于东亚国家的标志。导致 19 世纪亚洲和西欧经济实力巨大差距的原因之一乃是铁路。因为铁路不仅便利了人员和商品的流动，而且因为使用了大量的铁，对于铁工业的发展也有重要贡献。日本学者角山荣将世界资本主义的发展阶段划分为以棉业为中心的阶段（1760—1850年）、以铁工业为中心的阶段（1850—1873 年）和以资本输出为中心的阶段（1873—1913 年）。在棉制品出口的基础上，英国作为制铁品的中心，经济得到了飞跃发展。例如，英国的生铁出口率从 1850 年的 44%增长到 1869—1872 年的 60%。法国和德国的铁工业也有了巨大发展。铁路建设推动了铁工业的发展。世界铁路总长度，1847 年为 25 100 千米，1867 年为 157 600 千米，1885 年为 487 000 千米，1905 年达到了 886 000千米。在英国铁路建设如火如荼的同时，欧洲大陆的铁路建设也突飞猛进，法国一马当先。1870 年德国统一以后，德国作为铁路事业的推动者开始崛起。英国决定在欧洲以外的世界敷设铁路，特别是在英国的殖民地印度。20 世纪初期，印度铁路的总长度达到了 40 000 千米。由于铁路网的发展，欧洲以外的食品运抵欧洲后通过铁路运往消费地，丰富了欧洲人的餐桌，欧洲人摄取的卡路里基数上升，营养状态大为改善。铁路缩短了横穿欧洲大陆的时间，欧洲世界已成为一个市场，食物可以快速供应。"工业化以前的时代，在欧洲沿海地区以外的地方，所消费的大部分鲜鱼都来自河川、池塘和湖泊。即使到了 1843 年，像埃尔福特这样的德国内陆城市新鲜的海鱼也极为罕见，令人们兴奋不已。赫尔戈兰岛的水产业者和德国沿海的渔业社区为市场狭隘所困扰，对于他们来说，汉堡铁路的开通无疑是一种救赎。铁路的出现，使得海上捕获的大量鲜鱼能够快速地运往欧洲内陆的城市和城镇。"①

表 6-1　世界主要地区人均 GDP（1990 年国际美元）一览表②

地区	公元 1 年	1000 年	1500 年	1820 年	1870 年	1913 年
西欧	576	427	771	1 202	1 960	3 457
亚洲	456	465	568	581	556	696
拉丁美洲	400	400	416	691	676	1 494
东欧和苏联	406	400	498	686	941	1 558
非洲	472	482	416	421	500	637
世界	467	450	567	667	873	1 526

考察近代铁路技术向日本的转移，可以了解日本对西方科学技术的接受程度、日本传统知识系统容纳异质科技知识的可能性，以及日本传统知识系统的更新和向现代知识系统的转变。铁路技术由英国转移到法国、德国和美国等国，技术吸纳国与技术溢出国具有同等的技术水平，技术吸纳国的数学、物理学知识与英国不相上下，而且这些国家的土木工程技术、冶金技术和机械制造技术水平等也不亚于英国，也就是说技

---

① 玉木俊明：《物流改变世界》，苏俊林、侯振兵、周璐译，华夏出版社，2022 年，第 178—第 181 页。

② 玉木俊明：《物流改变世界》，苏俊林、侯振兵、周璐译，华夏出版社，2022 年，第 177 页。

术吸纳国与技术溢出国之间不存在明显的技术势位上的落差，特别是上述国家的科学知识体系同属一源，即西方科技系统。因此，铁路技术的转移非常顺利，表现在铁路技术转移成本较低、转移成功率较高等方面。而日本在引入铁路技术时，不具有欧美国家发达的自然科学知识体系。日本或东亚科技系统与西方科技系统完全不同。所以，日本在引进铁路技术时，首先要掌握西方自然科学知识，对本国传统科技知识系统进行改造或更新，容纳异质科技知识。

近代铁路技术向日本的转移主要是通过实物转移（如铁路机车、客货车、路轨等）、"人力资源型"技术转移（如外国技术专家的现场技术指导、课堂讲授、观摩实习等）、铁路技术书籍或铁路科技情报的转移等途径进行的。

铁路最基本的要素是线路和车辆（包括机车），因此铁路建设的技术基础是土木工程技术和机械制造技术。日本的土木工程技术和机械制造技术落后，不得不高薪聘请外国技术专家负责修建铁路。因此近代铁路技术向日本的转移首先是通过外国技术专家之手进行的。"明治初年日本人无学习洋式建筑术者，故铁路创业之际，自测量、计图、督工之技师，以至火车司机，皆用外国人，惟日本人懂英语者称技手，常随外国技师通译其语言，传之于日本职工，使从事于土木。"[①]由于英国铁路技术在世界上处于领先地位，所以明治政府主要聘用英国专家，1886 年在聘用的 104 名外国铁路技术专家中，英国人就占了 94 人，其余的分别是美国人（2 人）、德国人（2 人）、丹麦人（2 人）等。1874 年是铁路部门聘用外国技术专家最多的一年（115 人，同年铁道寮的职员人数为256 人），以后逐年下降，1877 年为 70 人，1879 年为 43 人，1882 年为

---

① 伊文成、马家骏：《明治维新史》，辽宁教育出版社，1987 年，第 497 页。

22 人，1885 年为 15 人，1888 年为 14 人。外国技术专家人数的减少，表明铁路技术在日本的转移比较顺利，日本人逐步掌握了铁路技术，减少了对外国专家的依赖。①

外国专家全方位地介入日本铁路建设事业，包括铁路建设计划的制订，线路测量以及隧道、桥梁和车辆的设计，铁路设备的采购，列车运行图的编制和运输事务管理等。外国技术专家担任的职务涉及铁路事业的各个领域和各个技术工种。如铁道指挥长，全面负责铁路业务，是外国专家中职务最高者；总建筑师，全面负责铁路技术；火车监察者，监督火车的运行和车辆的管理；运输长，主管运输营业；仓库方，负责铁路用品的出纳。担任上述职务者均为高级职员。中级职员有绘图师、书记役、铁板造营者、时钟修缮者、时刻看守、船运输处理者、铁道警察管理者等，还有下级职员的木工、石工、冶工、铁工等。②

1870 年 4 月，日本第一条铁路——京滨铁路正式动工，1872 年 10 月全线竣工，历时两年半。敷设京滨铁路首先是从测量工作开始的。日本也有相当精密的传统测量技术。但是敷设铁路与以往的道路建设不同，非常复杂，技术含量高，仅以铁路线路构成而言，线路分为正线、站线、段管线、岔线及特别用途线；轨道则由道床、轨枕、钢轨、联结零件、防爬设备及道岔组成；③路基本体则由路基顶面、路肩、基床、边坡、路基基底等部分构成。轨道上运行着高速机车和客货车，载重量大，必须考虑列车动荷载作用和水文、气候四季变化的影响，一旦设计和施工不当，会直接影响列车运行的平稳和速度的提高。由于铁路建设投资大，

① 日本国有铁道修史委员会：《日本国有铁道百年史》第一卷，成山堂书店，1998 年，第 315—第 320 页。
② 日本国有铁道修史委员会：《日本国有铁道百年史》第一卷，成山堂书店，1998 年，第 322 页。
③ 肖允中等：《重大责任事故案件的现场勘查和鉴别》，重庆出版社，1993 年，第 365 页。

为保证新建铁路能充分发挥效益，线路测量非常重要，包括初测和定测。初测是为初步设计提供资料而进行的勘测工作，其主要任务是提供沿线大比例尺带状地形图以及地质和水文资料，同时确定线路的主要技术标准，如线路等级、限制坡度、最小半径等。定测是为施工技术设计而做的勘测工作，其主要任务是把初步设计中所选定的线路中线测设到地面上去，并进行线路的纵断面和横断面测量，对个别工程还要测绘大比例尺的工点地形图。①因此铁路建设技术是与道路建设技术完全不同的技术，要掌握铁路建设技术，前提条件是要了解和掌握现代测量技术。测量工作完成后，还要绘制工程图。修建京滨铁路时，外国技术专家绘制的工程图纸是把现实状态或自然状态抽象化，令日本人非常惊奇。西方工业绘图规范在18世纪开始逐渐标准化，即创造了工程制图。西方的工程制图有别于东亚国家，可以跨越时间和空间的限制，将科技信息准确地传达给他人。而东亚的绘图达不到西方工程制图控制制造的作用，如中国的工匠不但使用绘图（图），也使用模型（样）来传达技术信息。②在建造京滨铁路时，为了减少来自各方面的压力，明治政府决定铁路线路尽量避免穿越居民区和军事辖区，为此将东京火车站建在汐留（新桥），横滨火车站设在海岸的填筑地上，并且从野毛海岸到神奈川青木町间筑一条海上长堤，在海堤上敷设铁路。为此外国技术专家进行海岸线和水深的测量。根据测量结果，绘制工程图，根据工程图，进行精确的计算以制订作业计划，大大提高了工作效率和进行正确的作业。幕末时期在建造品川炮台时，由于没有掌握三角测量技术，本应建造为正方形的炮台，

---

① 金志强：《铁路测量》，中国铁道出版社，2008年，第195页；于金帆等：《现代铁路工程师手册》，吉林科技出版社，2004年，第893—第896页。
② 王宪群：《蒸汽推动的历史：蒸汽技术与晚清中国社会变迁（1849—1890）》，"中央研究院"近代史研究所集刊编辑委员会编《"中央研究院"近代史研究所集刊》第64期，台北"中央研究院"近代史研究所，2009年，第41—第85页。

结果形状歪斜，成为非正方形。根据外国技术专家经过精密测量绘制的工程图进行施工，敷设的线路很少出现歪斜现象，极大地推进了施工进度。①掌握西方工程制图技术并非易事，必须经过长期的训练，要有一定的西方数学知识，尤其是微积分不可或缺。近世日本的数学，被称为和算。要了解和掌握西方的铁路技术，必须懂得其中的算式，用方法、性质完全不同的和算表现法来翻译铁路技术中的算式是非常困难的，而且事实上日本数学家即和算家相当于初等教育程度。1872 年文部省颁布了《学制》，决定采用洋算。"和算是值得日本夸耀的文化遗产，它那种通过个别教授猜谜语似地解答问题的做法，刺激解答问题的兴趣，但花费时间，跟不上培养大量科技人员的时代要求，不能抵抗西洋数学那种体系教学法，即先牢固掌握理论然后到应用问题。"②在学习和使用西方制图技术时，也使西方的制图工具—铅笔和钢笔传到了日本。日本传统的制图工具是毛笔，描绘的线条太粗，而且用楷书在图纸上书写说明文字，字迹也太粗。③

在铁路建设初期，日本缺乏铁路技术人才，不得不高薪聘请外国技师。外国技师月薪大大超出本国大臣月薪，如铁道指挥长的月薪是 2 000 元，而日本最高政府官员——太政大臣的月薪才 800 元，总建筑师的月薪是 700—1 250 元，副总建筑师、建筑师的月薪是 300—750 元，而日本铁路管理的最高行政长官——铁道局长月薪才 350 元，新桥站长月薪45 元，品川站长月薪 15 元，说明被聘请的外国铁路技术专家的待遇是相当优厚的，甚至超越了在大学任教、在政府部门任职的外国专家，如在东京大学任教的外国教师月薪为 300—350 元，任外务省顾问的外国

---

① 原田勝正：《鉄道と近代化》，吉川弘文館，1998 年，第 111—第 114 页。
② 杉本勋：《日本科学史》，郑彭年译，商务印书馆，1999 年，第 321—第 322 页。
③ 原田勝正：《鉄道と近代化》，吉川弘文館，1998 年，第 114—第 115 页。

专家月薪在 450 元左右。①但是高薪聘请外国专家的做法毕竟是不能持续的，造成了铁路建设经费、营业费膨胀，其结果往往导致在建国有铁路工程中断或出售已有国有铁路的状况，因此出现了要求改变铁路建设体制、缩减铁路建设经费的呼声。在此情况下，摆脱雇佣外国人体制、追求铁路建设、运营合理化就成为一个自然选择。首任总建筑师、英国人莫莱尔（Edmund Morel）建议设立专门机构培养日本本土的技术人员。铁道局长井上胜也痛感加快培养铁路技术人员的必要性，改变在铁路技术上完全依赖外国专家的状况。1872 年，日本设立了工学校。工学校由大学校和作为预科的小学校组成。大学校学习年限为 6 年，设土木、机械、电信、化学、冶金、矿山等专业，1877 年改称工部大学，即今天东京大学工学部；而小学校由于不适应铁路事业发展的需要，于 1877 年被废止。工部省为了加快高级技术人才和事务官的培养，从所属各部门中选拔优秀人才赴欧美留学，制订了所谓留学生制度，一般一个专业每年留学指标为 2—3 人，留学时间为 18 个月至 3 年。但是工部省的留学生制度于 1873 年 3 月被废止了，因此指望通过留学制度有组织地培养日本本土技术人员以代替外国技术专家是不可能的。1971 年 7 月又启动技术见习生制度，从 16—22 岁有一定学习基础的青少年中选拔工学见习生，主要由外国专家教授土木工程技术。尽管通过技术见习生制度培养了一些技术人才，但由于该制度过于强调教授建筑和土木工程技术，学生的基础学科知识比较欠缺，在工技生养成所成立后，一些见习生不得不入所接受再教育。②

　　1877 年 5 月 14 日铁路管理部门在大阪火车站设立"工技生养成所"，

---

① 日本国有铁道修史委员会：《日本国有铁道百年史》第一卷，成山堂书店，1998 年，第 330—第 334 页。
② 中村尚史：《日本铁道業の形成 1869—1894 年》，日本经济评论社，1998 年，第 51—第 55 页。

目的是快速培养中等铁路技术人才，开设数学、测量、制图、土木学基础、机械学概要等课程，留学归国专家饭田俊德（毕业于荷兰工科大学）和井上胜亲执教鞭。由于工部大学直接采用外语进行授课，学生听课非常吃力，影响了对科学技术的快速理解和掌握。而工技生养成所由饭田俊德等日本教师执教，有利于学生克服语言障碍。工技生养成所每年 5 月进行相当于初中毕业程度的入学考试，考试合格者入所学习，根据学生考试成绩将其分为一、二、三级，一级生一边学习，一边配属各个施工区域进行实习，"渐得可用之才，而减雇用外人之数，以节约铁路经费。迨起工京都、大津之间则令外国人专任顾问。此时隧道、铁桥等之计图由我国人参画，至其实行之监督则不复使容喙，尽用日本人而施行之……日本人既成功于布路之工，嗣后诸线路之建筑皆仿之，不复用外国人"。[①]工技生养成所共培养了 24 名毕业生，他们作为技术官员被任用，奠定了日本铁路建设事业自立的基础。日本铁路事业发展不到 10 年，外国专家就基本上被日本技术人员所取代。事实上，到 1882 年建筑和土木工程专业的外国专家或被解聘或不再续聘。最初机车司机均为外国人，日本人充当司炉。1879 年起正式从有经验的司炉中选拔火车司机，逐步取代外国司机。

近世以来，日本在治山、治水、开矿等适合日本地形的传统土木建筑技术方面达到了一定的水准，铁路管理部门把传统土木建筑技术与欧洲导入的技术融合起来，确立了新的建筑和土木工程技术。进入 1880 年代后期，除了直江津线横川—轻井泽区间工程外，其他线路都由日本技术人员负责设计和施工。总之，在线路、桥梁、隧道和车站建设方面，既消化吸收外来技术，又根据复杂的地形、自然环境、经济条件，独自

---

① 伊文成、马家骏：《明治维新史》，辽宁教育出版社，1987 年，第 497 页。

发展日本的技术。[1]

随着铁路技术的持续转移，日本对外来铁路技术、技术器物进行综合创新，使外来技术、技术器物民族化，经历了对外来铁路技术报道、学习、理解、消化、模仿、改良、创新等梯次演进的复杂过程。铁路的基本要素是车辆（包括机车）和线路，铁路线不可能从外国直接购买，只能引进外来技术在日本本土敷设铁路，但铁路设备，如机车、车辆、路轨等可以从外国输入，在日本进行组装，因此铁路技术转移包括技术器物转移和技术转移两部分。此外，铁路技术转移或引进是一个系统工程，涉及铁路技术与其他技术系统的匹配状态，如冶金技术、金属加工技术等。

19 世纪末，日本桥梁技术和隧道技术基本上摆脱了对外国专家的依赖，能够做到技术自立。1903 年中央本线笹子隧道工程的竣工，显示了日本土木建筑技术的出色成就。笹子隧道全长 2 000 米以上，在开凿该隧道时，使用了新的技术和方法。工程刚开始时，使用的是 16 马力的蒸汽动力机械，后来改变为采用 40 马力的电动机，由发电所供给电力。不仅使用机械，而且在隧道内设置电话和照明，大大提高了作业效率。电力是由附近的水力发电所供给的。为搬运材料和碎石、泥土，还在隧道内外敷设了轨道，由电气机车和翻斗式货车搬运碎石、泥土。19 世纪末 20 世纪初，高爆炸药应用于隧道工程，并采用电气点火技术。在笹子隧道工程中，普通雷管和电气雷管并用。"这些炸药和雷管是外国制造的，导火线是国产的。"[2]

---

[1] 日本国有鉄道修史委员会：《日本国有鉄道百年史 通史》，成山堂書店，1997 年，第 112—第 113 页。

[2] 日本国有鉄道修史委员会：《日本国有鉄道百年史 通史》，成山堂書店，1997 年，第 112—第 113 页；日本国有鉄道修史委员会：《日本国有鉄道百年史》第四卷，成山堂書店，1998 年，第 16—第 17 页。

　　日本铁路发展与西方国家不同，西方国家是在工业革命后或工业革命中掀起兴建铁路的热潮的，工业革命使西方国家在采矿、冶金、金属加工技术等方面取得了长足的进步，为敷设铁路奠定了牢固的物质、技术基础。日本铁路建设发生于产业革命之前，也就是说，日本铁路是欠缺产业革命的铁路，其结果就是日本在车辆、线路以及设备制造能力方面比较欠缺，因而在车辆、路轨、设备方面不得不依赖输入。

　　由于国内钢铁工业发展迟缓，日本铁路建设所需钢铁制品均依赖进口，这种状况一直延续到 20 世纪初。八幡制铁所建立以后，日本开始了路轨的国产化。但是当时军部忙于准备与俄国的战争，八幡制铁所生产的钢材主要用于军事，延迟了路轨的国产化。1906 年路轨自给率约为40%，1912 年约为 52%。[1]路轨完全国产化则是在 1928 年。

　　对蒸汽机车技术的引进经历了器物引进、器物改造、仿制、独立设计和制造的过程，独立设计和制造机车又经历了从小型机车、中型机车到大型机车的过程。机车国产化始于 1890 年代初，但国产化进程并不顺利，制造机车除了技术以外，还需要各种工具机，如车床、钻床等。西方工具机起源于切割钟表中金属零部件的小车床，早在 18 世纪前，就已经运用工具机制造枪炮及其他机械金属零部件。工业革命大大改进了工具机，"而蒸汽机的动力推动工具机，帮助金属锻铸与削切的技术大幅进展，让金属取代木材与其他材料，成为主要的机械制造材料"。[2]尽管1893 年国铁神户铁路工厂制造了日本第一台国产机车，然而动轮、汽缸等基本部件仍是进口的，由于机械加工工艺落后，无法制造承受巨大压

①　日本国有铁道修史委员会：《日本国有铁道百年史》第五卷，成山堂书店，1998 年，第 59 页。

②　王宪群：《蒸汽推动的历史：蒸汽技术与晚清中国社会变迁（1849—1890）》，"中央研究院"近代史研究所集刊编辑委员会编《"中央研究院"近代史研究所集刊》第 64 期，台北"中央研究院"近代史研究所，2009 年，第 41—第 85 页。

力的铁制容器，锅炉也不得不依赖进口，说明日本的机车制造能力很弱。神户铁路工厂制造了第一台国产机车，却生产不出同样式样的第 2 台机车。由于没有确立独立自主制造机车的体制，主要部件依赖进口，导致机车制造费用很高，无法批量生产。机车式样五花八门，也加大了维修成本和延长了维修时间。①从降低运营和维护成本的角度考虑，单一机车型是最合算的。随着日本铁路输送需求的日益增长和线路延伸以及线路改造的推进，必须配置新的机车，批量生产国产机车已刻不容缓。

1906 年 3 月 27 日，议会通过了《铁道国有法案》，决定从 1906 年到 1915 年将 17 个规模较大的私营铁路公司收归国有，铁路管理部门以铁路国有化为契机，加速推进机车、车辆的国产化和标准化。

1911—1912 年进入蒸汽机车全面国产化阶段，新型外国机车只是作为仿制品而输入。因为掌握了机车制作的基础技术，于是产生了购买成品进行仿制的技术导入方式，主要定购英国、德国和美国的机车。被仿制的机车有 8700 型、8800 型、8850 型和 8900 型。这是当时世界上最大级别、最优秀的机车，除 8700 型，其他机车都是过热式机车，燃烧效率很高。仿制获得了成功，并确立了批量生产体制。1914 年制造出用于亚干线的旅客机车 8620 型，这是轴配置 1C 的中型机车，标志着自行设计机车的开始。日本技术人员终于凭借自己的力量、智慧研制成功适合本国铁路线路的机车。第一次世界大战期间是日本机车技术发展的重要时期。日本科技人员在掌握了世界先进的机车技术后，并没有立即研制大型机车，而是待中型机车制造技术比较成熟时，才开始研制适合日本干线的大型机车，从技术自立角度观察，这是非常正确的举措。②

---

① 日本国有铁道修史委员会：《日本国有铁道百年史 通史》，成山堂书店，1997 年，第 114—第 115 页。
② 原田胜正：《铁道と近代化》，吉川弘文馆，1998 年，第 125—第 126 页。

第一次世界大战以后，日本开始设计和批量生产大型机车，以提高运输能力。九一八事变后，日本逐步确立战时体制，军部指示铁路部门制造适应战争需要的重载机车和客货车，为此铁路管理部门要求将单位货物输送力从 1 000 吨增加到 1 100 吨，1936 年制作了新式的 D51 型蒸汽机车。这种机车是第二次世界大战前的标准货物机车。20 世纪 20、30 年代，德国和美国盛行内燃机车。1929 年日本从德国输入 1 台 DC11 型内燃机车，功率 600 马力，轴配置 1-C-1，翌年又从德国输入 1 台 DC10 型内燃机车，功率 600 马力，轴配置 1-C-1。由此开始研究内燃机车的构造、性能、运转方法等，推进国产内燃机车的研发。[1]内燃机车与蒸汽机车相比，功率大、能耗低、效率高，整备时间短，启动、加速快、速度高，运行交路长，污染小，工作条件好，可多机重联牵引，使用、操作、维修方便，故障率低，维修量少，中、大修周期长，使用维修费用低，使用寿命长。[2]但是内燃机车的研发并不顺利。

客货车的国产化时间要早于路轨和机车的国产化，因为客货车的制作技术相对简单，技术要求不高，而且所需原料基本上能够做到自给。与中国铁路不同，日本铁路是以旅客运输为主的铁路。

西方铁路技术向日本的转移总的来说比较顺利，日本大约用了 50 年的时间完成了对铁路技术的学习、理解、消化、吸收、模仿、改良和创新的过程。1880 年代初，首先在土木工程技术和客货车制造技术方面做到了自立，到 1882 年建筑和土木工程专业的外国专家事实上被解聘或不再续聘，1890 年代初开始了机车的国产化进程，大正初期进入蒸汽机

---

[1] 日本国有鉄道修史委员会：《日本国有鉄道百年史 通史》，成山堂书店，1997 年，第 236—第 237 页；日本国有鉄道修史委员会：《日本国有鉄道百年史》第七卷，成山堂书店，1998 年，第 111—第 114 页。

[2] 张治中：《中国铁路机车史（上）》，山东教育出版社，2004 年，第 278 页。

车全面国产化阶段。路轨的国产化是在 20 世纪初，当时日本产业革命进
入了重工业领域，随着采矿、冶金产业的发展，为路轨的国产化奠定了
坚实的物质技术基础，1920 年代铁路电气技术也取得了长足的进步。

日本铁路管理部门在引进铁路技术时，注意与本国传统科技知识的
结合，对外来技术和技术器物实施民族化，牢固掌握技术引进的主导权，
使日本铁路朝与其他亚洲国家铁路不同的方向发展，避免了沦为殖民地
铁路的命运。日本在引进西方铁路技术时，不是依靠某个特定国家，而
是博采众长，引进各国最杰出的技术。

19 世纪的王牌技术和高新技术——铁路技术向后发国家日本的转移，
对日本的影响是相当大的。马克思把铁路叫作"实业之冠"，指出："铁
路网在主要资本主义国家的出现，促使甚至迫使那些资本主义还只是社
会的少数局部现象的国家在最短期间建立起它们的资本主义的上层建筑，
并把这种上层建筑扩大到同主要生产仍以传统方式进行的社会机体的躯
干完全不相称的地步。因此，毫无疑问，铁路的铺设在这些国家里加速
了社会的和政治的解体，就像在比较先进的国家中加速了资本主义生产
的最终发展，从而加速了资本主义生产的彻底变革一样。"[1]作为后发现
代化国家，铁路技术在日本的转移使日本知识人更新自己的观念，积极
接受、消化现代西方科技知识，并对外来铁路技术、技术器物进行综合
创新，使外来技术、技术器物民族化。铁道博物馆、铁道主题公园栩栩
如生地展现了日本近 150 年的铁路发展，馆内展示了日本引进或制造的
各种蒸汽机车、内燃机车和电气机车，近距离"触摸"道床、枕木、路
轨、信号以及列车连接器、车辆制动装置等，如我在九州铁道纪念馆看
见了松本清张在《点与线》小说中所描写的"晨风号"机车。铁道博物

---

[1] 中共中央马克思、恩格斯、列宁、斯大林著作编译局：《马克思恩格斯全
集》第 34 卷，人民出版社，1956 年，第 347 页。

馆、铁道主题公园是学习铁路史的最佳场所。

通过参观铁道博物馆和铁道主题公园,我感觉在铁路技术引进方面,中日两国存在明显差异。

首先,近代中国没有形成一个铁路技术官僚集团。尽管近代中国形成了从职工教育、高等教育到留学教育的完整的铁路技术教育系统,但兴办专门的铁路技术教育的时间比较晚。铁路技术教育的迟缓使中国未能尽早形成一个在铁路建设和管理领域具有重要影响的技术官僚集团,占据铁路行政管理高位的不是技术官僚,而是政治官僚,如盛宣怀、梁士诒、曹汝霖、叶恭绰、孙科、顾孟余、张嘉璈等,而像詹天佑等铁路技术专家,虽然担任了一定的行政职务,但他们对中国铁路发展不具有决定性影响,这种外行领导内行现象的长期存在,在一定程度上影响了铁路技术在中国的转移。近代中国铁路留学教育也很发达,由部出资派往各国公司局厂实地练习,称修习实务员,期限一年或两年。由于中国与日本距离较近,来去方便,费用较低,故清末民初赴日留学者甚多。[①]但日本并非铁路技术的发达国家,大量有志于铁路事业的青年学生前往日本留学,是否能掌握最先进的铁路技术令人生疑。而日本在引进技术时,"只是采取各国最杰出的方面"。根据明治三年(1870年)《海外留学生规则》,政府对不同的学科知识应该向哪些国家学习做了明确的规定,即:机械、地质金石、炼铁、建筑、造船、畜牧、商法、济贫恤穷等应向英国学习;动植物学、星学、数学、格致学、化学、建筑、法律、交际学、卫生福利学等应向法国学习;格致学、星学、地质金石、化学、动植物学、医学、制药、诸学校法、政治学、经济学等应向德国学习;水利、建筑、造船、政治、经济、济贫恤穷等应向荷兰学习;工业法、

---

① 李占才:《中国铁路史》,汕头大学出版社,1994年,第371—第377页。

农学、畜牧学、矿山学、邮递学、商法等应向美国学习。"科学向德、法两国学，技术向英国学，相当善于识别当时世界的最高水平。"[1]

其次，在制订和统一铁路技术标准方面，近代中国严重滞后。标准化是现代化的基础，没有标准化就没有现代化。技术标准能加快行业结构调整和产品升级，推动行业技术进步，也是政府实现行业监管的高效方法。近代中国相当部分铁路由列强投资修筑或由中国政府借外债修筑，因投资国或债权国不同，造成铁路技术标准长期不统一，列强都想把自己的技术标准强加给中国，由此导致了线路、路轨、机车、车辆等均有技术差异，严重影响了铁路联运业务，也影响了中国对外来铁路技术的吸收、消化和改造，难以在较短时间内完成铁路技术的自立。为此，1917年交通部成立了"铁路技术标准委员会"，专门负责制订和统一铁路建筑和设备标准，由技监詹天佑任会长，聘请英、法、日、美工程顾问各一人，采用万国度量衡制为设计标准，先编译一本《英法华德铁路词典》，作为技术名词的标准，经过多次讨论，最后制订了关于建筑标准规则，桥梁和钢轨技术规范，桥梁、隧道、车辆的限制截面等工程标准以及关于机车制造规范、车辆材料规范等。南京国民政府铁道部成立后，于1936年9月设立了"铁道技术标准审订委员会"，负责制订铁道技术各项标准。[2]而日本的铁路技术标准工作从 19 世纪末就开始了，并严格执行，确立了铁路技术标准的权威性。早先日本的铁路技术标准也不统一，五花八门，一度考虑照搬外国的技术标准，但外国的技术标准并不完全符合日本的自然地理条件。东海道全线开通以后，铁路管理部门开始考虑结合日本的输送需要、输送力条件和自然条件，制订新的技术标准。1893

---

[1] 杉本勋：《日本科学史》，郑彭年译，商务印书馆，1999 年，第 335—第 336 页。

[2] 李占才：《中国铁路史》，汕头大学出版社，1994 年，第 389—第 393 页。

年制订了土木技术标准，翌年制订了隧道标准以及桥梁的钢板梁标准，并且在 1898 年制订了建筑标准，1900 年制订了火车站标准，逐渐把技术标准延伸到铁道建筑和土木工程的各个方面。[①]1900 年 8 月颁布了铁道建设规程。与日本相比，近代中国铁路技术标准制订时间晚，缺乏权威性，约束力小，究其原因：一是当时中国相当部分铁路由列强投资修筑或由中国政府借外债修筑，殖民色彩浓重，铁路建设的主导权长期掌握在列强手中；二是清朝末年国家权威严重失坠，民国成立以后，军阀混战，极大地影响了国家重建，政府无力也无暇顾及铁路技术标准问题；三是全面按技术标准改造旧线路、更新旧设备，中央和地方政府均无此财力。

最后，国家政治局面的不稳定和其他技术系统的不匹配状态影响了铁路技术在中国的转移。铁路建设投资大、周期长、涉及区域广、技术要求高，而近代以来中国战乱频发，缺乏持续进行铁路建设的政治局面。另外，铁路技术转移或引进是一个系统工程，涉及铁路技术与其他技术系统的匹配状态，如冶金技术、金属加工技术等。近代中国冶金工业、金属加工工业落后，至 1949 年都没有形成一个比较完整的工业体系，轻工业过重，重工业过轻。铁路技术的转移或引进是否成功，仅着眼于铁路技术本身是不够的，近代中国冶金技术、金属加工技术等的落后从根本上制约了铁路技术的引进、自立和发展。

1983 年，日本成立了铁道史学会，这是一个促进铁道史研究、与相关学会合作，不仅从工学技术层面，而且从政治、经济、文化等方面研究铁道历史的学术团体，发行学会会刊《铁道史学》（每年发行 3 期），每年由各大学轮流召开学会年会，并举办几次学术研讨会。有时学会与

---

① 原田勝正：《鉄道と近代化》，吉川宏文館，1998 年，第 117 页。

大学共同举办铁道史主题展览，如 1997 年学会与滋贺大学经济学部附属史料馆共同举办"滋贺县铁道发展与地域社会"的主题展览。学会还以实业家、原运输省事务次官、JR 东日本公司首任社长住田正二的名义设立了"住田奖"，奖励新近发表的铁道史研究优秀成果，奖项分为论文奖和著作奖，还设立特别奖，表彰在铁道遗存保护、展览方面做出突出贡献的机构或部门，也就是说，铁道史学会非常积极地介入铁道遗存的保护和开发。2010 年获得第一届"住田奖"特别奖的单位是宫城县栗原市，获奖作品为《栗原田园铁道的资料保存活动》。栗原田园铁道始建于 1921 年，全长 27.5 千米，窄轨，单线，全线设站 16 个，最高速度 75 千米/时，1993 年转为第三方铁道（由地方政府以及民间企业共同出资运营的"半官半民"铁道）。栗原田园铁道是一条全线位于宫城县境内的地方铁路。宫城县面积为 7 282 平方千米，2000 年有人口 236 万 5 000 多人，2019 年下降为 230 万 3 000 多人。1965 年，栗原田园铁道输送旅客 183.5 万人，2006 年下降为 34.5 万人。1975 年，旅客运输收入为 1.22 亿多日元，货物运输收入约为 1.2 亿日元。1988 年货物运输被废止。2006 年，旅客运输收入为 1.2 亿日元，无货物运输收入，运营收益为 1.5 亿日元，而运营支出约 1.8 亿多日元，也就是说亏损运营，长期依靠宫城县的财政补贴。2003 年，宫城县停止补贴该线路，运营状况进一步恶化。2007 年，栗原田园铁道全线废止。栗原市将一些线路、车站设施、信号、道口以及机车和车辆等保存下来，建设栗原田园铁道主题公园，成为栗原市的观光体验景点，也是对市民和学生进行乡土教育的重要场所。游客搭乘 JR 东北本线在石越站下车，然后换乘巴士约 10 分钟就可抵达，也可乘坐新干线在栗驹高原站下车，再换乘巴士抵达。栗原田园铁道主题公园并非免费公园，高中生以上者收费 510 日元，初中生和小学生收费 310 日元。日本对铁道遗存的保存分为静态保存和动态保存。所谓动态保存即在保存的铁道线上可以运行机车或车辆。栗原田园铁道主题公园以大正时代（1912—1926 年）建造的木结构若柳车站为中心，分为博物馆区、游乐区和广场三部分，保留了从若柳车站至石越车站的约 500 米线路，原则上每月的第二个星期日作为运行日，每半小时发车一次，让游客体验昔日栗原田园铁道的风采，票价 300 日元。公园除了模拟驾驶、供游客参观的机车、车辆以外，每月还举行 2—3 次轨道车运行体验，即游客租用轨道车（可供 4 人乘坐），踩着踏板在轨道上（线路往返 900 米）行驶，非常受孩子们欢迎。租用一次 500 日元。作为一个人口不足 7 万人的城市，如果被动地保存废弃的栗原田园铁道会造成沉重的财政负担，难以持续。所以栗原市政府的举措博得了社会各界的好评。获得第二届"住田奖"特别奖的单位是乡土文化馆，获奖作品是该馆的 2010 年秋季特别展"学园都市开发与梦幻铁道——产生于动荡时代的国立大学町"。2020 年的获奖单位是火车俱乐部，获奖作品是"九州北部车辆等保存、修复活动与地区教育活动"等。

位于东京的青梅铁道公园主要展示被淘汰的机车，也包括一些客车和餐车。从 JR 青梅线青梅站下车，往北徒步 15 分钟即可抵达。青梅铁道公园占地约 9 000 多平方米。1961 年，原国铁机关为纪念日本铁道开业 90 周年而设立该公园。国铁分割民营化后由 JR 东日本公司接管，先后委托交通文化振兴财团和东日本铁道文化财团运营。开园初期展示的机车有 2100 型、5500 型、8620 型、9608 型和 C11 蒸汽机车，其中 2100 型、5500 型机车分别是 1890 年和 1893 年从英国引进的。属于 2100 型系列的机车还有 2120 型、2400 型和 2500 型，长 10.203 米，高 3.658 米，轴配置 0-6-2(C1)，动轮直径 1.219 米。日俄战争爆发后，该型号机车被用于在中国东北运送日军，对日本取得日俄战争的胜利发挥了重要作用，一直使用到 20 世纪六七十年代。保存在日本工业大学的 2120 型机车仍

能行驶。5500 型蒸汽机车长 14.021 米，高 3.671 米，轴配置 4-4-0(2B)，
动轮直径 1.372 米。2100 型和 5500 型机车是明治中后期代表性的蒸汽
机车，曾是现 JR 东北本线和常磐线的主力机车。属于该系列的机车还有
5630 型和 5650 型。而 9608 型机车是最早的国产货物蒸汽机车，1913 年
制造。当然最受游客青睐的是 110 号机车，这是日本铁路开业时从国外
输入的 10 辆蒸汽机车之一。通过参观青梅铁道公园，人们能够了解日本
铁路机车的发展史，了解日本蒸汽机车技术发展经历了引进、改造、仿
制、独立设计和制造的全过程。1980 年，青梅铁道公园展示了 ED16 型
1 号电气机车，由三菱造船株式会社神户造船所于 1931 年制造，这是当
时的铁道省与民间企业共同设计制造的电气机车，构筑了以后国产 ED16
型电气机车的基础。该机车全长 15.4 米，用于牵引货物列车。2018 年，
ED16 型电气机车被指定为国家重要文化财。最初青梅铁道公园将展示
的机车和车辆放置在室外，免费供观众参观。但长期风吹雨淋，导致展
示的机车和车辆锈蚀严重。1997 年闭园整修，对展示的藏品进行修补。
1998 年重新开园并收取参观费用，票价 100 日元，当年入园参观人数为
12 万 4 000 人，成为"铁道迷"向往的圣地。

　　日本学术界和铁道运营管理部门特别重视史料的收集、整理和出版，
如野田正穗、原田胜正、青木荣一监修的《明治期铁道史资料（第 1 期）》，
由日本经济评论社于 1980 年出版，合计 26 卷，分为两部分，第一部分
为铁道局（厅）年报，共 17 卷，第二部分为铁道会社史、铁道实业家传，
共 8 卷 9 册，包括《日本铁道株式会社沿革史》（含第一篇、第二篇、
第三篇Ⅰ、Ⅱ）等。1982 年，日本经济评论社出版了《大正期铁道史资
料（第 1 期）》，共 44 卷，分为两部分，第一部分为铁道院（省）年报，
共 24 卷，第二部分为铁道史，共 20 卷。1990 年，日本经济评论社又出
版了《大正期铁道史资料（第 2 期）》。1992 年，日本经济评论社出版

了由野田正穗、原田胜正、青木荣一、老川庆喜监修的《昭和期铁道史资料》，合计 45 卷，包括《铁道省年报》（1—6 卷）、《铁道统计资料》（7—28 卷）、《铁道统计》（29—37 卷）、《铁道统计年表》（38 卷）、《国有铁道陆运统计》（39—42 卷）、《铁道统计年表》（43—45 卷）等。一些著名的铁道史专家，如野田正穗、原田胜正、青木荣一、老川庆喜、和久田康雄、宇田正、高桥泰隆等亲自为史料出版撰写导读，对史料的产生、收集、整理、编撰和出版等情况进行介绍。铁道史资料的编辑出版极大地推动了日本的铁道史研究。

日本最早的铁道运营管理机关是铁道挂。工部省成立后，铁道运营管理事务划归工部省铁道寮。1877 年 1 月，明治政府进行官制改革，各省废寮设局，铁道寮改为铁道局。1885 年 12 月，明治政府废除太政官制度，实行内阁制度，工部省被撤销，铁道局直属内阁领导。1897 年，明治政府对铁道管理体制进行调整，新设铁道作业局，将国有铁路的敷设、运营和维修置于铁道作业局的管辖之下，原铁道局仅负责审批私有铁路公司的开业和监督国铁及私铁的运营，对整个铁路业进行宏观调控。1907 年，明治政府撤销铁道作业局，设置帝国铁道厅，归递信省管辖，负责国有铁路的建设、保护及运输业务。在地方分设帝国铁道管理局，进行分区管理。翌年，政府又将铁路行政业务与铁路经营业务合二为一，撤销铁道局和帝国铁道厅，新设铁道院，直属内阁总理管辖。1920 年 5 月，日本政府将铁道院升格为铁道省。研究日本铁道史须熟悉日本铁道管理机构的演变，以便充分利用铁道运营管理部门刊行的资料。

著名铁道史专家青木荣一列举了研究日本铁道史不可或缺的基本文献，如《工部省记录》《铁道寮事务记事簿》《铁道局事务书类》《铁道厅事务书类》等。其中《工部省记录》由国铁修史课在编撰日本国铁百年史之际翻刻出版。《铁道会议议事录》《帝国议会议事速记录》是了解国有铁道建设过程的基本史料，均已印刷。后者由东京大学出版会对 1890 年至 1940 年度部分予以刊行。1909 年发行的《铁道公报》也是了解国铁发展动向的基本史料。日本私有铁路公司的开业与运营须获得政府铁路管理机构的批准、监督。各私有铁路公司提交的相关文件被汇编在《铁道省文书》中，申请开业以及予以批准的文件，被编为"许可篇"，营业报告等被编为"营业篇"。这些资料现在分散保存在运输省、国立公文书馆、交通博物馆、国铁中央学园图书馆等。另外，各都道府县政府保存的行政文件中，有关铁路特别是批准私有铁路开业方面的文件甚多。《铁道局年报》也是研究日本铁道史的基本史料且比较完整。从 1888 年（明治二十一年）起，每年刊行《铁道局年报》。1897—1907 年间《铁道作业局年报》（1897—1905 年）和《帝国铁道厅年报》（1906—1907 年）并行刊发。《铁道局年报》包括有关国铁和私有铁路的统计。从 1908 年（明治四十一年）起，增加了有关轨道开业、运营方面的统计，因为从该年度开始轨道业接受铁道局和内务省的双重监管，在此以前仅由《内务省年报》进行简单统计。从 1906 年起，国铁年报与统计资料予以分离，分为《铁道院（省）年报》和《铁道院（省）铁道统计资料》，1937 年两者又合并为《铁道统计》。国铁下属各铁路局也编辑本路局年报。1949 年，私有铁路的统计从《铁道统计》中分离出来，刊行《地方铁道、轨道统计年报》，以后又演变为《私铁统计年报》（1955—1976 年度）和《民铁统计年报》（1977 年度以后）。①这些资料以后陆续被编辑收入《明治期铁道史资料》《大正期铁道史资料》和《昭和期铁道史资料》。

　　我在奈良大学访学期间，专门拜访了该校著名铁道史专家三木理史

---

① 野田正穂、原田勝正、青木栄一、老川慶喜：《日本の鉄道—成立と展開》，日本経済評論社，1994 年，第 341 页。

教授，获赠其所著的《近现代交通史调查手册》，论述了在从事近现代交通史研究与调查时，如何掌握资料调查方法，其中涉及了铁道史研究的档案资料及其收藏情况，制作了不少简明扼要的图表，指明档案资料种类、数量、内容、收藏机关等，如《战前产生的有关铁道管理机构文件种类及其收藏情况一览表》，还制作了《交通行政机关变化表》等，为学者查找和利用档案资料提供线索。全书共分为六个专题进行叙述，即：一、地区交通史是如何进行研究与调查的，包括地区交通史研究的步骤，如地区与交通、多种多样的研究领域、研究的组织化、地区交通体系等；从自治体史编撰中所见的地区交通史，包括从藩史、藩撰地方志到皇国地方志，近世近代地方志的记录，如《东京市史稿》《大阪市史》等，近代交通机关与记录等；从交通运输业者的企业史所见的地区交通史。二、如何利用文件与公私记录。三、如何利用已刊资料，包括企业运营报告书、报纸杂志以及通史文献等。四、如何利用统计资料。五、如何利用地图与照片。六、如何进行实地调查等。①

　　日本铁路管理部门、铁道企业、地方政府和高等学校以及相关学术团体经常举办铁道史料展览，向公众展示珍贵的铁道史资料。2012 年，日本交通协力会设立了"铁道史资料调查中心"，收集和公开展示铁道史资料。2022 年日本将迎来铁道开业 150 周年，为此将编撰新的铁道通史，而编纂新的铁道通史，对铁道史资料进行收集和系统保存显得尤为重要，特别是要充分挖掘和整理、保存原国铁时代的资料。为此"铁道史资料调查中心"紧锣密鼓地开展工作，创建了电子图书馆——"战时战后的交通与国有铁道"，向铁道史专家和相关人士免费提供资料。"铁道史资料调查中心"的工作主要集中在以下四个方面：一、确认日本国

---

① 三木理史：《近·现代交通史调查ハンドブック》，古今书院，2004 年。

内及海外所存相关资料和文献并制作目录；二、挖掘、收集、保存新资料（特别是铁道从业者等个人保存的资料）；三、制作原国铁干部的口述史；四、对未来铁道史编撰有用的调查。

铁道史学会还与其他相关学会合作，积极介入铁路遗存的保护。2021年2月21日，铁道史学会会长联合都市史学会会长、首都圈形成史研究会会长、地方史研究协议会会长、交通史学会会长等向 JR 东日本公司社长发出公开呼吁，要求对"高轮筑堤"遗迹进行保护。JR 东日本公司在东京都港区港南二丁目的东海道本线高轮站周边施工时发现了"高轮筑堤"遗迹。公开信指出：我们五个学会认为，该遗存不仅在日本铁道史、交通史、土木工程史和产业史上，更是象征着日本近代化拉开序幕并与世界接触的在日本近代史上极为重要的文化遗产。回顾历史，早在1911年，根据铁道院总裁后藤新平的指示，设置了铁道博物馆挂这一职位，积极进行铁道资料的收集、保存与运用。1921年，为纪念日本铁道开业50周年而创建了铁道博物馆，对于日本铁道文化的发展做出了很大贡献。根据1958年制定的《铁道纪念物保护标准规程》，指定将历史、文化价值高的铁道设施、建筑物、车辆、古籍等作为铁道纪念物加以保存。"高轮筑堤"遗存位于日本第一条铁路——京滨铁路（东京新桥—横滨）线上。京滨铁路从本芝经高轮海岸到品川停车场的约 2.6 千米的线路是在海上筑堤敷设的，对于了解日本铁路创立时期，日本技术人员如何消化、吸收英国工程师莫莱尔（Edmund Morel）传授的铁路技术，以及日本固有的土木工程技术如何与西方发达国家的土木工程技术融合，是非常重要的。当时在新桥汐留至品川宿的旧东海道干道上有许多诸侯大名的住宅，包括萨摩藩、肥后藩、细川藩、纪伊家、松平家以及在日本流传甚广的忠臣藏四十七浪人长眠于此的泉岳寺。明治初期，原先的诸侯大名仍在此居住，当然不愿意喷吐黑烟、轰隆作响的蒸汽火车经过自家住宅地。于是在海边修筑堤坝，在堤坝上修建铁路。[1]1872 年敷设的京滨铁路是东亚最古老的，由本国建设的第一条非西方国家铁路，有助于从世界史角度观察日本近代化。因此，对铁路开业时期以"高轮筑堤"为代表的铁道遗存进行保护具有重要意义。此次被确认的"高轮筑堤"遗存不仅是铁道创业时期 1872 年敷设的"海上筑堤"，而且对探究此后线路复线化、三线化乃至进入现代的铁道演变过程具有重要的历史价值，此类遗存绝无仅有，是了解日本铁道史极为珍贵的遗产。"高轮筑堤"遗存中的第七桥梁桥台部分保存良好，今后几乎不可能再发现此类遗存，可以说极为罕见。因此第七桥梁桥台部分不需要拆除或移动，在当地保存并公开展示，具有充分的文化遗产价值。"高轮筑堤"因明治后期至昭和年间填海造地而消失。人们仅从浮世绘和传说中得知其形象。该遗存的发现，可以验证 1872 年京滨铁路单线开通和 1877 年完成复线化时，日本铁路建设技术有了怎样的进步以及桥梁构造有了怎样的变化等，从日本土木技术史的观点来看也是极为重要的遗存。京滨铁路（新桥—横滨）遗存中的"旧新桥停车场"被指定为国家历史遗产。另外，最先行驶在该线路上的 1 号机车、旧新桥站的邮筒等被指定为铁道纪念物，"高轮筑堤"遗存也和这些文化遗产具有同等价值。从保存和利用文化遗产的角度而言，也应该和旧新桥停车场等一样被保存和公开。在海上敷设的"高轮筑堤"在浮世绘版画中多次被描绘，对当时的人们来说，它是文明开化的象征，显示该地区乃是日本近代化最发达之地。以此为基础，在现代复原当时东京湾沿岸的景观，是都市史、地区史上极为重要的历

---

[1] 竹村公太郎：《日本文明的谜底——藏在地形里的秘密》，谢跃译，社会科学文献出版社，2015 年，第 20—第 21 页。

史遗存。JR 东日本公司对专家学者的意见非常重视，成立了高轮筑堤调查保存委员会，由早稻田大学教授古川章雄任委员长，立教大学教授老川庆喜、铁道综合技术研究所情报管理部部长小野田滋、东京大学教授谷关润一任委员，以后又增添了日本大学教授伊东孝、青山学院大学教授髙嶋修一为委员。2021 年 4 月 19 日，日本举行了第 7 次委员会会议，列席会议的有日本文化厅、港区教育委员会、东京都教育厅、铁道博物馆、东京都建设局、都市再生机构以及 JR 东日本公司等代表，会议议题涉及保存方针、高轮筑堤的调查等内容。委员会希望在尽可能长的区间内对包括信号机在内的相关遗存进行现场保护，以委员会的意见为基础提出实施方案。信号机遗存的保存尤其重要，因为这是日本第一个铁路交通信号装置，构成了高轮筑堤的铁道景观。目前，"高轮筑堤"遗存的挖掘保护工作正有条不紊地进行。

由于重视对铁道遗存的保护，日本有许多铁道主题公园、博物馆、铁道村等，如位于和歌山县的有田川町铁道公园、福冈县糟屋郡的志免铁道纪念公园、神奈川县山北町的铁道公园等。著名的博物馆有京都铁道博物馆、JR 东日本铁道博物馆、JR 北海道小樽市综合博物馆、九州铁道纪念馆、四国铁道文化馆、敦贺铁道资料馆、北海道三笠铁道村以及长浜铁道广场等。火车站的影响并不会随着铁路线的废止而消失，因为车站是当地居民经常利用的公共设施。利用废弃车站以及周边景观资料可以将当地居民生活及经济发展状况告诉青年一代。有些废弃车站被改造为巴士经营场所，站台被转用为巴士发车场，保留的检票口还残存铁道运营的痕迹。1999 年，运行了 60 多年的新潟交通电车线被废止。该路线全长 36.1 千米，窄轨，设有 25 个车站。如何保存该线车站引起了广大铁道迷的关注。结果铁道迷与当地居民共同努力，与地方政府一起成立了新潟交通月潟站保存会，将月潟站附近 2.2 千米线路改造为旧月潟站周边公园，将站台、部分轨道和 3 辆车辆保存下来了。[①]这一活动也得到了当时交通博物馆员工的支持。有田铁道于 1915 年营业，是一条轻便铁路，窄轨、单线，连接和歌山县有田川町藤并站至金屋口站，全长 5.6 千米，设 5 个车站。1950 年，旅客输送密度为 1 429 人/日，2000 年，旅客输送密度下降为 43 人/日，2002 年废止。2010 年，以金屋口站为核心，保存了车站、站台、车库以及 500 米长的铁路线，并设立铁道交流馆。有田川町铁道公园保存的机车、车辆系动态保存，观众可乘坐，票价 500 元，小学生 100 元，还可参加机车摄影，需另外付费。志免铁道纪念公园由原胜田线的志免站以及部分线路组成。胜田线是一条运输煤炭和旅客前往神社参拜的地方铁路，1918 年开业，窄轨、单线，连接福冈市博多区吉塚站至糟屋郡宇美町筑前胜田站，全长 13.8 千米，设 7 个车站。1956 年，输送旅客 1 365 078 人次，输送煤炭 604 559 吨。1960年，输送旅客 1 062 000 人次，输送煤炭 424 484 吨。1963 年，糟屋煤矿被关闭，导致线路运营状况急剧下降，当年输送旅客 616 000 人次，输送煤炭 200 036 吨。尽管为了挽救胜田线，国铁和地方政府想了很多办法，仍无济于事。1981 年 4 月 1 日，全线废止。

战后 75 年来，日本废止的铁路线约 400 条（有些是部分废止）。仅2000 年以来，伴随老龄化和少子化，乘客数量不足，废止的铁路线高达45 条，线路总长度 1 157.9 千米。最长的废止线是位于北海道的故乡银河线，长 140 千米。最短的是阪堺电气铁道上町线，仅 0.2 千米。废止

---

① 伊原薫、栗原景：《国鉄・私鉄・JR 廃止駅の不思議と謎》，実業之日本社，2019 年，第 12—第 13 页。

图 6-2 九州铁道纪念馆

图 6-3 敦贺铁道资料馆

铁路线平均长度约 25.7 千米。今后 10 年日本铁路线废止速度将进一步加快。废止的铁路线 95%以上是位于三大都市圈（东京、大阪和名古屋）以外的地方铁路，线路长度在 30 千米以下的占了绝大多数，由此导致地方特别是乡村人口大量外流，形成"过疏化"现象，大量农地被撂荒。

当然城市中行驶的颇有韵味的古老电车也不断被废止。有一次我在京都梅小路公园溜达时不经意地走到了"市电广场"，看见京都有轨电车的介绍展板，展示了4辆曾经运行的有轨电车。1895年，京都电气铁道会社开始运营日本最早的电气铁道。1918年，京都市政府收购了京都电气铁道会社，由京都市交通局统一运营路面电车，简称"京都市电"，全长约68千米，有多条路线，既有标准轨路线，也有窄轨路线。但是随着汽车普及和运营环境恶化，"京都市电"逐段废除，1978年9月全线废止。对拆除"京都市电"，京都人的心情非常复杂。川端康成在其所著的小说《古都》一书中描绘了拆除北野线电车的场景："明治'文明开化'的痕迹之一，至今仍保留着的沿护城河行驶的北野线电车，终于决定要拆除了。这是日本最古老的电车。众所周知，千年的古都早就引进了西洋的新玩意儿。原来京都人也还有这一面哩。可是，话又说回来，这种古老的'叮当电车'保留至今还使用，也许有古都的风味吧。车身当然很小，对坐席位，窄得几乎膝盖碰膝盖。然而，一旦要拆除，又不免使人有几分留念。也许由于这个缘故，人们用假花把电车装饰成'花电车'，然后让一些明治年代风俗打扮起来的人乘上，借此广泛地向市民宣告。这也是一种'典礼'吧。接连几天，人们没事都想上车参观，所以挤满了那古老的电车。这是七月的事，有人还撑着阳伞呢。"①我手持《铁道之旅手贴》或铁道地图出行，却发现不少线路已废止，车站年久失修，线路杂草丛生，颇为感慨。

有日本专家预测，将2010年与2050年相比较，以车站周边1平方千米常住人口1489人为维持铁路线运行的基准，那么2050年日本将会有35%的铁路，即201条铁路线被迫废止。如继续运营，每年维持1千

① 川端康成：《古都》，唐月梅译，南海出版公司，2014年，第98页。

米铁路线运行费用为 260 多万日元，维持 201 条铁路线所需总费用约 415 亿日元，这是非常令人沮丧和伤感的事情。仅从 1981 年以来，日本被废止的火车站就超过了 1 200 个。日本地方政府对废止的铁路线和车站并不是一拆了之，而是进行改造和再利用。铁路线和车站被废止，改变了原有的城镇空间结构，会导致铁路沿线和车站周边居民人数减少。据日本学者调查研究，以 1981 年 9 月 18 日至 1990 年 9 月 30 日被废止的地方铁路线车站为例，如果 1980 年车站周边人口设定为 100%，2005 年，废止铁路线车站周边人口为 86.3%，而现存车站周边人口为 95.7%，相差 9.4 个百分点。同样，以 1990 年 10 月 1 日至 2000 年 9 月 30 日被废止的铁路线车站为例，如果 1990 年车站周边人口设定为 100%，2005 年，废止铁路车站周边人口为 89%，而现存车站周边人口为 96.6%，相差 7.6 个百分点，[1]说明废弃铁路线会造成沿线和车站周边人口的持续下跌，严重影响当地经济社会发展。此外，废弃铁路线和车站还会导致老年人和学生出行的不便。为了留住废弃车站和线路沿线的居民，地方政府殚精竭虑，将 50%以上的土地改建为公路、自行车或步行者专用道，20%的土地出售给企业或私人，其余土地开辟为铁道主题公园或铁道纪念馆，扩建公益设施，改善居民生活、工作环境，方便当地居民。有些淘汰或废弃的车辆甚至出售给私人，用于开设列车餐馆，吸引顾客，取得了良好的效果，至少减缓了人口外流的速度，培养了居民对社区的热爱。

---

① 永東功嗣、中川大、松中亮治、大庭哲治、松原光也：《地方鉄道の存廃が駅勢圏人口の経年的変化に及ぼす影響に関する研究》，《土木計画学研究・論文集》第 38 巻（特集），2011 年 4 月。

图 6-4　日本现存最早的火车站长浜站

七、 不通高铁的古都——奈良

图 7-1　近铁奈良站

奈良是古都，也是关西地区不通高铁的县，另一个不通高铁的县是和歌山县，但 JR 关西本线、奈良线和片町线以及近畿铁道穿越奈良，感觉交通还是比较方便的。在奈良生活、工作期间外出，我或者搭乘近铁或者乘坐 JR。如去京都一般坐近铁列车。有时也在京都换乘 JR 去抹茶之都——宇治，仅十多千米，参观世界文化遗产平等院和宇治上神社，品尝宇治茶。去大阪，可搭乘近铁到大阪难波，也可先搭乘近铁到新祝园站，再换乘 JR 到大阪。有时乘坐近铁到大阪再换乘南海铁道或 JR 阪和线抵达和歌山。

图 7-2　JR 奈良站

　　近铁奈良站和 JR 奈良站是奈良最热闹的地方。从近铁奈良站出来后，游客会感觉浓郁的历史文化气息扑面而来。沿着大路往北步行，依次可到兴福寺、东大寺、春日大社等世界文化或自然遗产。如果有兴致，可登上若草山，一览奈良全景。游览完毕后，可往南行走，穿越奈良町，去奈良町情报馆、奈良町资料馆、奈良市史料保存馆等，了解奈良的历史文化。奈良市史料保存馆旁边就是世界文化遗产——元兴寺。奈良市就是以元兴寺为中心发展起来的历史文化名城。公元 710 年，元明天皇迁都奈良东北部的平城京，日本历史进入了奈良时代，与平城京相邻的奈良町被称为"外京"。游客可从近铁奈良站乘坐火车，仅三站就可抵达平城站，参观正在修复的平城宫遗址。平城京完全模仿唐朝都城长安，是古都长安的复制版和袖珍版，也是世界文化遗产。平城京是一座辉煌的都城，有古代诗人这样吟诵平城京："青丹奈良都，花开满京华，香气飘四野，殷赈如繁花。"平城京位于大和平原北端，北侧是低矮的丘陵，南侧是平原，这与古代天子坐北朝南的礼制吻合。奈良自古以来就是重要的交通要塞，翻过北侧的丘陵就是山城平原，再往北过宇治桥，经山科、越逢阪后可抵达东山和北陆地区。西南方有大和川，沿大和川顺流而下可直达难波。定都平城京后，朝廷下令打通了连接东海道的道路。之所以取名叫平城京，有平坦的都城之意。794年迁都平安京（京都）后，平安京被称为北都，而平城京则被称为南都，与近现代以来京都与东京的称呼有些类似。[①]平城宫遗址不售门票，游客可随意参观。文物工作者对遗址修复非常认真、细致。笔者多次去平城宫遗址，站在空阔的遗址上，感受盛唐文化的气象和对日本的影响。其实，在元明天皇迁都平城京以前，奈良的橿原曾作为都城，被称为"藤原京"。《万叶集》收录了一首关于藤原宫的和歌，其中写道："美丽的藤井原上，立起了恢弘的大御门。站在埴安堤上，望向恢宏的藤原宫。东门外是大和的香具山，青山繁茂。西门外是亩傍山，瑞气遍野。北侧是耳成山，神山耸立。壮丽的南门耸入云霄，望南可看到遥远的吉野山。在高天和太阳的护佑下，御井的清水泉流不息。"这是诗人站在城东的埴安池堤岸上，望着藤原宫吟诵出了当时所见的实景。根据和歌中的描述，藤原京位于大和平原的东南隅，在亩傍、耳成和香具三山之间，往南可以遥望吉野山。[②]所以奈良被称为日本第一都。如果游客参观完平城宫遗址后，可搭乘近铁列车抵达亩傍御陵前站或橿原神宫前站，去藤原京遗址参观。橿原神宫是在据传日本第一代天皇神武天皇即位之地修建的，被誉为"日本起始之地"，神武天皇通过东征，统治了大和地区，标志日本国正式

---

① 喜田贞吉：《日本历代都城小史》，杨田译，清华大学出版社，2019年，第142—第143页，第146页。

② 喜田贞吉：《日本历代都城小史》，杨田译，清华大学出版社，2019年，第119—第120页。

形成。神武天皇陵位于橿原神宫北面。我们知道日本人称自己为"大和民族"，大和这个名称就来自奈良。公元 3 世纪产生了以奈良盆地为中心的大和政权，成为日本的政治与文化中心，所以奈良到处都是文物古迹，在 3 690 多平方千米的区域内，拥有佛寺 1 817 座，被誉为佛都，另有神社 1 386 座。奈良的许多地名都被冠于"大和"名称，如大和高田市、大和郡山市、大和八木、大和西大寺、大和上市、大和朝仓等。奈良人对本地的历史文化极为自豪，以大和自居，自古就将奈良划分为北和、中和以及南和三个区域，近年来有学者认为以王寺町为中心的区域可称为"西和"。日本第一部诗歌总集《万叶集》有对美丽的奈良风光的描写。

著名作家谷崎润一郎非常喜欢奈良，他说："说实在的，我喜欢在桃花盛开的时节，乘坐关西线的火车对春季的大和路（奈良）进行眺望。"列车从凑町发车，途经王寺、法隆寺、大和小泉以及郡山等小站，最后到达奈良。关东大地震后，谷崎润一郎移居关西地区，凑町位于大阪浪速区，JR 难波线、近铁难波线、阪神难波线等铁路以及地铁线穿越此地，有著名的 JR 难波站。搭乘特快列车抵达奈良需要四五十分钟。谷崎润一郎喜欢乘坐慢车："然而乘坐这条线上的普通列车需要花费一小时十二三分的时间。乘坐快车是很无聊的，最好还是乘坐那种每站都停的列车。""一面在慢悠悠的车厢里摇晃身体，一面观赏窗外烟霞迷离的大和平原的景色，森林、山丘、田园、村落以及堂塔等，仿佛武陵桃花源一样，在悄无声息间将时间全都忘记了。什么时候能到奈良，现在已经到何处了，接下来的站是哪里，关于这一类的事情丝毫不关心。车子'嘎嗒'停下了，'嘎嗒'又开动了，不断地重复着，无休无止。车窗外，始终都是烟雾缭绕的平原，连绵不断，好像太阳永远都不会落山。我特别喜欢在春雨连绵的午后，搭乘这条线路上的火车。每当这时，身子变得懒洋洋的，迷迷糊糊，在昏昏欲睡之中，时不时随着车子'嘎嗒'的响声，将眼睛睁开，整个车窗的玻璃早已被水汽覆盖，外面的平原细雨迷蒙，远方的佛塔以及森林都在这湿润的雾气之中包裹着。尽管只用了一个多小时就抵达了奈良，可是却感觉到一种无限的闲适之感充满全身。要是时间充裕的话，还可以从樱井线绕路而行，从高田、亩傍以及香久山一带经过，沿路会经过樱井、三轮、丹波市、栎本以及带解等车站，然后抵达奈良。想要对大和进行巡游的话，与匆匆忙忙、走马观花相比，最好的还是在这样的火车里待几个小时，这几个小时可以让自己的心情体验到无限的悠久，真是千金难求呀！"遗憾的是，这是一个流行高速度的时代，"在不知不觉间，普通的民众已经对时间失去了耐心，不能心平气和地一直对某一事物进行关注了"，"所以，在我看来，恢复这种平静的心情也属于一种精神上的休养，我建议你不如就对这样的火车进行一次体验吧"。

　　谷崎润一郎还对乘客特别是大阪乘客乘坐火车的不文明行为，提出了严厉批评，他说："最近我不管是什么事都对大阪一方进行袒护，可是他们只有这一件是不如东京人的。""原因是什么呢？全家人一起乘坐二等车的时候，将宽大的座位全都霸占着，对旁边的人熟视无睹，大吃大喝，无所顾忌地大声交谈，将橘子皮以及剩饭剩菜等随手乱丢，对于从未谋面的人胡乱询问……只要看到这些品行不端的人，便知道一定是大阪人。就算外地人不清楚，大阪人只要看到便心知肚明，赏花时节的大轨电车以及京阪电车上面那一片脏乱的景象，也在不知不觉间带去了其他国家。当地郊区的电车全是这样的，这是众所周知的事。毫无办法可言。""有些人到餐车以及厕所去的时候，不将走道上的车厢门好好关上，冬天的时候，就算只有一丝儿的缝隙，也会有飕飕的凉风吹进来，如果离厕所很近，便会有一股臭味袭来。这些事情都是无需多言的，有人却一定要从背后用手将门'啪嗒'关上，也不回头检查一下便离开了，将一道一两寸宽的门缝给留了下来，必须有人再次关紧。在车门口坐着的乘客就遭殃了，迫不得已一次又一次重复着同样的事情。只有自己一个人做这件事，虽然内心感到很生气，可是如果置之不理，最先受到寒气以及臭气袭击的就是自己，因此只能伸手将门关紧。""最令人感到气愤的是，从餐车回来的路上，嘴里叼着牙签的乘客接二连三地从这里经过，最后一个人依旧不把门关上，总想着还有人会经过，就让门在那敞着。除此之外，火车上的厕所在使用以后都会配备完善的抽水设施，并且将注意事项张贴在那，然而真正遵守的人一百个人中找不出一个。不，不只是这个，在洗脸池洗完脸之后，不放掉脏水，后面来的人必须将前一个人的脏水放掉。这就好像便后不擦屁股，这当然无法说是所谓的公德，属于每个人都应该知道的常识，但是没有人认为有什么奇怪以及羞耻的，事实上不得不说是让人无法想象的'文明国民'。当然，日本人不是只有在火车上才有这样的陋习，不过火车上是最厉害的，以至于那些会在其他场合遵守礼义的人，只要来到火车上便会马上就将平日里的习惯忘掉，这便更加令人费解了。"①

但是，古都奈良进入近代以来，面临文物古迹的保护问题。日本军国主义者发动太平洋战争后，奈良面临盟军的空袭。1945 年 6 月 1 日，美军 B29 轰炸机首次空袭了奈良。为此不得不紧急转移珍贵文物。由于转移、保护及时，文物基本上未受损毁。1950 年代下半期，日本经济进入高速发展阶段。经济发展与文化保护产生了矛盾，特别是交通道路和房地产的开发，导致一些文化遗存遭到破坏。1949 年 1 月法隆寺金堂发生火灾。法隆寺建于 7 世纪，是世界上现存最早的木制建筑物。以法隆

---

① 谷崎润一郎：《阴翳礼赞》，罗文译，台海出版社，2020 年，第 180—第 182 页，第 187—第 189 页。

寺为中心的佛教建筑群和以元兴寺、兴福寺、东大寺和平城宫遗址为代表的"古都奈良的文化财"建筑群是奈良最重要的文化遗存。为此，奈良市民积极行动起来。在包括奈良市民在内的日本国民的努力下，1950年5月，日本通过了《文化财保护法》，指出"文化财是贵重的国民财产"，"对正确理解我国的历史、文化等是不可欠缺的"。该法律的颁布成为战后日本文化财行政保护的起点。奈良有两个文化财研究调查机关，即橿原考古学研究所和奈良国立文化财研究所，[①]对文化遗存进行严格保护。奈良的土地面积居于日本全国第40位，人口130多万，位于全国第30位，但奈良文化财产数量居全国第三，仅次于东京与京都。奈良的文物古迹产生时间更早，对探寻日本文化的起源和发展具有重要意义。奈良对历史遗存保护不仅限于古代，也涉及近现代。我特别喜欢沿着从近铁奈良站到JR奈良站的街道散步，这一带又被称为奈良町，是奈良最具历史风味的地区。江户时代这里是著名的商业街。JR火车站和近铁奈良站建成后，围绕车站开发房地产，逐渐转变为住宅区。由于对房地产开发严格控制，江户时代的历史风貌仍然保留下来了。有一次我走过JR奈良站北边的船桥商业街，突然发现被废弃的大佛铁道火车站。大佛铁道建于明治三十一年（1898年），连接奈良与加茂，线路仅9.9千米，当时民众纷纷乘坐火车抵达大佛站，参拜东大寺，大佛站显得非常热闹。后来敷设了从加茂站经木津站到奈良站的铁路，大佛铁道被废弃了。尽管大佛铁道线路短，运行时间也不过9年，但是给当地民众留下了美好的印象。大佛铁道一、二、三等车票价分别为20钱、15钱和10钱，非常便宜。当时看一场电影需20钱，一公斤砂糖14钱，购买一份报纸45

---

① 和田萃、安田次郎、幡鎌一弘、谷山正道、山上豊：《奈良県の歴史》，山川出版社，2010年，第396—第397页。本节除注明出处外，数据均来自《奈良县势要览》《奈良县的情况（2018）》《奈良县民手账（2020）》等。

钱等。大佛铁道运行深红色的蒸汽机车，穿越奈良的山川原野，如梦如幻。奈良市政府特意为被废弃的大佛站和大佛铁道修建了一个小小的大佛铁道纪念公园，以保存历史记忆。此外，黑发山高架桥、松谷川隧道、梶谷隧道等建筑也保存下来了，有些至今仍在使用。如果对大佛铁道的历史有兴趣，可去大佛铁道纪念公园东边的咖啡馆坐一坐，馆内有关于大佛铁道的照片和资料展览。2002 年铁道迷们还成立了"大佛铁道研究会"，把研究大佛铁道的历史，挖掘其历史价值，保护线路的历史遗迹和景观等作为研究会宗旨，出版了《大佛铁道物语》，加茂町长还为此书撰写了序言，深情回顾了大佛铁道的历史。专家们也走进课堂为中小学生介绍曾经运行的大佛铁道。日本地方政府对被废弃的车站、线路、车辆、机车等，不是一拆了之，而是有意识地加以保存。

图 7-3　大佛铁道纪念公园一景

为了严格保护文物古迹，奈良的经济发展自然受到了一些影响。奈良北接京都，西连大阪，东与三重县为邻，南与和歌山接壤，在与周边地区的竞争中面临不利局面。许多奈良人在大阪工作而居住在奈良，不少企业对在奈良投资望而却步，因为在奈良投资兴建企业的过程中，一旦开工挖掘到文物古迹须立即停工，经文物调查机关仔细勘察后再决定是否可继续施工，而这并非短期内可以决定的。2019 年，奈良人均居民收入低于全国平均水平，在全国排名第 38 位（日本共有 47 个都道府县单位），经济增长率为 0.9%，低于全国 1.6% 的增长率。但奈良地方政府和民众在保护文物古迹方面达成了高度一致，即绝不为了一时的短期经济利益而损毁文物、破坏环境。乘坐近铁列车抵达大和八木站或搭乘 JR 列车抵达亩傍御站，出站后步行 5 分钟，穿过架在飞鸟川上的苏武桥即可到著名老街——今井町。今井町诞生于 16 世纪中期，是以称念寺为核心而形成的寺内町。寺内町起源于中世末期，净土真宗本愿寺派建设以寺庙为核心的城镇。为了防止其他门派的僧侣和领主夺占本派领地，在领地周围挖掘壕沟，筑墙据守。寺内町东西长约 600 米，南北宽约 310 米，江户时代（1603—1867 年）有居民 4 000 多人，与大阪、江户等保持密切的经济联系，享有"大和财产七份在今井"的盛誉，产生了不少文化名人，如著名茶道家今西正名、尾崎茂人，书法家僧义勇，画家森川勘平等。1679 年以后，今井町成为天领（幕府直辖领地），设町役人进行管理。今井町在诞生之日起就有高度自治的传统，不畏强权，构筑工事，曾与织田信长为敌，发行自己的货币"今井札"。江户时代的日本住宅以木结构为主，鳞次栉比，极易发生火灾。今井町颁布了详细的规章制度，涵盖消防规定、公众卫生、社会道德以及生活指导等 17 个项目，町的管理井井有条。所以有学者指出"在日本的城镇与都市中，今井町最值得夸耀，因为没有发生过大火"。在战后经济高速发展的时代背景下，今井町没有出现大拆大建现象，700 户居民住宅，目前仍有 80% 保持江户时代的建筑样式。1877 年 2 月 10 日，明治天皇抵达今井町称念寺，称念寺位于今井町西边，往北是春日神社，东边则有莲妙寺、西光寺、顺明寺、八幡神社等，拟居住 1 周。11 日，参拜了亩傍山陵。12 日 2 时，明治天皇在今井町得知鹿儿岛士族叛乱的消息，立即改变行程，12 日上午 9 时离开今井町，在大阪道明寺入住一夜后，抵达堺，亲自指挥西南战争。战争结束前，明治天皇一直滞留在京都。明治天皇在今井町的住所仍原样保存。①今井町显得非常安静，街道一尘不染，游客很少，说话都非常小声，担心打扰了居民宁静的生活。除了面向公路的住家开设了一些商店以外，住宅区内很少有商店。

图 7-4　奈良今井町

---

① 资料来源：今井町街道保存会编《今井寺内町》，今井町街道保存会，2012 年。

　　在奈良没有"时间就是金钱、效率就是生命"之类的口号，也没有所谓的"996"工作概念。2016 年，奈良男性平均每月工作时间为 153.6 小时，女性为 116.8 小时，均低于日本全国平均工作时间（男女分别为 160 小时和 124.1 小时）。所以在关西地区流行这样一句话，即"吃在大阪，穿在京都，睡在奈良"，调侃奈良人的佛系生活。奈良人的闲暇生活时间明显高于日本全国平均水平，如业余时间从事绘画、雕刻、陶艺等活动在全国居第一位，登山、花道、打网球等活动在全国居第 3 位，其他的诸如茶道、园艺、围棋、读书等活动也名列第 4 或第 6 位。所以奈良人的幸福指数很高，人均寿命长。奈良的大学入学率、海外旅行人数分别排名全国第 7 位和第 8 位，尤其是家庭消费支出额居全国第 11 位。2011 年奈良家庭拥有自有住宅的比率为 73.9%，高于全国 12.1 个百分点，居全国第 8 位，平均面积 132 平方米，比全国平均面积多 9.7 平方米。平均每户住宅有房间 5.5 室，高于全国平均的 4.6 室。90 岁以上的老人有 23 800 多人。早在 10 年前，奈良男性人均寿命已超过 80 岁，在日本全国排名第 7 位，女性寿命超过 86 岁。日本在计算人的寿命时提出了一个健康寿命的概念，所谓健康寿命就是 65 岁以后的平均生存时间减去医疗看护时间。2016 年，奈良男性的健康寿命为 18.36 年（在全国居第 3 位，女性为 21.04 年）。2007 年，奈良男性 65 岁以后的平均医疗看护时间为 1.57 年（在全国居第 18 位，女性为 3.27 年），而 2016 年则为 1.69 年（女性为 3.64 年），仅延长了 0.12 年（下降到第 30 位，女性延长了 0.37 年），而健康寿命则延长了 1.29 年（女性延长了 0.37 年）。这些数据都告诉我们，奈良是一个宜居地方，奈良人为自己悠久、独特的地方文化而自豪。

　　奈良并没有把文化遗存的保护与经济发展对立起来，而是在两者之间寻找平衡点，反对破坏文物古迹的经济开发活动，曾有公司拟在平城宫遗址西南侧购买私有土地，修建设施，当时这一区域未被列入文化保护区域，政府预算也不允许把整个区域土地购买下来，新闻媒体报道后引起民众反对。几年后政府又准备修建一条公路穿越平城宫遗址，遭遇社会舆论强烈反对，不得不变更计划。与日本全国一样，奈良人口在持续减少，与20年前相比，奈良人口减少了10万以上，据推测，2030年奈良老年人口将占当地人口总数的31%。奈良长期以来迁入人口超出迁出人口，但从20世纪末以来，奈良迁出人口超过了迁入人口，显然与奈良经济发展速度慢、提供就业岗位数量不够有关。为此奈良也在寻找对策。奈良经济发展面临一些不利的客观因素。奈良属丘陵地带，地形北低南高，划分为北边的奈良盆地与南边的大和高原及宇陀山地，地势高低不平，群山环绕，道路设施建设难度较大，所以奈良的公路改良率较低，居日本全国第43位，高速公路线路短。也因此，奈良人出行主要乘坐火车。2016年，平均每天乘坐JR铁路外出的乘客有近9万人次，年间乘坐近铁列车外出的有13 828万人次，大大超越巴士的输送人数，而且奈良不通高铁，需到京都或大阪乘坐新干线。奈良大学位于山陵町。在担任该校研究员期间，我每次外出首先要步行20分钟，从学校走到近铁高之原站搭乘火车。出门顺坡道而下，比较轻松；返校沿坡道而上，相对吃力。

　　奈良地方政府和民间对奈良经济与长远发展形成了共识，一致认为奈良的发展潜力未能充分挖掘，即未能有效利用自然资源、历史文化资源，存在南北地区差距，人口与城市相对集中于北部，出现了农地和山林的荒废现象，耕地荒废率达21.2%，高于日本全国平均的12.1%，缺乏新的发展战略等。奈良第一、二、三产业就业人数比率分别为2.6%、22.6%和71.6%，因此第三产业特别是旅游业是奈良的支柱产业。2016年，来奈良旅游的观光客达到了4 407万人次，比上一年增加了6.3%。但游客多半是一日游，不在奈良住宿，这对增加奈良的旅游收入不利，因为住宿客每日消费 25 255 日元，而非住宿客每日仅消费 4 558 日元。奈良住宿客数量少，究其原因，一是宣传不够，游客来奈良仅在奈良公园附近逗留，瞻仰元兴寺和东大寺，游览春日大社，与梅花鹿亲密互动，然后打道回府。平城宫遗址、唐招提寺、药师寺和法隆寺等世界文化遗产却很少见到游客，尤其是难觅外国游客的踪影。二是奈良旅馆数量偏少。为此，奈良采取了一些有效措施并初见成效。政府正在积极筹划建设京阪奈（京都—大阪—奈良）新干线。我多次乘坐近铁列车到西之京站下车，步行 10 分钟即抵达唐招提寺，拜谒鉴真大师留下的历史遗迹。前几年唐招提寺游客稀少，近年来游客尤其是中国游客数量逐渐增多。住宿客数量也在逐年增长。2017 年，外国游客数量达到了 209 万人，比上一年增加了 44 万，居日本全国第 10 位；在奈良住宿的外国游客有 39 万人，比上一年提高 26.5%，居全国第 24 位。鉴于奈良土地荒废、农家数5 年内减少了 10.4%的情况，奈良地方政府出台了许多惠农政策和措施，如开办农产品直销店，减少流通环节。周末我曾随朋友驾车去农产品直销店，感觉产品新鲜、便宜，农产品包装带上印有种植者的姓名，价格比城市超市便宜了 1/3，既有利于消费者，农家也得到了实惠。一些直销店为了节约成本，由顾客自己付费。直销店营业收入逐年提高，2008 年，直销店营业收入为 22 亿多日元，2016 年达到了 55 亿多日元。目前奈良有 35 家农产品直销店。

我经常对亲朋好友说，奈良的魅力需细细品味，掌握 JR 铁路和近铁运行线路与时间，可以好好游览奈良。如可从奈良搭乘 JR 列车，仅 3 站就可抵达法隆寺。法隆寺的金堂、五重塔、中门和回廊是世界上现存最早的木结构建筑，其建筑艺术、雕刻、工艺品之精美令人叹为观止，有38 件作品被确立为日本国宝。参观完法隆寺返回奈良后可搭乘近铁列车去飞鸟历史公园。飞鸟地方被誉为日本古代国家的历史原点。如果时间宽裕,可搭乘近铁列车抵达世界遗产吉野山。吉野山是著名的赏樱场所,也是吉野川唯一的入口,以大峰山为中心,河流向四面八方蜿蜒流转,宛如其中藏着隐秘的日本历史,被誉为"日本之心"。《古今和歌集》中有一首和歌写道:"吉野山深处,山居傍水涯。世间忧患大,隐处最为佳。"1331 年,作为第 96 代天皇的后醍醐天皇不甘心政治权力旁落,励志亲政,举兵反抗镰仓幕府。1333 年,镰仓幕府灭亡。但是新的武家政权反感天皇干政,废除后醍醐天皇,拥立光明天皇。1336 年底后醍醐天皇从京都逃至吉野,建立南朝,与京都的北朝相对峙,由此揭开了南北朝的动乱,时间持续了 50 多年。后醍醐天皇以吉野金峰山寺为行宫。选择吉野为南朝政权所在地,是因为吉野地势险峻,易守难攻,向东跨越山脉可抵达伊势,然后通过海路,联络东边豪强;向西同样越过山脉可以抵达纪州,通过海路联络四国的地方势力;南边可以控制熊野滩,是全国各地拥戴南朝势力的非常合适的汇聚之地。此外,吉野自古以来就是佛教修验本宗(修验道)的总本山,分布着 200 多座寺庙,拥有大量僧兵和寺院领地,宗教势力强大和经济实力雄厚。谷崎润一郎撰写的小说《吉野葛》,叙述了主人公为了写一篇以南朝为背景的小说,接受友人邀请去吉野取材的故事。考古学家曾在吉野某遗址挖掘现场遇到了正在取材的胖墩墩的谷崎润一郎。①

奈良正在积极建设循环型经济社会,未来的发展将着眼于提高教育质量,培育高质量人才,成为有效利用人的能力与资源,集方便性、特色和个性于一体的地区。奈良的发展将会为城市建设与资源保护、守护

---

① 天野太郎:《近鉄沿線の不思議と謎》,実業之日本社,2016 年,第 155—第 157 页;白洲正子:《寻隐日本》,尹宁、小米呆译,湖南文艺出版社,2019 年,第 81—第 82 页。

传统走出一条可供借鉴的道路。

图 7-5　万叶文化馆

八、 姬路火车站前的"城下町"

　　姬路是兵库县第二大城市,因拥有世界文化遗产姬路城而闻名于世,姬路城系木质建筑,白漆涂墙,被誉为"白鹭城"。新干线和 JR 山阳本线以及山阳电气铁道均通过姬路。我多次去姬路,主要是为了参观姬路城。姬路是一个非常漂亮的城市,无任何喧嚣、嘈杂,从北边的广峰山可眺望姬路全市。走出姬路火车站北出口,一条笔直的大道展现在眼前,远远就能看见巍峨的姬路城,第一次目睹这一景象,我不由得发出感叹,这不就是典型的城下町格局吗? 一查资料,果然如此。从车站步行 10 多分钟就能抵达。每年参观姬路城的游客高达 150 多万人。姬路火车站平均每日乘客 51 000 多人,在 JR 西日本公司所辖车站中居第十四位。邻近姬路火车站的山阳电气铁道山阳站,平均每日乘客 2 万多人。姬路火车站北直达姬路城的大道就是原来城下町时代的街道,保持了原有的道路形态。另一个保持了城下町风情的城市是犬山。犬山位于爱知县境内。从犬山火车站西口出来,几分钟就到本町,从本町往北,一条笔直的街道通向犬山城,道路两边排列着江户时代风格的商铺。经过针纲神社,可登上犬山城,一览犬山全景。犬山城建于 1537 年,地下 2 层,地上 4 层,保留了日本最古老的天守建筑样式,城下则是古街道。把江户时代的城下町犬山与现今的犬山市相对照,景观几乎没有什么变化,所以犬山城被誉为国宝，每年吸引了 40 多万游客，犬山也成为著名的旅游城市。犬山火车站由名古屋铁道公司（名铁）运营。尽管犬山仅是一个 73 000 多人的小城市，但因犬山站邻近犬山城，平均每日乘客达 17 000 多人。

图 8-1　姬路城

德川幕府（1603—1867 年）的建立标志着日本社会进入了近世时期，因其统治中心在江户（东京），也被称为江户幕府。德川幕府把全体国民分为士、农、工、商四个等级，商人位于四民之末。手工业者和商人统称为"町人"，即住在町里的人，因为商人多兼营手工业生产，同样手工业者也多从事买卖，两者很难截然分开。武士一般占总人口的 5%—

6%，农民占 80%—85%，町人占 5%—6%，僧侣占 3%。武士阶级是统治阶级，其余 3 个等级是被统治阶级，被称为"庶民"。近世日本的人口维持在 3 000 万左右，商人大约为 70 万人，由于生活富裕，商人家庭的人口出生率高于其他阶级，19 世纪中期一度达到 130 万人。近世日本，城是政府所在地和武士的宅第，町才是都市的象征和财富聚集地，城与町不可分割，

图 8-2 姬路站前

所以被称为"城下町"。从城市形态来看，呈现出三大社区的划分，即武士居住地、町人居住地和僧侣等神职人员居住地，形成了固定的城市空间模式：以领主的城堡为中心，城堡的周围、城郭之内为内町，是武士居住地；通往城下町大门主要街道两旁的是商人町，商人町的周围及其内里是手工业者町，寺地则集中在周边地区，贱民则居住在城下町的最外缘。不同等级的人居住在不同的区域，不同的区域以河流或以墙、壕沟相分隔，不能混居。武士居住地约占城市面积的一半，体现了武家至尊的原则。町人按业种居住。1609 年，吕宋（时为西班牙殖民地）使者访问幕府所在地江户，在其见闻中说："江户市街皆有门，按业种区划。如某街住木工、某街住铁工等，非该业者不得杂居。商人也同，金

商、银商分别住于不同的街而不混杂。"①著名民俗学家柳田国男指出，在中国处处能够见到以高墙隔断内外、开设城门以供出入的商业地区，但这样的"都市"日本自古就不存在。②虽然武士是城市的统治者，但城市最活跃的阶级却是商人，城市的繁荣、发展取决于商人的经营活动。

著名大豪商三井家原在江户本町经营吴服（服装）生意，店面规模不大，雇佣 10—12 人。1683 年 5 月，三井家在骏河町购得两处商铺，将服装店搬迁至骏河町。但是搬迁之初，三井家受到了骚扰。因为骏河町是钱庄町，"骏河町街内众人以此为理由，决定将三井家赶出町外，然而不忍心看到三井家陷入这种困境的侠客平右卫门，主动介入三井家及骏河町街坊之间进行斡旋"。在平右卫门的帮助下，三井家在其他地方购买了房产。三井家在购买骏河町商铺的同时，还得到了原商铺主人的钱币兑换营业权，对以后三井家兼营钱庄有重大意义。那么，一个町的规模究竟有多大呢？我们以京都市中心的冷泉町为例来说明町人的居住和营业情况。16 世纪末，冷泉町是一个小手工业者町，南北长约 135 米，町中央有一条贯穿南北的大街，将町一分为二，原为东西两个独立的单侧町，后来合为一个町。东侧町宽约 29 米，有町人 30 人，西侧町宽约 35 米，有町人 29 人，平均每个町人的铺面宽度为 4.56 米，呈前店后屋格局，其中从事扇子制作和买卖的町人最多，约为 11 人，而且扇屋在东西两个町均位于中央位置，说明扇子是当时京都代表性的产业，地位重要。由于商业繁荣，日本城市也出现了地价暴涨问题。冷泉町的一间商铺在 16 世纪末为 2—7 贯白银，1602 年以后上升为 20—70 贯，而

---

① 沈仁安：《德川时代史论》，河北人民出版社，2003 年，第 69—第 71 页；刘凤云：《日本江户时代的城下町与中国明清都市之比较——兼论十七、十八世纪中日封建文化的差异》，载《社会科学战线》1999 年第 2 期。

② 柳田国男：《都市与农村》，王京译，北京师范大学出版社，2020 年，第 5 页。

17 世纪 20 年代则已超过了 120 贯。对商人而言，一旦失去了自己的商铺就意味着失去了町人的身份，必须通过重新购买属于自己的商铺才能恢复町人身份。初期在冷泉町居住的商人，有不少人后来被别的地方而来的商人所排挤，从冷泉町搬迁出去了。[①]

有些商人原为武士，在德川幕府建立、社会转型时期，他们毅然弃武经商，如三井家的经商始祖三井高安，原为武士，被称为越后守高安。高安去世后，长子高俊继承家业。但高俊是一个文学青年，满脑子的浪漫主义，痴迷于诗歌、茶道、花道，除了开设"越后殿酒屋"以外，在商业经营上乏善可称。但高俊的老婆殊宝很能干。殊宝出生于商人家庭，耳濡目染，具有"商人之心"的天性。殊宝 12 岁就嫁给高俊，共生了 12 个孩子。高俊去世后，她一边养育孩子，一边积极扩充生意，经营典当、酒、酱、烟等多种商品，把三井家的生意经营得风风火火，深受三井家族的爱戴。殊宝活到 87 岁，她的孩子大多成为后来的三井各营业店的始祖，殊宝的幼子高利在众子女中最为出色，他在江户开设了越后屋，历经 300 多年，作为越后屋直接传承的三越百货商店今天依然屹立在原址。三井越后屋员工多达千人，是当时世界上最大的店。[②]三井家族在经营时能够为普通顾客着想，对顾客一视同仁，所以信誉很好，越后屋"只受现金，谢绝还价"。越后屋在下雨天将标有商店商标的精美油纸伞借给顾客使用，所以雨中的江户大街上时而可见越后屋的商标，成为流动的广告牌。三井家族还资助文学艺术创作，亲近文艺界人士，诱导他们在作品中宣传三井商店。到 1700 年，越后屋已成为日本最大的商店，在各地开设了许多分店。1694 年 2 月，高利去世前将妻子、子女以及 2 个特

---

① 吉田伸之：《成熟的江户》，熊远报等译，北京大学出版社，2011 年，第 49—第 51 页，第 67—第 70 页。

② 善养寺进：《江户一日》，袁秀敏译，北京联合出版公司，2018 年，第 35 页。

别赏识的伙计定为遗产继承人，将遗产分为 70 份，其中长子高平继承 29 份，次子高富继承 13 份，按照一定的比例分配资产。高利要求众子女绝对服从长子高平的领导，即众兄弟必须遵守"家产一体"的原则，不能将遗产分割，只能将遗产作为共有财产和资本进行经营，兄弟们的生活费用及买卖生意均由高平统一管理，三井家族"以服饰及金融两大营业部门为主轴、以三大都市（江户、大阪、京都）为中心，营业活动得到了长足的发展"。总店（本家）首领具有绝对权威，兄弟们很难从总店的支配管理中脱离出来。

除了三井等大商人以外，绝大多数都是只有一间铺面并走街串巷的商人。近世日本，市场管理者往往对不畏艰难、品格高尚的商人予以表彰。1843 年，江户某町的商人小太郎受到了表彰，相关记录如下："小太郎自幼性格沉稳，从不违背父母之言。父亲小兵卫贩卖蔬菜，所以小太郎自 10 岁起就给父亲帮忙，经常忙碌至深夜。1839 年起小兵卫患了风湿病，生活更加困窘，小太郎就到市场上批发蔬菜，在店铺里出售，卖剩下的蔬菜就挑到附近去兜售。小太郎从未能好好休息过。"商人经营必须严格遵守市场规则，不许降价或恶意倾销。越前家曾是松屋的大客户，定点在松屋采购绸绸及其他货物。后来越前家感觉三井越后屋的商品价廉物美，决定从越后屋订购商品，由此引起了松屋方面的强烈愤慨，认为三井家破坏了商业规矩，联合江户城所有服装店断绝与三井家的交易，与房地产管理者合谋，在三井各店厨房的后面建一个"总雪隐"（全町居民的公用厕所），向其后院厨房排放污水，甚至为了防止三井家逃至其他地方进行营业，在各地展开事先阻止将店铺租给三井家的活动。

尽管三井家多次道歉，松屋方面仍不依不饶。[①]

中国商人与日本商人不同。古代社会，中国商人经商致富以后可以投资农业，购买土地，即"以末（商）致富，以本（农）守之"。商人家的子弟可以科考，走上仕途。商人也可以通过向官府认捐或赈灾，捞一顶乌纱帽，过一过官瘾，上官府不用向官员下跪，可以与官员称兄道弟，诗酒唱和，所以中国有许多红顶商人。这一传统从先秦就开始了，如商人吕不韦执掌秦国政治，官居丞相，堪称中国最成功的商人，还招集了一帮文人代笔，主编了一部《吕氏春秋》。吕不韦为了给《吕氏春秋》做广告，运用了商业营销手段，请人将全书誊抄张贴在城门上，声称，若有人能够对《吕氏春秋》增减或改动一字，赏金千两。商人范蠡帮助越王勾践复国，功成名就后，急流勇退，携西施优游林下，继续经商，大发其财，可以说是最潇洒的商人，后人尊称为"陶朱公"，成为儒商之鼻祖。但是，中国的商人依附于官府，没有形成一支独立的社会力量。历代统治阶级想方设法打击商人势力，重农抑商，抹黑商人，把一切社会问题归咎于商人的贪婪。女子倾慕文质彬彬的文人（实际上就是文官），向往"二十四桥明月夜，小红低唱我吹箫"的境界，称丈夫为"官人"，以嫁商人为人生之大不幸，"老大嫁做商人妇，商人重利轻别离"。日本商人身份固化，无法转换。德川幕府继续实施丰臣秀吉颁布的《身份统制令》，禁止士、农、工、商横向流动，也就是说，武士家的孩子永远是武士，农民家的孩子永远是农民，商人家的孩子永远是商人，彻底断绝了商人参与政治、投资其他事业的可能性。

日本的身份等级制既是统治秩序，也是职业体系，士、农、工、商

---

① 詹姆斯·L. 麦克莱恩：《日本史（1600—2000）》，王翔、朱慧颖译，海南出版社，2009 年，第 39—第 41 页；吉田伸之：《成熟的江户》，熊远报等译，北京大学出版社，2011 年，第 34—第 47 页，第 171—第 172 页。

各有归本阶级支配的社会资源，不得越界。既然商人不能干预政治，那么武士也不能染指商业，商人就垄断了流通领域，积累大量财富，"天下流通的金银皆转入商贾之手，富豪之名仅见于商贾"。武士家，尤其是下级武士家贫困潦倒，"故商贾之势益盛而出于四民之上"。到了19世纪，日本的财富，"十六分之十五为商贾收纳，其一为武士收纳"。既然商人积累了那么多财富，自然在衣食住行方面就要突破规矩，无视法令。德川幕府为了防止商人奢靡的生活方式对武士品格的影响，影响武士的尚武精神，颁布了一系列规章制度，如商人家的住宅正面不得超过一层半，商人只能穿府绸、棉布和麻布制成的衣服，商人家的餐饮为1个汤、3道附加菜、2瓶清酒、米饭、腌菜、茶和甜点。可是，商人根本不理会官府的法令，经常身穿精美的服装招摇过市，食不厌精，脍不厌细，1个月的伙食费达到100两，超过一个中级武士1年的收入，至于喜庆宴会，更是讲究，如三井家的求财仪式，仅做汤的鸭，就花费100两。有些商人家的住宅从正面测量刚好一层半，而后面的屋顶却陡然斜着向上，使房子足有两层高，有的干脆交一笔罚金，使住宅占据了一条街，仅每天换草席的佣人就达7人之多。住宅内有红漆走廊，玻璃屋顶，礼仪也模仿武士家庭，女儿称小姐，妻子称太太，"僭上无礼"。有的商人夏天在河边乘凉喝酒，将喝过酒的泥金漆杯掷入河中而不要，有的富商出入花街柳巷，包养艺妓，一掷千金，以博美人一笑，使得私娼盖过了官妓。由于商人经常无视官府法令，"将军的公告和法令也被称为'三日法'。没有人畏惧，也没有人注意它们。三日之后它们就无人理睬。"[1]有些商人常因奢侈被问责。江户时代著名小说家井原西鹤（1642—

---

① 詹姆斯·L. 麦克莱恩：《日本史（1600—2000）》，王翔、朱慧颖译，海南出版社，2009年，第56—第58页；沈仁安：《德川时代史论》，河北人民出版社，2003年，第207—第209页。

1693 年）在《日本致富宝鉴》中写道："如今不同前代，世风日益奢华，凡事不讲分际，一味喜好华丽，尤以妻女的打扮，不计身家，讲究出类拔萃；折损冥福，其实可怕。那生来就是莫大福气的高门贵女，衣着也不过京织的光绢，再无别的。" 可是现在有些京都商人，"兴出一些新花样来，男女衣料，极近华美"，"单为夫人的体面，闺女的攀亲，损耗了底本，以致妨碍生机的人，不知凡几"。有一天，在室町的街面上见到一家芳名鼎盛服装店，"挂着橘子花纹的暖帘，聘有京都的成衣名师，给顾主承做时兴衣装。各处交来的丝绸布匹，堆得满铺里宛如绣岳锦山"。眼下就到四月初一换季的日子，正在赶出一件颜色鲜艳的夹衣，极尽奢华。"这种样的讲究做法，以往不曾听说过。照这么下去，怕不要用各种唐锦来做家常便衣穿了吗？"井原西鹤对有些商人在饮食、居住上铺张浪费、讲究排场颇有微词："现今的商人，奢侈过于其家底，白天黑夜都是用的别人金银，及至大年下方知吃惊,急忙打点自家倒产。反倒铺张面子，兼并邻家，添房连轩；邀请街上头面人物游船，呼招能琴的瞽女，犒宴大小家人女眷亲戚；新上市的松蕈、大和柿子，店前拦买，不问贵贱；并不懂烹饪礼法，却邀请人做新茶开封之会，事先在庭院里铺筑起通幽之径，从早到晚，叫男仆们打出三合土，深堂奥处展开了泥金屏风，令人艳羡；把个不久便将脱手的家屋，偏装作千年常驻之际的模样。"有个商人极尽奢华："引大河之水为庭园之泉，从京里招来许多工匠，打造轮流不息的水车……。洗碗盏，响传四邻，炙咸鲷，香闻八方。茶采名山，频遣宇治之使；酒滴清泉，溯洄杜康之流。这种繁华，显若没个尽时。"[1]

日本商人对自己的职业非常自豪,认为赚取利润是天经地义的事情,

---

① 井原西鹤：《井原西鹤选集》，钱稻孙译，上海书店出版社，2011 年，第 16—第 17 页，第 108—第 109 页。

士农工商只是职业的不同，在社会贡献和人格上无高低贵贱之别，出现了许多町人思想家，如石田梅岩、山片蟠桃、海保青陵等。石田梅岩把手工业者和商人称为"市井之臣"："士农工商为天下之治相。缺四民当无助。治四民乃君之职也。相君者四民之职分也。士为元来有位之臣也。农人乃草莽之臣也。商工乃市井之臣也。""商人买卖有益于天下。……若无买卖，买者无物可买，卖者无物可卖。如此下去，商人会断生计，只好改做农民或工匠。若商人皆事农、工，则财物米粮无以流通，必会造成万民之苦。" 山片蟠桃则高唱金钱至上："若有金银，遂致家富，愚者可变智，不肖亦成先贤，恶人也变善。若无金银，智者变愚，贤者亦成不肖之徒，善者也会变成恶人。""争利乃商贾之恒常也……何恶之有？"1712 年上演的《夕雾阿波鸣渡》剧，表现町人伊左卫门与艺妓所生之子被某武士家收为养子，非常懊悔："如果知道那是我儿，怎会轻易让其作他人之子呢？虽然我不能让他佩带两把刀，但一定会让他成为有成群伙计前呼后拥的少东家。"当儿子与武士家断绝关系认祖归宗时，伊左卫门激动地说："为武士不贵，为町人不贱，贵贱者全在此一心。"①

在商人日日笙歌、夜夜买醉的背后，则是武士的日益穷困。日本的武士与欧洲的骑士不同，后者有封地，生活有保障，而日本的大多数武士没有封地，只能从领主那里领取一定数量的禄米维持生活。下级武士的年收入约为 35 石，与农民的收入差不多，有些武士的收入甚至低于20 石。近世日本，一个武士的收入要达到 100 石，才能衣食无忧。 无论是将军、大名，还是一般武士，都必须将手中的米变换成现金，才能应付城市生活。由于商人垄断米粮交易，所以米粮交易的利润都落入商

---

① 刘金才：《町人伦理思想研究——日本近代化动因新论》，北京大学出版社，2001 年，第 111 页，第 166—第 167 页，第 222—第 223 页。

人的腰包。更糟糕的是，每当领主遇到财政困难时，总是牺牲下级武士的利益，不断削减禄米，甚至只给禄米的一半，使得一些下级武士"冬穿单衣夏穿绵，借居陋室，比下贱者犹不如"，根本无法靠收入来养家活口。一些下级武士"由于婚资缺乏，生机艰难，终身未娶"。武士家还不敢多生孩子，除了生一个孩子延续家系以外，其他的孩子要么送人做养子，要么令其分家另过。所以堕胎、溺婴等现象在武士家庭相当普遍。有些藩国允许下级武士住到乡下以削减开支。武士穷困和商人奢靡的鲜明对比引起了武士的极大不满，1816 年出版的《世事见闻录》中写道："商人们日日夜夜赚钱获利。聚集着财富，居住在'土藏造'式样的大房屋。商人家中陈设的华丽，以及生活的奢侈，倾笔难尽。""这些福分原都是武士的恩庇和农民的血汗所造成的。无论治世乱世，武士和农民总是花费着金钱；商人也是不问治世乱世，总是取得利益。这真是舒适之极的事情。按照士农工商的身份大义，商人本在最下；可是到了如今，商人已不把农民放在眼中，甚至于商人中已有了超凌武士身价的大豪杰了。"在近世日本，武士作为社会精英，仅是一种制度上的精英，"即是一种不具备经济实力的特殊的精英"。①那么武士能否随意"籍没"商人的财产或欠债不还呢？古代中国的官僚不是经常这样干的吗？中国的官僚往往身兼官员、地主和商人三种身份，一旦商人得罪了官员，后果很严重，轻者倾家荡产，重者下狱治罪。但在近世日本，武士不能随便剥夺商人的财产，更不敢欠债不还。日本商人往往结成同业公会或全国性的商业联盟，如大阪有"二十四帮批发商公会"，他不是一个人在战斗。所以，一旦武士借钱不还，意味着失去了信誉，以后所有的商人都不会借钱给他。此外，少数武士欠债不还还影响整个武士阶层的信

---

① 李文：《武士阶级与日本的近代化》，河北人民出版社，2003 年，第 67 页，第 71—第 73 页。

誉，导致其他武士难以从商人处借贷。为了维持武士阶层的信誉，统治者往往对欠债武士施加压力，迫使他们尽快还债。由于商人经济地位腾达，他们越来越不满足于居四民之末，公然挑战身份等级制。1835 年 7 月 1 日，增田德次郎自诩为武士，要求娶商人重兵卫的养女为妻，遭到拒绝后扬言"要以刀强娶"，对此重兵卫轻蔑地说："武士的刀只不过是在柳原花 24 文钱买的贱货而已，能杀得了我等吗？"1855 年 2 月 1 日，幕府众多官员到本乡村成愿寺游览，亮出身份要求先来的僧人和町人等游客让出座位，但町人拒绝让座："我们是先来之客，武士有何可怕！"①诸如此类以下犯上的举动在幕府晚期屡见不鲜，以至于出现了"大阪富商一怒，天下诸侯惊惧"的局面。武士因入不敷出，不得不"悄悄经商"，如他们将武士居住地的多余房屋拿来出租，获取租金；有些武士从事手工业生产或当说书人。尽管德川幕府三令五申，禁止武士从事第二职业，但在商品大潮的席卷下，武士不从事第二职业已经活不下去了，对此幕府也无可奈何。武士兼业使其思想观念发生了巨大变化，对现有体制没有任何留恋。日本启蒙思想家福泽谕吉不无感慨地说，"其状如此，实非纯然之士族，或称职人可也"，"下等士族颇乏文学等高尚之教，自贱而有商工之风"。武士要脱贫，商人要地位，于是二者携手，推翻了德川幕府，建立了明治政府，开启了明治维新，日本社会从近世步入近代。

近代以前，无论是欧洲还是亚洲，城市都是封闭的空间。在远程剧烈火炮发明以前，封闭的城市本身便是最佳的防御。但是在封闭方式上，日本与西方国家有很大区别。中世纪的欧洲城市，市中心耸立着直插云霄的大教堂，教堂前方是开放的广场，无数条道路互相交错，从广场向

---

① 刘金才：《町人伦理思想研究——日本近代化动因新论》，北京大学出版社，2001 年，第 274 页。

四方延伸，在与围墙相交之处，形成了城门。城门外便是绵延不绝的乡村小道，也就是说城市内外由一堵坚固的围墙加以隔绝，城市内有错综复杂但畅通无阻的道路，如同海绵一般，塞满了城市；城墙外是无限的田园风光。而日本城市外侧并没有城墙，日本的城市是护城河、石墙、壕沟、堤防、城堡、街道、木门、商铺兼住宅等的组合体，通过各式各样的自闭装置层层环绕，建成了从外向内越来越坚固的自闭结构，就像卷心菜叶一样，把城堡包裹在最里面，所以市中心是白色墙壁、威严耸立的天守阁，永远占据众星拱月的地位，居高临下，仿佛坚不可摧。按照从重臣到小卒的顺序，从内到外防护越来越薄弱，将百姓丢弃在基本没有防护的周边地带。因为日本是岛国，没有外来民族的大规模袭扰，采取这种防备方法是合理的。由于士、农、工、商、僧人、贱民等根据身份分开居住，有着各自的自闭装置，尤其是工商业者以五户为单位编户，并且将每一町整合起来，推举一位名主，町与町之间以栅栏或木门相隔绝，明确各自的地盘，所以城市内道路并非畅通无阻。一旦进入城门，实际上道路突然收窄，左曲右拐十八弯，无法直线前进。德川时代，江户市内将道路阻断的木门共有 990 处。随着夜幕降临，居民们听到四声钟响便纷纷关上了木门。1862 年 9 月，在横滨生麦村发生了武士与外国商人冲突事件，1 名外国商人被杀，两名外国商人受重伤。为了谈判"生麦事件"，外国人在幕府官员陪同下进入江户。即便是白天，居民们也都争先恐后地关上木门，躲在屋里，带路的差人一边忍受着鸡飞狗叫，一边打开一只只门闩，"一路上花费了不少功夫"。如果说欧洲的城市像蛋壳，那么日本的封建城市就像卷心菜。在德川时代，封闭的并非只有城市，在城市与城市之间同样以关卡、河流、险路等隔绝，"整片国土都被微观地隔离开来"，对外则实行严格的闭关锁国政策。

进入明治时代，日本决策层深深地感到，整个国家必须从海峡、山脉、河流分割形成的牢固地方主义的封建社会中解脱出来，将分散于地方的权力、人才和财富集中于首都，构筑近代民族国家，而突破口就是敷设铁路。铁路的敷设打破了封闭的城市格局以及城市与城市之间的隔绝。京滨铁路从北向西南穿越市中心，由于绕城公路、纵贯道路、辐射道路等全部由东京站出发，与东京市内的其他火车站相连接，因而铁路扮演了城市内部交通动脉的角色。同时随着铁路延伸，"这条动脉也担负起了日本列岛上自北向南的纵贯大动脉的责任。当市内的商人到地方上进行采购或送货时，只要通过绕城公路或辐射道路等最近的干线道路到达最近的车站，便无需经过关卡，只要穿过检票口便可坐着热乎的座位直达目的地了。或者反过来，如果在荒郊野外，人或货物要汇集到东京中心的话，同样变得不再困难。通过道路将内部敞开的东京，正通过铁路逐渐向全国开放"。如果没有铁路，即便城市内部再怎么开放，"也不过是鸟笼之内的自由罢了"，整个国土空间不会发生根本变化。因此，日本近代化从铁路建设开始，即国土解放先行一步。早在明治维新以前，尽管日本决策层也曾有过打开封闭国土的尝试，但是因交通不畅而失败。参加第一次铁路工作会议、曾任日本首相并极力主张修建铁路的大隈重信回忆说："在封建时代，由于需备战，为防止其他藩的侵略等，出于战略上的考虑，选择了故意让道路不佳、道路难走、道路极为曲折、桥梁则尽量不架等方针。另外，由于封建时代的地域被分成了很小的一块一块，因此由于各藩之间的边界关系，水利、道路、桥梁、水渠、污水管道等也并没有得到贯通……"即便是江户，道路建筑质量也不高，大部分道路没有铺装，风一吹，尘土飞扬，雨一下，泥水四溅，所以江户人很少出门散步，而是蜗居在家里。除了河岸周边地区，基本上不通行车辆，架设在河流上的桥梁也不是为车辆通行而建造的，其牢固程度实在没有把握。但是随着铁路敷设，完全改变了日本城市的空间结构和布局。敷设铁路的当年，江户的竹桥、锥子、清水、田安、半藏等五门允许日间通行。京滨铁路竣工之年，江户城外城轮廓的锥子桥、一桥、神田桥、常盘桥、吴服桥、锻冶桥、数寄屋桥、日比谷、山下、幸桥、新桥、虎之门、赤坂、食违、四谷、市谷、牛迂、小石川、水道桥、筋违、浅草桥等 21 座门的门扉被拆除，火车用 1 小时就把江户和横滨连接起来，多摩川、鹤见川原本是地区划分的疆界，不到一分钟就跨越过去了，铁路把河流具有的划界功能彻底打破了。明治维新三杰之一、当初并不支持敷设铁路的大久保利通在乘坐火车当天的日记中写道"百闻不如一见。兴奋不已。没有铁路的发展就不会有国家的发展"，开始全力以赴推进铁路建设。铁路制造了东京，旧江户变成了新东京，成了一座可以终日自由通行的城市。日本人终于意识到，把自己封闭在狭小地区的时代已经终结，亲身感受到了从挣脱封闭的狭小地区涌向东京大展才华的时代潮流，全国的人力物力通过铁路迅速聚集到东京。①明治初年，大量年轻人从偏僻乡镇涌入东京。这些被称为"书生"的穷学生，享受着东京文明开化的时尚并寻找自己的机遇。许多人一边做着住家仆役，一边靠挣来的工钱来完成学业。而在故乡的父母则希望他们的儿子有朝一日"能成为医生或内阁大臣"，飞黄腾达。当时有一首诗歌表达了人们心中常有的幻想："醉卧美人膝，醒掌天下权。"②1908 年著名作家夏目漱石的小说《三四郎》在《东京/大阪朝日新闻》上连载，叙述了从家乡熊本到东京上大学的名叫小川三四郎的青年搭乘火车途中以及在东京受到

---

① 藤森照信：《制造东京》，张微伟译，中信出版集团，2021 年，第 156—第 159 页，第 163 页，第 319—第 320 页；竹村公太郎：《日本文明的谜底——藏在地形里的秘密》，谢跃译，社会科学文献出版社，2015 年，第 24—第 26 页；善养寺进：《江户一日》，袁秀敏译，北京联合出版公司，2018 年，第 37 页。

② 斯蒂芬·曼斯菲尔德：《东京传》，张旻译，中译出版社，2019 年，第 60 页。

震撼的故事。三四郎发现随着乘坐的火车逐渐接近京都、大阪时,看到的女人们的肤色渐渐变得白皙起来,"不觉生出了越来越远离故乡的伤感"。火车停靠浜松后,三四郎看见有四五个洋人下车溜达,其中一对好像是夫妇,尽管天气很热,他们还互相挽着胳膊。"洋女人穿着一身白衣裳,非常美丽。三四郎迄今为止只见过五六个洋人",其中有两个还是家乡的高中教师。"因此,当他目睹这般花枝招展的漂亮西洋女人,不仅觉得稀罕,更觉得高贵。三四郎目不转睛地看得出神,心里想,洋人这般美丽,也难怪趾高气扬了。他甚至想到,如果自己去留洋,置身于这样的人之中,肯定会自惭形秽的。洋人夫妇走过窗前时,三四郎拼命倾听二人的对话,可一句也听不懂。"三四郎觉得自己这样傻看洋人,简直像个乡巴佬。在途中有一个留着浓密胡须的男人坐在他对面,两个人搭讪起来。那男人对三四郎说:"纵然日俄战争打胜了,升格为一等强国也没有用啊。虽说无论是建筑物或是庭园,都和咱们的长相似的,没什么好看的,但是——你既然是第一次来东京,一定还没有看过富士山吧。马上就能看见了,你好好看看吧。它可是日本首屈一指的名山啊。除了它,日本就没有其他值得自豪的东西了。"三四郎听了,有点不高兴,辩解说:"今后日本也会越来越好的。"那个男人却严肃地说:"早晚会亡国的。"三四郎听了大吃一惊,心想要是在熊本说出这种话,马上就会被揍的,搞不好会被当作卖国贼对待。"三四郎是在头脑中丝毫没有这种思想侵入余地的环境里长大的",不敢附和,便默不作声。男人又说:"比起熊本来,东京更广阔。比起东京来,日本更广阔。比起日本来,头脑里更广阔吧。决不可以受人蛊惑。即便是为日本着想,到头来也只能害了日本。"听了这番话,三四郎真正感到自己离开家乡了,同时也醒悟到自己的怯懦,绝不敢讲出这种话。抵达东京后,四通八达的城市轨道交通令三四郎大开眼界,也心生畏惧。"如果这些急剧变化

197

本身即是现实世界的话，只能说明自己迄今为止的生活与这个现实世界丝毫没有接触了。"三四郎感到："世界这般激烈动荡着，自己眼睁睁旁观这动荡，却不能够参与其中。自己的世界和现实世界尽管在同一平面上，却没有一点儿接触。而且现实世界这般激烈动荡着，将自己丢在原地，渐行渐远了。这令他甚感不安。"于是三四郎发奋读书，每周上四十小时的课。友人告诉他，这样读书要读傻的，劝他乘上火车在东京转上十五六圈，"倘若一个大活人的脑袋被僵死的课业给封闭了，就会憋死的。所以得出去呼吸呼吸新鲜空气嘛。除此之外，可以让自己满足的法子多得是，乘电车是最初级的，也是最简便易行的"。①

　　随着铁路敷设和延伸，日本人的移动优先顺序发生了变化。在江户时代，街道和道路等移动空间，优先通行者为武士，旅行者无论多么匆忙，必须给武士让路。如果遇到大名出行，行人必须停止前进，匍匐在地恭敬等待大名行列通过。在其他公共空间，也是武士优先。不同等级的武士按职位高低确定优先通行权。明治时代身份等级制被废除了，四民平等，作为移动手段的铁道代替了骑马、坐轿和步行。由于票价昂贵，整个社会分为能够利用铁道移动的人与不能利用铁道移动的人，车厢和候车室也分为不同等级，持不同等级的车票，进入不同等级的车厢和候车室。经济实力占优者具有优先通行权。战后国铁取消了候车室的等级。1969 年，国铁废止了一等、二等、三等车厢的等级制，改为单极制，车厢改变为普通车厢和绿色车厢。乘车顺序按照先来后到原则排列，确保坐位可能性以进入车厢顺序来决定，即以抵达候车场所时间轴上的顺序转化为空间轴上的候车行列位置，时间决定优先通行权，体现了铁道作为交通工具的社会平等性。而航空旅行进入机舱的顺序则是头等舱乘客

① 夏目漱石：《三四郎》，竺家荣译，时代文艺出版社，2019 年，第 1 页，第 15—第 16 页，第 19 页，第 39—第 40 页。

率先登机，然后是商务舱乘客，经济舱乘客登机顺序排在最后，抵达目的地后下机顺序也是如此，也就是说按照支付金额的多少决定通行顺序的先后。以后日本铁路管理部门又在车厢内为老、弱、病、残、孕妇、幼儿等设置"优先席"，且坐位数量大幅增加，还为轮椅、婴儿车使用者腾出空间，准备相关设备，有些车辆优先席的行李架比较低，便于高龄和残障人士搁置行李，扶手有防滑的凹凸，导入消除台阶的低地板式车辆或列车停靠时的自动式斜坡装置，为高龄和残障人士上下车提供便利。此外老、弱、病、残、孕妇、幼儿等抵达候车场所无需排队或设置专门通道，可以优先乘车，体现了社会对弱势群体的关爱。弱势群体具有优先通行权，超越了以身份制、经济实力和时间轴决定乘车顺序的传统，呈现了日本社会新的价值观和多样性。①

---

① 斗鬼正一:《整列乗車–鉄道というメディアと社会》,《江戸川大学紀要》第 29 号，2019 年。

九、 独特的天理轻便铁道与芥川龙之介的铁道之旅

　　由于在奈良大学担任研究员，我曾两次搭乘火车抵达天理市。天理市隶属于奈良县，是一座宗教氛围极为浓厚的城市，也是一个以宗教名命名、以宗教立市的城市。天理市是在 1954 年合并丹波市町、柳本町、福住村、朝和村、二阶堂村等基础上建市的。在向奈良县申请合并后的市名时，声称：作为市中心的丹波市町是天理教教会本部所在地，作为天理之町，作为宗教之町，闻名于日本全国。借此次合并的契机，清楚地阐明宗教都市的本质，尊重居民的意向和感情，所以选定市名为"天理市"。现有人口 7 万。

　　从以天理教命名的天理火车站下车沿主要大街天理本通步行 10 多分钟即抵达天理教会本部所在地——三岛町。JR 西日本樱井线和近铁天理线的天理站相邻。JR 西日本天理站每日平均乘客约 2 500 多人，是樱井线上乘客最多的车站。而近铁天理站每日平均乘客约 9 800 多人，站前有开阔的广场。天理线全长 4.5 千米，连接奈良大和郡山市至天理市，设 4 个车站，3 个在天理市境内，即二阶堂站（每日平均乘客约 3 400 多人）、前栽站（每日平均乘客约 3 900 多人）和天理站。在大和郡山市平端站与近铁橿原线连接。天理教将本部所在地视为神创造并孕育人类的地方，是全人类的故乡，即所有人的"娘家"或父母之家。旅客一到

天理站，常常看见这样的标语——"您回来了！""欢迎回家！"天理教会本部有宏伟的神殿和礼拜场。神殿居中，周围环绕东西南北四个礼拜场，用长约 800 多米的回廊相连。在本部的研修生和信众用白色的抹布将回廊擦拭得一尘不染。

近铁天理线由原天理轻便铁道转换而来。最初是为了便于信众前往天理教本部参拜和参加相关活动敷设的铁道。1911 年春天，天理教会开始修建本部神殿和教主殿，不少信众自发前往本部参加义务劳动。当时在奈良盆地的铁道，如大阪铁道、奈良铁道等国有化了，由关西本线、樱井线、和歌山线形成了环状路线，即由奈良向西南延伸至大阪王寺、凑町的关西本线，由王寺向南至高田并向东延伸至樱井的和歌山线，以及由樱井向北延伸至奈良的樱井线。大阪地区的信众一般从大阪凑町搭乘火车经奈良抵达丹波市站（今天理站），特快列车所需时间为 101 分钟，普通列车需耗时 150—160 分钟。不少信众为节省旅费，不再绕行奈良，而是在法隆寺站下车，然后徒步前往天理教本部。法隆寺至天理教本部东西直线距离为 8 千米左右。为此有识之士呼吁在法隆寺至天理教本部间敷设一条轻便铁路，在向政府递交的敷设铁路意见书中指出，近年来天理教有了显著发展，拥有 540 多万信徒，每年去天理教本部参拜的信徒超过 50 万人，应该在法隆寺与天理教本部所在地三岛町敷设一条直线铁路，比绕行奈良缩短 8 英里。1912 年 1 月 4 日，铁道院批准在法隆寺与三岛町间修建轻便铁道。1912 年 11 月 27 日，天理轻便铁道株式会社成立。1915 年 2 月 7 日，天理轻便铁道开始运营，营业里程为 9 千米，窄轨（0.722 米），设新法隆寺、额田部、二阶堂、前栽和天理五个车站。1916 年 3 月 6 日，又在新法隆寺、额田部间增设了安堵站，换乘站为邻近关西本线法隆寺站的新法隆寺站。开业之初列车运行时间为 7 时至 21 时，每日开行往返列车 15 列，基本上每小时开行 1 列。天理轻便铁道会社拥有蒸汽机车 3 辆，客车 10 辆，每辆客车定员 42 人。另有有盖货车 2 辆，无盖货车 5 辆。客运列车一般由 2 节车厢连接，每逢天理教庆典或举行重大活动会加挂车厢，列车平均速度 17 千米，全程运行时间 34 分钟，每日单程输送力为 3 150 人，是一条以旅客输送为中心的铁路。1915 年输送乘客超过 12 万人，1920 年达到了 40 万人。天理轻便铁道对天理教信众而言，拥有比国铁更短的路线，在换乘次数、换乘时间以及票价上都具有优势，如国铁每英里票价为 1.68 钱，天理轻便铁道每英里票价为 2.73 钱，表面上似乎比国铁高出不少，但天理轻便铁道呈直线，距离短，所以总票价反而比国铁低，所以不仅天理教信众乘坐该线路列车，沿线居民搭乘该线路列车出行的也不少。但是天理轻便铁道沿线缺乏能够获得稳定客源的大型市区和村落。1915 年，沿线居民超过 1 万人的仅有丹波市町，其次是超过 8 000 人的二阶堂村和超过 4 000 人的安堵村，法隆寺一带的龙田町、法隆寺村、富郷村总人口仅为 7 600 人，这对铁路运营是不利的，运营期间并未带来沿线居民数量的增长。1915 年乘客人数最多的车站是天理站，年间乘客 42 000 人，其次是二阶堂站，有乘客 35 000 人，新法隆寺站有乘客 28 000 人，这 3 个车站是天理轻便铁道的主要车站。1919 年，上述 3 个车站的乘客规模达到了 4 万—7 万人。但是同一时期的国铁法隆寺站乘客数为 29 万人左右，丹波市站乘客数为 37 万人，天理轻便铁道的旅客规模以及发展变化无法与国铁相提并论。随着第一次世界大战带来的战时经济繁荣的消退，天理轻便铁道运营状况趋于恶化。1920 年 10 月，天理轻便铁道被大阪电气轨道会社（以后的近畿铁道会社）收买并对线路进行升级改造，拓宽为标准轨距，实施电气化，其中的平端至天理的线路成为近畿铁道天理线。① 关

---

① 角克明：《旅客輸送からみた天理軽便鉄道》，《総合教育研究センター紀要（13）》，2014 年。

西地区为输送信众前往寺院神社参拜的带有宗教色彩的铁道，不仅有天理轻便铁道，还有 1895 年开业的连接伊势神宫的参宫铁道（现 JR 参宫线）、1898 年开业的连接高野山与大阪的高野铁道（今南海铁道高野线）等。

图 9-1　高中生在天理站前演奏雅乐

　　由于日本人经常搭乘火车出行，对列车运行时间和车票价格异常敏感。地方政府也非常注意为居民提供快捷、便利和低廉的轨道交通。日本著名作家芥川龙之介（1892—1927 年）从东京大学毕业后，在位于横须贺的海军机关学校谋得一个临时教官的差使，讲授英语，但工资不高。芥川经常搭乘火车来往于横须贺至镰仓一带，当时芥川租住在镰仓和田塚站附近。和田塚站系江之岛电铁线路上的车站，距镰仓站不到 1 千米，可在镰仓站换乘 JR 东日本铁道公司所辖横须贺线列车。1916 年 12 月 5日，即芥川就任临时教官的第 5 天，在致友人的信中写道：“我的住所就在和田塚电车站附近，可以沿着电车轨道走到和田塚。以后路线如图

所示（轨道边立着禁止通行的牌子，但走无妨）。"芥川还随信绘制了
一幅住家及附近铁道线路示意图。1917 年 12 月 26 日，芥川又在致友人
的信中写道："学校二十号放寒假，我现已回到田端（田端位于东京北
面，有田端火车站，JR 京滨东北线和山手线在此交汇——笔者注）舍下。
若找到出租房间，伏望赐知。只要租到房间，自一月起，即移居镰仓。
因家计困窘，房租只能支付十五元。此外，本人好睡懒觉，故租房离车
站近些为宜。""东京特别是田端寒冷异常，令人悲观。"①1924 年，芥
川龙之介创作小说《十元纸币》，塑造了一个名叫堀川保吉的年轻教官。
"一个阴沉的初夏早晨，堀川保吉无精打采地上了车站月台。他无精打采
倒也不是为了什么大不了的事，只是裤兜底只剩下六毛多钱让他不高兴。"
堀川保吉总是缺钱用，一个月的薪水只有 60 块钱，虽说另外写小说能挣
点外快，但是即使在《中央公论》上发表，稿费也没超过 9 毛钱。保吉
要交房租，一顿饭花 5 毛钱，而且至少一个星期要去东京一趟，还要抽
烟和买书。"受这种欲望所驱使，他经常要预支稿费，或是靠父母兄弟
照应。"要是钱还不够花的话，他只能去当铺。现在保吉口袋里只有六
毛多钱，距离发工资还要等待两周。可是他迫不及待地盼望着要去东京
的日子就是明天。保吉为了解愁，想抽上一支烟，可手往兜里一伸，凑
巧一支也没有。因为只有六毛钱，连买一盒香烟也买不起。"也许是石
头也许是泥土形成的灰色断崖，高高地耸向阴霾的天空。断崖的最高处
看不清是草还是树，隐约看上去一片灰蒙蒙的绿色。保吉一个人在断崖
下无精打采地往前走着。在火车上摇晃了半个钟头，然后又不得不在满
是沙土的路上走差不多半个钟头，对保吉来说可以说是永久的痛苦。"

---

① 《芥川龙之介书简》：《大正五年》，郑民钦译，《大正六年》，侯为译，
《芥川龙之介全集》第 5 卷，山东文艺出版社，2012 年，第 107—第 108
页，第 154 页。

到了学校以后。一个五十多岁、名叫栗野廉太郎的教官突然表示愿意借给他十元纸币，还假惺惺地说："这实在太少了，就拿着买张去东京的车票吧。"保吉对道貌岸然、一本正经的栗野从心底里看不起。面对栗野递来的十元纸币，保吉感到非常狼狈。"他曾经不止一次空想过朝洛克菲勒借钱，可是从来不记得自己做过朝栗野借钱的梦。"但是保吉又不敢拒绝，担心伤了栗野的面子。所以怀里揣着借来的十元纸币成了保吉的一块心病，下决心一定要尽快归还。保吉坐在昏暗的列车车厢角落里，等着发车汽笛声，"这时他比早晨更痛切地想着混在六毛多零钱里的那张十块钱纸币"，"这时火车开动了。不知什么时候开始，阴天已经变成雨天了。雨中有几艘军舰在微微发蓝的海上若隐若现。保吉这时感到一阵轻松，他庆幸车厢里只有两三个人，于是伸长了身体仰面躺在了坐椅上。忽然他想起了设在本乡的一家杂志社。这家杂志个把月前来了一封长信，约他写稿子。但是保吉讨厌这家杂志社出版的杂志，也看不起这份杂志，到现在他还没回信。把自己的作品卖给那种杂志和把自己的女儿卖给妓院没有什么区别。可是如今也许能预支稿费的杂志也只有这一家了"。保吉看着火车穿过一个个隧道时车灯的明暗，想象着预支点钱能给自己带来怎样的快乐。这列火车是下午 2 时 30 分开往东京的快车，只要不下车就可以直达东京。只要有 50 块或 30 块钱的话，就可以跟好友一起去吃顿晚餐，还能够去听一场音乐会。"万一预支不到钱怎么办呢？""保吉突然发起抖来，他从坐椅上起了身。火车又在过隧道，机车好像喘不过气来似的喷着浓烟、喷着浓烟——风雨交加中穿行在绿色芒草摇曳的山峡……。"①显然小说主人公堀川保吉的生活就是芥川本人生活的实际写照。不到 3 年，芥川就辞去了无聊的海军机关学

---

① 芥川龙之介：《十元纸币》，宋再新译，《芥川龙之介全集》第 2 卷，山东文艺出版社，2012 年，第 464—第 473 页。

校的教职，进入大阪每日新闻社工作。

芥川龙之介原姓新原，出生仅 8 个月母亲就精神失常，10 岁时母亲去世，被舅舅收为养子，改姓芥川。长期寄人篱下的生活造成了芥川压抑、敏感、忧郁和悲凉的性格，始终对未来充满"恍惚不安"的感觉。家计穷困，疲于奔命，芥川在《假如我有来生》一文中说："倘若我能原封不动地带着自己今生的个性转生，首先还是要转生为人。不过要生得再聪明些，再壮实些，再男子汉一些。且要尽量转生在有钱人家，可以一辈子不为糊口而疲于奔命。"由于姐姐家失火，债务缠身，姐夫卧轨自杀，成为压垮芥川的最后一根稻草。芥川在遗作《一个傻瓜的一生》中写道："姐夫的自杀一下子把他打垮。今后他必须照顾姐姐一家人。他的未来至少也如黄昏一样暗淡。他感觉到类似对精神破产的冷笑。"在《给我的儿子们》一文中说："当你们在自己的人生战斗中失败的时候，那就学习你们的父亲自杀吧。但要像你们的父亲那样，避免祸及他人。"芥川留下遗嘱："千万不要想方设法救活我。"自杀身亡时芥川年仅 35 岁。芥川在生命的最后时刻所浮现出来的场景之一，就是老师夏目漱石于 1916 年 12 月 9 日去世时，他搭乘火车去奔丧的场景："他在雨后的风中走在一个新的停车场站台上。天空仍然昏暗。三四个铁路工人在站台对面一起挥动铁镐，高声唱着什么。雨后的风把他们的歌声和感情吹得四分五裂。他把香烟叼在嘴里，却没有点火，感觉到一种近乎愉悦的痛苦。口袋里还塞着'先生病危'的电报……这时，一列早晨六点上行的火车从长满松树的山包背后拖着淡淡的白烟扭曲式地朝这边驶来。"芥川小说的中文译介最早见之于鲁迅、周作人编选的《现代日本小说集》（商务印书馆，1923 年）。芥川的名作《罗生门》就是由鲁迅最早翻译成中文的，鲁迅创作上明显受到了芥川文体的影响，芥川也是为数不多的在中国翻译出版了全集的日本作家。①

　　在一般人心目中，芥川似乎是一个宅男，身体瘦弱，弱不禁风，其实不然。芥川特别喜欢搭乘火车旅行，在旅途中逐渐消减对未来的"恍惚不安"。1921 年 12 月，芥川在撰写年终小结时曾说："今年时时外出旅行，生活忙碌，身体也不好。"1921 年 3 月，芥川作为大阪每日新闻社特派员前往中国旅行考察，从东京乘坐火车抵达大阪，然后再从大阪到九州，从门司港乘船抵达上海。在上海期间拜会了章太炎等人。然后下江南，溯长江，登庐山，经武汉，游洞庭湖，从长沙北上，直达北京参观游览，并拜会辜鸿铭、胡适等人，后取道朝鲜回国，历时 4 个多月。②回国后撰写了著名的《中国游记》。芥川留下了不少描写铁道的文字。1912 年 8 月 16 日，芥川在火车上向朋友寄送的明信片上写下这样的诗句："卖药郎如豚嗜酒，醉眠火车日昏黄。""落日金晖思未尽，头倚车窗听月琴。""日暮草原生悲色，风铃草梦满银辉。"芥川在《田端日记》中记述了某天搭乘火车外出的情形："二十八日。天气凉爽，这种天气若不出门，还有什么日子可以出去？八点钟离家。在动坂乘电车，于上野换车，顺路去琳琅阁，一些古书只问了问价钱……打算去南町，在三丁目上了电车。可是，上了电车，又改变主意，这回在须田町换车，去了丸善书店……在丸善逗留了一个小时。""乘上外壕线，顺便翻开刚买的书……读得津津有味。本该在饭田桥换车，没留神，竟坐过站。到了新见附。虽然这么解释，售票员挺恼火，下了车，乘上去往

---

① 《芥川龙之介全集》前言、重印序：高慧勤、魏大海，载《芥川龙之介全集》第 1 卷，山东文艺出版社，2012 年；芥川龙之介：《假如我有来生》，侯为译，《芥川龙之介全集》第 4 卷，山东文艺出版社，2012 年，第 670 页；芥川龙之介：《一个傻瓜的一生》，郑民钦译，《芥川龙之介全集》第 4 卷，山东文艺出版社，2012 年，第 783 页。

② 《芥川龙之介年谱》，艾莲编译，《芥川龙之介全集》第 5 卷，山东文艺出版社，2012 年，第 694 页。

万世桥方向的车，七点过，总算顺利到达南町。在南町吃的晚饭，同久米猜了会儿谜语，就到了九点。回去时，是从矢来町坐到终点站江户川桥。"①在《东北·北海道·新潟》一文中，芥川描述了搭乘火车长途旅行的感受："上野——乘坐东海道线倒没有什么。但是要乘坐东北本线的火车，则不知为什么，常常使我变成一个没有骨气的感伤的人。唯一的原因便是，当我刚告别位于田端的我家不久，火车又一次打从田端通过。这也许是人人会有的一种情感吧。""盛冈——火车月台上挤满一群身穿咔叽布衣服的外地青年。外面正下着倾盆大雨。我们两人之间的谈话可以互相听到。而那些青年在说什么，却已听不清楚。一种莫名的旅愁别恨……。"在羽越线的火车上芥川作诗一首："游子情悲凉，何日心可安？绿篱棣棠花，宜缀斗笠上。"又写："在信越线的火车中——一个看来是新潟艺妓的女人，独自一人在电灯光下吸着香烟。她有一张蛋形的圆脸。上野——比金甲虫还多的出租汽车，不知不觉又把我从空想中拉回到现实里来。"②

芥川龙之介在《中国游记》中描写了在中国搭乘火车的感受，严厉批评自己身上狭隘的民族主义意识。他从上海登上开往杭州的火车后，"乘务员就来检票。他穿着一身橄榄绿的西服，头戴一顶镶着金边的黑色大盖帽。与日本的乘务员相比，总觉得行动有点不利索。之所以这么想，显然又是我等的偏见在作祟。竟然对于列车员的风采，也动辄使用自己固有的尺度。我们认为，倘若是英国人，就必须具有非同寻常的风貌，才不愧为一个绅士；而盎格鲁·萨姆（美国绅士）则必须有钱。日本人又如何呢？既然是在写游记，那就少不了要为旅途而感伤落泪，或为风

---

① 芥川龙之介：《田端日记》，艾莲译，《芥川龙之介全集》第3卷，山东文艺出版社，2012年，第742—第743页。

② 芥川龙之介：《东北·北海道·新潟》，陈生保译，《芥川龙之介全集》第3卷，山东文艺出版社，2012年，第735—第737页。

景之美而着迷。不装出一副游子面孔，也就不能算是绅士。其实在任何场合，我们都不该受此种偏见的束缚"。芥川描写了车厢服务："车厢分成一个个的小房间，每个房间八个人。不过我们的乘车室里，除了我俩没有别人。车室正中的桌子上，摆放着茶壶和茶碗。时有身着蓝布衫的乘务员给车室送来热毛巾。这火车，乘坐的感觉并不太坏。"芥川入迷地观赏沿途风景，"火车的窗外，始终是长着油菜和紫云英的田野。其间时时出现牧羊或是小作坊"。火车过了嘉兴以后，"偶尔向车窗外望去，只见临水的一家家民居之间，架着一座高高拱起的石桥。两岸的粉墙，似乎在水中留下了清晰的倒影。此外，尚有两三只南派中国画中时而可见的船只系在水边。当我透过新芽初露的柳枝看到上述景色的时候，我才觉得看到了典型的中国风景"。在搭乘京汉铁路卧铺列车时，芥川说乘务员对车厢门上了锁。①

芥川在海军机关学校工作期间曾去奈良出差，但是否乘坐过天理轻便铁道列车不得而知。不过，芥川对轻便铁道有浓厚兴趣，其创作的短篇小说《斗车》开篇就写道："在小田原与热海之间开工铺设小火车铁道，说来还是在良平八岁那年。"《斗车》反映了豆相人车铁道改建为轻便铁道的过程。热海是温泉旅游胜地，当时有 30 家温泉旅馆，达官贵人和文人墨客喜欢在热海度假。1895 年敷设了豆相人车铁道，长 25.6 千米，轨距 0.610 米，连接热海町与小田原町，每日发往返列车 6 次，6 节车厢编组，每节车厢平均载客 6 人，途中设 6 个车站，全程运行时间 4 小时。1908 年 8 月改建为轨距 0.762 米的轻便铁道，与天理轻便铁道轨距相同，全程运行时间缩短为 3 小时。现热海站前矗立着已停止运行的小蒸汽机车，纪念这段不平凡的铁道建设史。《斗车》塑造了一个痴迷

---

① 芥川龙之介：《中国游记》，陈生保译，《芥川龙之介全集》第 3 卷，山东文艺出版社，2012 年，第 624—第 625 页，第 711 页。

轨道的名叫良平的少年。由于地形崎岖，铁路公司利用斗车来搬运建筑材料。良平每天都到村头来看工程进展。"在装好了泥土的斗车上站着两个土方工人。因为斗车是顺着山坡往下滑行的，所以，不用人力来推，它也会自动飞奔起来。斗车晃动着底座朝前奔驰，车上工人那号衣的下摆随风飘曳，而狭长的路轨则曲曲弯弯，逶迤向前。"良平觉得土方工人特别帅，特别酷，"真的好想当一名土方小工。他还巴望着与土方工人一起坐坐那斗车，哪怕一次也行"。斗车一来到村头平地上，自然就停了下来。工人们飞身跳下斗车，很快将车上的泥土全部倾倒在路轨尽头处，"然后又推着斗车沿着来路开始向上爬行。这时良平会禁不住想，就算是坐不了斗车，但只要能用手推推它，也就心满意足了"。良平很快梦想成真，有一次土方工人邀请良平与他们一起推斗车，推到坡顶后，轨道又突然变成了下坡路。于是良平与两个工人一起跳上斗车。斗车在轨道上一溜烟似的滑行开来。良平听任自己的外衣鼓满风儿并悟出一个道理："来的时候推得越多，回去时坐得也就越久。"成绩与辛勤付出成正比。若干年后，良平与妻子一起来到东京工作，他总是不由自主地想起小时候坐斗车的情形："在因尘世的劳作而精疲力竭的他面前，就像当年那样，此刻也同样断断续续地延伸着一条细长的道路，路上还有着幽暗的竹林和山坡……"①

　　由于经常搭乘火车出行，芥川常常从作为近代文明的铁道联想到人生和社会问题。他在《由机车所想到的》一文中说：我的孩子们喜欢模仿汽车，那么为何要模仿机车呢？"不言而喻，那是因为感觉到机车蕴含着某种威力。或者，孩子们自身也想拥有机车那样旺盛的生命力。其实并非仅仅是孩子们拥有这种要求，大人也同样。"机车奔驰在轨道上：

---

　　① 芥川龙之介：《斗车》，杨伟译，《芥川龙之介全集》第 2 卷，山东文艺
　　出版社，2012 年，第 185—第 190 页。

"这条轨道，或者是金钱，或者是名誉，或者是女人。不论孩子、大人，都有冲入自由的欲望，又在拥有这种欲望同时，浑然不觉地失去自由。""我们具有到达任何地方的欲望，同时又要遵循轨道，这种矛盾无法巧妙地逃避。我们的悲剧恰恰发生在这里。"我们只是盲目地前进，盲目地停止，"所以只能导致颠覆的结局"。"无论怎样千差万别，我们都与机车无异。""某个时代、某个国家的社会和我们的先人，究竟给予那些机车多大程度的制约呢？我在感觉到制约的同时，也不可能不感觉到发动机、煤炭和熊熊燃烧的火焰。我们不是我们自身，实际上我们终究还是像机车一样，重复着漫长的历史走到今天。我们是由无数的活塞和齿轮组装而成的。而且，正如令我们飞速前进的轨道不了解机车一样，我们也不了解自己。这条轨道或许是通过隧道和铁桥的。所有的解放都因这条轨道而被绝对地禁止。""我们都是机车，我们的工作除了喷涂烟雾和火星之外没有别的。在土堤下行走的人们也根据这种烟雾和火星知道机车在行进，或者提前知道远处有飞奔的机车。"所有的机车都会沿着轨道必然到达某个地方，"更快"——这是人们所要做的全部事情。①这篇文章写于 1927 年 7 月，当月 24 日芥川龙之介自杀身亡，这是他留给世人的最后文字之一，令人唏嘘不已。

---

① 芥川龙之介：《由机车所想到的》，周昌辉译，《芥川龙之介全集》第 3
卷，山东文艺出版社，2012 年，第 137—第 139 页。

十、铁道空间内的靓丽风景线——日本的制服与制服文化

    与中国铁路不同，日本铁路是学生上学的主要交通工具。早上许多中小学生乘坐火车到学校上学，下午三四点钟学生乘坐火车回家，穿着漂亮校服成群结队的学生绝对是列车和车站内一道靓丽的风景线。日本中小学校还经常举行修学旅行，学生们身着本校校服，搭乘火车集体出游。家长一般不陪同孩子上下学，因为学生从四面八方汇集车站，一旦被其他同学发现有家长陪同，孩子会觉得很尴尬。

    日本铁路定期乘客数量（购买月票的乘客）占比较大，2013 年 JR 铁道定期乘客约占 62%，其他铁道定期乘客约占 55%。定期乘客中包含了相当数量的学生，如：东武铁道越生线定期乘客占 77.4%，其中通学乘客占 54.2%；名古屋铁道丰川线定期乘客占 71.6%，其中通学乘客占 36.1%；近畿铁道大阪·京都·奈良线定期乘客占 57.8%，其中通学乘客占 19.9%。南海电气铁道高野线定期乘客占 62.9%，其中通学乘客占 18% 等。学生购买通学月票享有优惠，比上班族的通勤月票便宜三至五成，有些线路的优惠更大。

图 10-1　春日制服的风景
（引自难波知子《裙裾之美：日本女生制服史》）

以描写校园生活著称的日本新锐推理作家青崎有吾在《煞风景的早间首班车》中描写了主人公"我"，在首班列车上与同班女同学相遇的故事。"站台上朝气满满。朝气是强势的，只要被那柔和的光照射，无论多么无聊的景色也会变得静谧、平和、令人舒畅，横枪线·鹬谷站这里也不例外，从脏兮兮的椅子到生锈的自动售货机，从悬挂防盗摄像头的立柱到漏雨严重的铁皮房顶，一切都被朝气所吞噬。气温尚未回升，虽已到五月中旬却还是冷嗖嗖的，站台上空无一人。初升的阳光与地平线呈锐角照射进来，盲道地砖被映得熠熠生辉。隐约能听到远处传来的麻雀叫声和不知哪条路上的车辆行驶声。这是个美丽的清晨，美得让人想举起照相机四处取景。是个貌似会出现在广播体操歌曲中的、充满希望的清晨。"如此美好的清晨，主人公"我"却困得不得了。"我从站台尽头的楼梯下来，晃荡着书包走进站。来到一号线这边刚好正对车门的位置等待。"叮铃叮铃，叮铃叮铃，列车即将进站，自动语音播报打破了寂静。一列灰蓝色八节车厢编组列车驶近，一号车厢率先滑进站台，七号车厢停在"我"面前。车门开启，"我"走进车厢。车厢空荡荡的，出乎意料的是竟然有一位乘客。"那是个女生。右偏分黑长发，书包放在身边,她既没有刷手机也没有看书,把手放在膝头一动不动地坐着。"女生穿着制服,"就是我所在高中的。"于是主人公与女生在车上聊了起来。女生以为主人公这么早坐头班车,可能晚上在外面通宵玩乐,要求查看一下主人公的衣领内侧。主人公询问为什么?女生说:"这个季节要是一直穿同一件衬衫,衣领肯定会有汗渍。如果衣领不脏说明昨天回家换了干净衣服。"主人公说:"你觉得我是昨晚一夜未归,正要回家吗?"女生回答:"看到首班车上有穿校服的高中生,肯定先要怀疑这一点啊。"主人公反问道:"你不也是首班车上穿校服的高中生吗?"女生掀起头发,让主人公检查衣领,衣领"雪白又干净"。[①]

在日期间,笔者发现上班高峰期间,搭乘列车的通勤族都穿得很正式,男子一般都身穿西服,颜色以黑色或者深灰色为主,女性则穿深色裙装,很少看见身着休闲装的。在此聊一聊日本的制服与制服文化。

日本是一个非常讲究仪式感的国家,其表现之一就是无处不在的制服文化。公共场合人们一般都穿着得体,从业人员普遍穿制服,以显示本团体成员与他者的区别。有一年7月我在京都,天气炎热,早上气温就飙升到37摄氏度。当我穿着短衣短裤在路上闲逛的时候,却发现不少上班族身着长衣长裤的西服,在炎热的夏天,把自己裹得严严实实走向公司。尽管西服不全是正式的制服,但可以称之为准制服。中国人印象最深刻的就是日本学生穿的漂亮校服,即学生制服。在日本的校园里,教职员工一般穿西服,中小学生和幼儿园孩子则穿统一的制服,形成了一种根深蒂固的制服文化。有日本学者将制服与茶道、花道、空手道、浮世绘、歌舞伎和漫画等一并列为日本文化不可或缺的元素。我在日访学期间,无论是办理各种手续、借还书,还是会见日本学者,一般也穿

---

① 青崎有吾:《煞风景的早间首班车》,郑晓蕾译,新星出版社,2021年,第1—第6页。

得比较正式，担心穿着随意被人误会。长期浸染在制服文化中的日本学者来中国参加学术会议或与朋友一起聚餐、聚会，往往是西装革履，而国内学者或朋友一般随意穿着，双方刚碰面时可能都会稍许尴尬。其实对日本人而言，西服就是工作服。在日本西服价格比较便宜，一般也就一万多日元，折合人民币六七百元，所以许多日本人没有干洗西服的习惯，西服穿的时间长了，要么扔掉，要么低价卖给旧服装店。

什么叫制服？所谓制服就是某集团规定的本集团成员统一穿着的服装，如警服就是警察的制服，军服就是军人的制服，校服就是学生的制服。"制服"一词起源较早。奈良时代（710—794 年）日本决策者模仿唐代的服饰制度，制定了《衣服令》。公元 833 年，根据淳和天皇的敕令，日本编撰了律令的解说书《令义解》，对礼服、朝服和制服做了规定。皇室成员和重臣身着礼服参加朝廷仪式，一般官员处理公务时身着朝服，没有官位的平民百姓进入朝廷或从事公务活动则身穿制服。进入江户时代（1603—1868 年），德川幕府把全体国民分为士、农、工、商四个等级，身份等级制既是统治秩序，也是职业体系。士、农、工、商各有归本阶级支配的社会资源，不得越界，自然在衣食住行方面各有不同。德川幕府颁布《武家诸法度》和《禁中并公家诸法度》，规定"不可扰乱服装等级之事"，对公家（朝廷）和武士的服饰穿着做了明确规定，武士的工作服叫"羽织袴"，样式类似于今天敞胸露怀的长风衣（又称"平服"）。武士参加重要典礼仪式时穿一种含有"肩衣"和"袴"的套装，叫作"裃"，因为下摆拖着"长袴"，所以行动起来很不方便，这主要是为了表示没有谋反之意。武士佩刀，而朝廷官员不带刀。各级武士的服装颜色和质地不同。武士以外的医师、茶人、绘师、儒者等，均为僧人打扮，穿"僧衣"。因为除了公家、武家以外，还有"僧侣"

这种官位，他们有别于真正的僧侣，是佩刀的。①前几年日本出版了一本名叫《一个单身赴任下级武士的江户食日记》，记录了和歌山藩下级武士酒井伴四郎在江户的工作和生活情况。酒井伴四郎的工作是负责主公（和歌山藩大名）的服饰穿着。在江户时代，不论是朝廷官员，还是武士乃至神职人员，服饰穿着都是一件严肃的事情，在公共场合和私宅都要穿适合自己身份的服饰，根据时间和地点的不同，有许多琐碎的服饰礼仪规矩。为此各藩都设有通晓衣纹道礼法的职位，担任该职位的人被称为"衣纹方"，酒井家代代都是"衣纹方"。酒井的工作内容就是把各种服装的穿法及装束的礼仪向主公的扈从们传授，并对主公及其扈从在各种典礼中的服饰穿着提供咨询，避免失礼或出丑。

日本开国后，洋服逐渐流行。1871 年夏天，明治政府专门就服饰改革举行会议。改革派认为服饰是礼仪的根本，服饰改革是移风易俗的大事，与和服相比，洋服轻便，用料省，合乎潮流，利于活动，建议采用洋服作为礼服和制服。改革派还用中国战国时代赵武灵王"胡服骑射"的故事驳斥守旧派的观点，效仿赵武灵王"着胡服以制胡"。1871 年 12 月，明治政府向美国和欧洲国家派出了以外务卿岩仓具视为特命全权大使的使节团，合计 59 人。另有一些留学生随行。先后访问了美国、法国、比利时、荷兰、德国、俄罗斯、丹麦、瑞典、意大利、英国、奥地利、瑞士等 11 个国家。岩仓使节团出访欧美期间，其传统装束曾引发不愉快和误解。如使节团滞留美国期间，其和服外袍、和服裙裤搭配皮鞋的装束曾引起美国公众侧目，被讥讽为"身着女性似的绸缎衣服"。为此使节团决定摒弃在西方人眼中的"奇装异服"——和服，而是身着西装，"暗沉的面容十分严肃，令人肃然起敬"。岩仓具视尤其注意细节，尽量

---

① 善养寺进：《江户一日》，袁秀敏译，北京联合出版公司，2018 年，第 71—第 73 页。

不要随身携带酱油、拖鞋、和服和咸菜。

1872 年 11 月 12 日，明治政府发布通告，决定采用洋服，这一天也被定为"洋服纪念日"。1870 年代，军队首先采用洋服作为制服。1879 年学习院采用了海军士官型的立领装作为制服。女子学校直到大正时代（1912—1926 年）才采用统一的制服，在此以前仅仅是对女生的着装提出一些要求，包括服装质地、款式、束带长度以及袜子、鞋子、书包、雨伞、披肩、手套的颜色、质地等。福冈女学校（以后改称福冈女学院）在 1921 年率先采用水手服作为制服。该校系 1885 年由基督教教会创办的私立学校，第 9 任校长伊丽莎白·李为采用何种款式的制服，反复比较，十分纠结，最后在自己拥有的一件水手服上找到了灵感，经修改后推出大受欢迎。由此，男生的立领装和女生的水手服与连衣裙就成为日本校服的典型款式。1920 年代后半期，日本从中小学到大学基本上普及了校服。同时，不少女性走出家门，成为职业女性，女性着装逐渐从和服转变为制服（职业裙装）。第二次世界大战期间，日本面临物资匮乏的局面，新生常常身着毕业生留下的旧校服。以后男生又统一身穿卡其色的质地很差的"国民服"，废止女生穿裙子。二战后随着日本经济的高速发展，特别是化纤工业的发展，一度难以为继的校服在中小学逐渐恢复，且款式新颖、时尚。1950 年代前期，通产省召开了促进以合成纤维制作校服的会议，通产省和文部省联合向各地区零售商、批发商及学校推介合成纤维校服。化纤工业积极响应政府号召，向中小学推介化纤面料制作校服。1959 年成立了"学生服会"。据调查，1967 年京都市 86% 的初级中学采用了制服。1967 年，以宫城县公立初级中学为调查对象，采用制服的高达 99%。1980 年，在东京 271 所公立初级中学中有 259 所，即 96% 采用制服。高级中学采用制服的比例也在上升，并强化对高中生穿制服的检查。

二战后制服款式趋于多样化。经调查，2017 年公立初级中学男生制服采用立领装款式的为 76.6%，其他款式的为 23.4%，女生制服采用水手服款式的为 54.6%，其他款式的为 45.4%。采用制服的行业和单位越来越多。2016 年，福冈女子大学等对 400 家企业进行调查，发现：采用制服的企业占比为 55.3%；从行业来讲，食品业采用制服的单位最多，达到 91.3%；从职业种类来讲，在制造业岗位上身着制服的最多，达到 60%。不少时尚杂志用了相当篇幅介绍制服的款式和剪裁、制作等。

日本人从幼儿园起就穿制服，在成人以前穿制服的时间长达十多年，如果工作以后仍然穿制服，意味着制服与其相伴一生（退休前），这就形成了浓厚的制服情结。报纸杂志经常刊载读者撰写的关于身穿制服感受的文章，如收到新制服的喜悦，告别制服的失落和伤感。尤其是高中生，身着校服参加毕业典礼，依依不舍，因为从明天开始就不能穿校服了，有些人潸然泪下。有毕业生回忆说："告别学堂不过几天，任何一件事情都可以使我联想到曾经朝夕相伴的母校。每当看到上学的妹妹，眼前就会浮现出校服或袴的模样，撩人心扉。乘坐电车时，每每看到女学生便又想上学了。总是忍不住潸然泪下。既然有'思乡'，那我应该是'思校'。在巢鸭至小石川柳町的电车中，一个、两个……越来越多穿着黑色纹服与紫色袴的学生站满了车厢。回首几年前自己的身影，不禁露出一丝眷恋的微笑。多么幸福的人儿啊，睡在柔软的卷叶上，安然地做着美梦。这些孩子多么令人羡慕呀！想到离开学校不过八年的自己早已面目全非，心中油然升起一股寂寥之情。"①

---

① 难波知子：《裙裾之美：日本女生制服史》，王柏静译，新星出版社，2015年，第 232—第 233 页。

图 10-2　身着制服的职业女性　　　图 10-3　身着制服的日本铁道员工
（引自《朝日新闻》）　　　　　　（引自《旅と鉄道编集部》编辑的
　　　　　　　　　　　　　　　　　《铁道制服图鑑—制服鉄の世界》）

那么，制服在规范日本人的行为方面发挥了怎样的作用？日本的公共机关、企业和学校为何热衷于采用制服？

第一，增强了规则意识。日本中小学校校规中的重要内容就是关于校服着装的规定。有群马县某女子高中毕业生回顾检查着装的情况："着装检查每周进行一次，时间是固定的，无论是狂风呼啸，还是大雪纷飞，我们都必须在校内排队，接受检查；上衣只能到腰骨、裙子只可有十六条褶皱、头发不得长过水手服衣领等。"① 校服不仅包括上衣和裤子（裙子），还包括袜子、皮鞋、书包、校徽等，有一套穿着规范和礼仪。有些学生没有遵循着装规定而被处分。2008 年，某大学曾经对 70 名在校生进行了关于在中学期间是否存在违反校服着装规定的调查，结果有 40

---

① 难波知子：《裙裾之美：日本女生制服史》，王柏静译，新星出版社，2015年，第 368 页。

名学生曾经违反了校服着装规定，如在穿校服期间烫、染头发，女生故意缩短裙子长度等。在长期穿着校服的过程中，学生逐渐养成了规则意识。不少学生回家后将校服叠放得整整齐齐，以便第二天穿着干净、平整的校服上学。

第二，培养了集体主义和团队精神。身穿制服就意味着是某集团的一员，一举一动关乎集团的荣誉。有的学生身穿校服就不敢去酒吧或游戏场所，担心被人发现，从而使学校蒙羞。学校和单位之所以热衷于采用制服，也是为了培养团队精神，加强组织纪律性，即通过制服把本团体成员与他者区别开来，所以在某种程度上，制服就是管理。

第三，增强了荣誉感。对日本人而言，一旦身着名牌企业的制服，就意味着有一份令人欣慕的工作，有丰厚的收入。而在高中入学率低的年代，一旦身着高中校服，或者身着著名高中的校服，也是令父母和亲戚倍感自豪的。"重点学校的制服，与其说是强制，不如说带有一点炫耀的意味。随着服务业的发展，制服从原来营造群体整体感、同事意识的服装，转变为让他人或客人产生好感和信赖的服饰。制服的性质由对内转变为对外。"[①]

第四，有利于提高工作效率和审美意识。经调查，与身着便服相比较，身着制服的员工在工作中效率更高，注意力更加集中，差错少。制服又是单位和学校的名片，体现了单位和学校的品位，款式新颖、时尚的制服对于招工、招生起到非常大的作用。因此单位和学校在确定或更新制服时往往要听取各方面意见，尤其是员工或学生的意见。当然对制服款式、颜色、质地等会有不同意见，如女生希望将裙子长度确定在膝盖10厘米以上，而校方和家长则有不同意见，不过最后仍以学生意见为

---

① 白幡洋三郎：《日本文化 99 元素》，蔡敦达译，华东理工大学出版社，2019 年，第 80 页。

主。因为违背学生意愿，学生会对穿制服产生抵触心理。二战后制服款式特别是学校制服款式在强调统一性、规范性的同时，也注意彰显个性化、多样化和时尚化。一旦新制服受到欢迎，商家往往会稍加修改后推向社会销售，获利不菲。2002 年，日本社会开始流行"仿制服"，所谓"仿制服"就是仿造学校制服款式的流行服装，以前被视为"管理象征"的制服观念逐渐转变为"展示自我的时尚"，而且社会上出现了将制服与市场上的服装以及其他学校的制服混搭在一起的穿着行为。[①]1981 年日本上演了一部电影《水手服与机关枪》，讲述了女高中生星泉阴差阳错成为某黑帮团体第四代头目的故事。面对无良政客和警察勾结其他黑帮组织谋害本帮派成员，破坏本帮派转型从事合法经营活动的行为，星泉忍无可忍，率领部下，拿起机关枪进行报复。影片上映后大获成功，多次获奖。2006 年，日本又将其翻拍为 7 集电视连续剧。2016 年，再次翻拍。该影视片中身穿蓝白两种水手服的美少女以及举起机关枪与黑帮厮杀的画面极具视觉冲击力。

第五，有利于节约和推动经济发展。日本正在积极建设循环型经济社会，高效利用资源，而质地、款式相同的制服有利于回收再利用，庞大的制服需求也有利于日本棉纺制业、合成纤维工业以及服饰业的发展，形成了巨大的产业链。2017 年，学校制服产值为 1 100 亿日元，约占日本整个制服业产值的两成多。此外，身着制服也免去了女性选择服饰的困惑或苦恼，节约了时间。大正时期（1912—1926 年），有一本杂志报道了一位母亲的烦恼。"她有一个正值学龄的女儿。倘若学校没有具体的服装规定，那么为女儿准备、管理服装的重担将落在母亲身上。她需要为女儿准备冬夏两季的丝质和服、棉质和服与洋服，而和服又涉及浆

---

① 难波知子：《裙裾之美：日本女生制服史》，王柏静译，新星出版社，2015年，第 3 页。

洗、翻改、准备木屐、草鞋与便鞋，缝补袜子或木屐带等事宜，因此这位母亲希望学校规定统一面料的样式制服。洋服既无需浆洗或翻改，又便于运动，而且只需准备皮鞋即可。尽管有人评论学校制服带来了额外的开支，但规定制服的确有助于减轻母亲准备与管理服装的负担。"①和服的穿脱也相当麻烦，外出回家后必须先解开腰带，然后把衬衣折叠好，和服或外套要先挂在衣架上，接着换成日常和服。在忙完家务后，再将原本挂着的和服或外套，小心翼翼地折叠，为避免弄脏、弄皱，还要以和纸包裹，最后放进衣柜。所以战前不少报纸杂志经常接到读者抱怨和服的来信。

第六，有利于培养平等意识。与小学集中供餐一样，学校采用制服也是为了培养学生的平等意识。日本小学供餐制起源于明治年间，即1889年，集中供餐不仅仅是为了均衡学生营养，也是考虑到家庭富裕程度不同的学生，携带的便当是不一样的，会在孩子幼小的心灵深处留下不平等的阴影，所以集中供餐，且对家庭困难的学生免收伙食费。采用制服也是一样的，身着相同的制服突显了平等价值观，所以日本有"一亿总中流"的说法。据说为了减轻贫困家庭的制服开支，有些学校要求制造商用不同的材质制作皮鞋和书包，外观一样，但价格不同。

当然日本社会对穿制服，尤其是学校制服，存在不同意见。二十世纪六七十年代，日本左翼运动勃发，有些学校发生了要求取消制服运动，认为制服束缚了人的个性发展，侵犯了个人隐私，而且制服由军装演变而来，带有军国主义的痕迹。迫于压力，有些学校取消了制服，学生改穿便服上学，结果却导致招生数量下降。家长们认为学校没有统一的制服，意味着该学校管理松懈，学生不思进取，吊儿郎当，缺乏组织纪律

---

① 难波知子：《裙裾之美：日本女生制服史》，王柏静译，新星出版社，2015年，第402页。

性。而一些渴望拥有漂亮制服的学生，对入读没有制服的学校不感兴趣，所以有些学校马上又恢复了制服。2008年经某大学调查，约有近七成的被调查者喜欢高中时代的制服以及认为学校有必要指定制服。另外，个别社会人士和家长要求取消制服是因为制服价格太贵，增加了家庭额外开支。其实公立学校的制服还是比较便宜的，政府对制服价格进行管控，不许垄断经营。经调查，2017年公立初级中学一套制服售价为30 000—35 000日元。制服不仅仅是上下衣（含冬夏装），还包括运动服、裙子、衬衣、外套、领带或领结、徽章等。如果某一地区统一采购学校制服比各校自行采购约便宜两成。各地区制服售价有高低，如一套立领男生制服最高售价为54 324日元，最低售价为30 890日元；女生制服售价高于男生制服，如一套水手服款式的女生制服最高售价为64 828日元，最低售价为41 400日元。据日本媒体报道，仙台市公立初级中学女生制服费用平均合计为97 090日元，含冬夏装，其中冬装上衣23 112日元，马甲9 396日元，裙子15 876日元，罩衫（两件）5 508日元，领结1 242日元，夏装裙子15 768日元，短袖衬衣（两件）6 458日元，运动装（含长短袖运动服、运动鞋等）19 730日元。与公立学校相比，私立学校制服费用要高得多，平均合计为167 100日元，当然其制服涵盖的种类较多，如大衣、毛衣、皮鞋、袜子、体操服（含冬夏装）、书包、运动鞋、拖鞋、鞋袋、辅助包、美术套装、书道套装等。入读私立学校的孩子家庭收入较高，能够承受较高的制服费用。2019年，公立高中的学校教育费约为276 000日元，私立高中为755 101日元（公立初中的学校教育费为133 640日元，私立初中为997 435日元，公立小学的学校教育费为60 043日元，私立小学为870 408日元）。

十一、 日本的土地问题与乡镇振兴中的铁道

在日期间我经常搭乘近铁列车去往京都。从奈良大和西大寺到京都的近铁京都线全长 34.6 千米，设 26 个车站。列车运行途中两边是大片的农田，间或出现一些居民住宅区。从木津到京都的 JR 奈良线也是如此，全长 34.7 千米，设 19 个车站。如果没有铁道，以车站为依托的沿线乡镇居民的生活和工作将面临极大困难。正是由于铁路的存在，许多人在大阪或京都就业，而居住在奈良或铁道沿线，以降低生活成本。

日本是一个土地资源稀缺的国家，森林约占国土面积的 67%，农地仅占 14%，由于地理地貌的关系，森林很难转化为城市用地和农业用地，人均不足 7 分耕地，土地问题非常突出。日本的土地问题在不同时期有不同的表现形式。

第二次世界大战战后初期是帮助佃农取得土地并保护农民的土地所有权和使用权。1945 年 8 月，日本战败，美国实施了对日本的军事占领。美国在分析日本发动侵略战争的原因时，发现日本农村广泛存在的寄生地主制严重束缚了农业的发展，高额地租使农民陷于贫困，佃农无法靠务农养家活口，只能去当兵吃饷，所以农村成为保守势力盘踞的地方，成为制造军国主义的温床。为此美国占领当局发动农民，进行农地改革，确立了"耕者有其田"的自耕农制度，消灭了地主阶级。农地改革是以

强制征收离乡地主的全部佃耕地和在乡地主超过一定面积的佃耕地。当局将强制征收的土地出售给佃农。佃农可在 30 年内分期付款。由于征购地价不变和以后严重的通货膨胀，有偿征购实际上变成了无偿没收。"多数地主，特别是不耕作的地主，不久便不得不将农村的房产以至家具卖掉，销声匿迹于通货膨胀的浪涛之中。"地主对农地改革当然要进行抵制。富士见町某村一个地主从苏联战俘营撤回日本后，发现自己的上好土地转到了佃农名下，怒不可遏，认为自己为国作战，吃了那么多苦，不仅未得到奖赏，反而自己的土地被剥夺，于是用猎枪打伤了一名农地委员的手指。结果该地主被判处无期徒刑。[①]但总的来讲，地主对农地改革的态度还是平静的。农地改革历经 4 年半，1950 年夏天结束。自耕地在耕地面积中从改革前的 54% 上升到 90%，佃农因农地改革而变成了"有产者"，因"有产"而"安居乐业"。改革后农户的主体是农业经营、农业劳动和农地所有三位一体的自耕农，农民的生产积极性大大提高。为了巩固农地改革的成果，1952 年，日本政府颁布了《农地法》，严厉限制农地转用，强化和保护农民的权利和地位。《农地法》第一条就明确规定，"农地以其耕作者自己所有最为适当"，"促进耕作者取得农地并保护其权利"。1952—1970 年是日本土地管制最为严格的 18 年。农民不能随意出售自己的土地，出售土地须经农业委员会审批，否则被视为无效。购买土地者必须是长期从事农业的人，必须将土地用于农业生产，必须证明自己能够有效地利用土地进行农业生产。从 20 世纪 50 年代后半期，日本经济步入高速发展阶段。由于《农地法》严格限制农地流动，妨碍了土地的有效利用，"有的农民愿意放出土地而受到阻碍，有的农民需要得到土地而受到限制，有的农民已不宜于从事现代农业却

---

① 李国庆：《日本农村的社会变迁——富士见町调查》，中国社会科学出版社，1999 年，第 114 页。

仍任其拥有土地"。因此必须要对土地流动松绑。1962 年，日本政府对
《农地法》进行了第一次修改，在第一条中增加了一句话"并调整土地的
利用关系以图使其在农业上更有效地发挥作用"，也就是说，在土地所
有权严格管制的情况下，允许借贷土地，扩大经营规模，从原来的"自
耕农主义"转变为"借地农主义"。^①随着土地价格持续高涨，希望扩大
土地经营规模的农民越来越买不起土地，即使买得起土地在经济上也是
不划算的。而已经"农转非"脱离农村去城市工作的人，仍然在家乡拥
有一块土地。结果这些土地或者撂荒，或者请家乡的亲戚朋友代为管理。
土地价格既包含了以耕作为目的的"农地价格"，也包含了以转用为目
的的"转用价格"，而"转用价格"远远高于"农地价格"。同样是出
售土地，日本农民当然更愿意以"转用价格"而不是以"农地价格"出
售土地。有些农户以转用为目的高价卖掉土地，再以耕作为目的的低价买
进农地，导致农地价格持续上涨，影响了农户购买农地、扩大农业经营
规模的积极性。另外，《农地法》规定了租佃的上限，并且当佃租额超
过收获产品的一定比例时（水田为 25%以下，旱田为 15%以下），承租
者有权请求减少佃租额，使得有些土地所有者宁愿撂荒土地，也不愿出
租土地。为此，1970 年日本政府对《农地法》进行第二次修改，通过进
一步放宽土地租赁的限制，促进农地流转，废除租佃上限，实施租佃自
由化。通过此次修改，农地租赁价格大大上升，农民通过租赁土地获得
了可观的收益。参与农业生产的股份公司成为了土地流转的主体，提高
了土地的规模利用效益。

　　土地是农民的"命根子"，农民对土地有着强烈的需求和深深的依
恋。综观日本的土地流转发现，日本政府首先注重把土地所有权、经营

---

① 王振锁：《日本农业现代化的途径》，天津社会科学院出版社，1991 年，
第 239 页。

权和耕作权区分开来，尽量保证农民不失去土地所有权。其次把农民利益放在核心位置，不把土地买卖中获取的巨大收益作为财政收入的重要来源，政府扮演的是契约型角色而非掠夺型角色，农户深度参与土地流转规模和补偿金额的商议过程，成为土地流转的受益主体而非剥削对象，切实保障了农民的利益。最后，不以公共利益名义牺牲个体利益，树立公共利益和个体利益的统一。在城市化和工业化进程中，经常会发生因公共事业的需要而征收农民土地的情况，因公共利益牺牲特定个体利益，对特定个体而言是不公平的，也是没有道理的。为此 1995 年日本政府颁布了《土地收用法》，对被征收土地的农户进行金钱补偿，在有关提供换地等特殊情形下，也可以进行现物补偿。补偿内容包括以下 4 类：（一）"完全补偿"，即对被征收土地本身作出补偿，该补偿必须是"完全补偿"；（二）附随性损失补偿，即对征收所产生的损失予以补偿，包括物件移转费用的补偿、营业上的损失补偿、离作费用的补偿等；（三）第三者补偿，即因征收该土地兴办大型公共工程，导致被征收人以外的第三人（附近住民）也遭受损失的情况进行补偿；（四）生活补偿，即因征收土地导致被征收人离职、需重建生活等方面的补偿。①

与其他国家一样，日本在城市化、工业化的进程中，出现了大量土地"农转非"现象，农业部门与非农部门"争地"的矛盾越来越尖锐。为了坚守基本耕地的红线和更加有效地利用土地，1968 年和 1969 年，日本政府分别颁布了两个对立的法律，即《城市计划法》和《关于农业振兴地域的法律》（简称《农振法》），开始了从农村和城市对土地的划分。显然，土地要么是农村用地，要么是城市用地，两者之间存在着

---

① 德田博人：《日本土地征收及损失补偿制度》，2007 年 8 月 7 日《中国诉讼法律网》；贺平：《战后日本农地流转制度改革研究——以立法调整和利益分配为中心》，《日本学刊》2010 年第 3 期。

互相转移的可能性。《城市计划法》把城市计划区域划分为城市化区域和城市化调整区域。《农振法》则指定农业振兴地域并进行综合建设。城市化区域不能包含在农业振兴地域内，而在城市化调整区域内却可以包括农业振兴地域。《农振法》通过划定农业振兴地域来确保农业用地，因此该法被誉为"农业领土宣言法"。经过划分，在日本约 3 778 万公顷国土面积中，农业振兴地域的面积约为 1 729 万公顷（其中农用地面积约 563 万公顷），城市计划区域约为 919 万公顷（其中城市化区域约 135 万公顷，城市化调整区域约 371 万公顷）。加上日本政府鼓励在城市化调整区域内指定农业振兴地域，严格限制农地转用，如都道府县知事在审批 2 公顷以上、4 公顷以下农地转用时，必须与农林水产大臣协商；对于超过 4 公顷的农地转用，需要经过事前审查，设置严格的审查程序，以确保和维持足够的农地。没有经过审批以及通过不正当手段进行的农地转用，农林水产大臣或都道府县知事可以发出取消审批、更改审批条件、下令停止工程或恢复农地原状等。[①]

　　日本农业政策有两大目标，一是提高农业生产力，二是提高农民收入，使农民收入不低于非农行业。由于日本农业的小规模分散经营，成本较高，农产品缺乏国际竞争力。1986 年，日本稻米的生产成本是美国的 7 倍。所以日本长期不开放农产品市场，对农产品进行巨额价格补贴。20 世纪 80 年代以来，政府的农业补贴始终保持在 4 万亿日元左右，是发达国家中农业补贴最高的国家之一。由此引起美国的强烈不满，影响了日本工业品向美国的出口，引发了日美两国的贸易战。在日本国内，农业从业者与非农从业者的收入差距也在不断扩大。1960 年，在诹访市，拥有 2 公顷以上土地的农户收入才能超过工薪阶层家庭的收入，而其人

---

① 关谷俊作：《日本的农地制度》，金洪云译，生活·读书·新知三联书店，2004
　　年，第 12—第 14 页，第 210—第 211 页。

均收入则低于任何非农行业。由此导致大量人口从农业流入工业，专业农户减少，兼业农户数量增加，农民阶层发生了分化。为此，1961 年日本政府出台了《农业基本法》，提出了缩小农民和其他行业从业人员的收入差距以及改善农业结构，具体措施为"扩大农业经营的规模；农地的集体化；引进家畜经营；农业机械化与农地保有的合理化及农业经营的现代化"。政府对农业结构改善事业予以资金支持。日本的农业政策从某种程度上讲就是农业补贴政策。2000 年，日本政府对农业的补贴达到了 6.4 万亿日元，而同期的农业产值只有 9.12 万亿日元。同时政府鼓励和支持农民从事第二职业。1987 年，兼业农户达到了 85%以上。开始时兼业收入是为了弥补农业收入的不足，以后兼业收入却成为收入的主要来源。1980 年，以农业外收入为主的农户占了农户总数的 2/3，这些农户全年用于农业劳动的时间不超过 60 天。由于农业机械化和农地耕作条件的改善，为农户提供了不必放弃农业而以兼业形式增加收入的条件。农协为农户提供了从种子到肥料、加工、仓储的一条龙服务，大大节省了农民的劳动时间，兼业农户完全可以利用双休日或节假日干农活，成为所谓的"星期天农民"，其余时间可以在工厂或服务行业谋得一份差事。1993 年日本农户年均收入为 888 万日元，其中农业收入仅占 14.5%，非农业收入占 62.1%。由此带来的新问题是，年青人基本上不从事农业。据 20 世纪 90 年代中国学者在富士见町的调查，常常听见"近十五六年来，新就业人员里没有一人从事农业"的感叹，日本农业成了"三老农业"（老爷爷、老奶奶和老妈妈），农业劳动力老化严重，影响新技术、新机械的采用，农业生产事故频发。为了提高农户的收入，日本政府鼓励农户从事设施型农业并为此提供技术和资金支持。1990 年，富士见町新田村有仅靠种植 0.4 公顷菊花就能维持生计的农户。新田村的大农户以"水田+蔬菜+花卉"或专业养牛、生产奶制品的形式经营农业，每年收入在 800 万乃至 1 500 万日元以上。从事设施型农业的农户收入超过了兼业农户。[①]JR 东日本公司中央本线在富士见町境内设有 3 个车站，即信浓境站、富士见町站和铃兰之里站。富士见町站位于町的中心位置，有 3 个站台，2020 年度平均每日乘客 730 多人，列车上行开往甲府、新宿方向，下行开往盐尻、松本方向。二战前日本农村非常贫穷，特别是 20 世纪 30 年代的经济危机导致农村日益衰败，出现了饥饿的儿童和卖女求生等社会问题。但是经历战后经济的高速发展和日本政府对农业的扶植，农村的面貌大为改观，稻草苫顶的房屋几乎消失，被彩色的镀锌铁皮和盖瓦取而代之。20 世纪 70 年代初，日本农民的收入水平已经超越了城市居民。

1992 年日本政府出台了题为"新政策"的文件，要求推进绿色观光农业："绿色观光即在绿郁丛丛的农村、山村及渔村，与当地的自然、文化、居民进行交流的一种滞在型余暇活动。" 绿色观光农业并不仅仅是增加农户收入，拓宽农户增收渠道，还具有唤起国人关注农业、关心农村发展的目的。日本有 1 亿 2 800 多万人，粮食安全至关重要。日本历史上曾因为农业歉收，粮食短缺，米价上涨，百姓挨饿，多次发生"米骚动"，导致政府垮台。绿色观光分为两种。一种是以接受中小学生为对象的"体验农家生活的旅游"，让学生入住农家，体验农家生活，在农户指导下做农活。另一种是以成人特别是家庭为对象，通过在农村度假体验农村生活的情趣和快乐，如手工制作面酱、手工加工豆腐、钓鱼、体验插秧、上山采野菜、采蘑菇、观赏萤火虫、收割水稻、摘苹果、编竹筐等。绿色观光旅游使城乡关系更加密切，使孩子们产生了长大后从事农业的志向，有些城市居民通过参加"农家乐活动"而离开城市移居

---

① 李国庆：《日本农村的社会变迁——富士见町调查》，中国社会科学出版社，1999 年，第 136 页，第 170—第 173 页。

乡村。同时也增加了农户从事农业的自豪感，许多农户反映说："通过接待都市的客人，发觉自己本来认为极平凡的工作及日常生活突然变得那么了不起。"绿色观光农业还建立了产地直销的农产品交易模式。农产品零售价格的 40%—70%花在了流通环节上，导致农产品价格居高不下，既损害了城市消费者的利益，农民又没有获得实际收入。通过绿色观光旅游，农民在村边搭设蔬菜或水果棚，直接将花卉蔬果直销到消费者手中，既降低了农产品价格，又提高了农民的收入。[①]在日本还有一种"市民农园"，所谓"市民农园"就是市民休闲农园，是"不以营利为目的，仅供农作物栽培之用"的特定农地租赁形式，入园市民从事相关的农业生产。"市民农园"的面积为 10 公亩以内，租赁时间不超过 5 年。截至 1999 年 3 月，日本有"市民农园"2 186 个，面积 628 公顷，[②]使城市居民充分享受了田野趣味，养成了深厚的乡村情结。

　　无论是发展绿色观光农业，还是解决农村"过疏化"问题，都离不开便捷的交通。铁道在振兴乡村中发挥了重要作用。1954 年 4 月 5 日 15 时 33 分，由青森始发东京上野的夜行临时列车启动，由此拉开了各铁路公司开行"集体就业列车"的序幕，将大量乡村和小城镇青年（大多为初中生和高中生）运往东京、大阪、名古屋等大都市就业，为企业提供了大量廉价劳动力，仅东京在昭和 30 年代（1950 年代中期至 60 年代中期）就增加了近 100 万 15 岁至 24 岁的青年，促成了日本经济的高速发展。直到 1975 年 3 月 24 日，盛冈开往东京上野的最后一班"集体就业列车"为止，"集体就业列车"居然运行了 21 年。1920 年代中期，日本乡村人口与城市人口的比例为 8∶2，21 世纪初则逆转为 2∶8。每年的

---

　　① 细谷昂：《战后日本农业和农业政策的发展过程及现实问题》，《河北学刊》2006 年第 1 期。

　　② 关谷俊作：《日本的农地制度》，金洪云译，生活·读书·新知三联书店，2004年，第 244—第 247 页。

初春季节，乡镇火车站站台上，许多懵懂青年与他们的父母和亲友依依惜别，怀揣青春奋斗的梦想去往大城市。当时一首《啊，上野站》非常流行，唱出了乡镇青年的心声。"集体就业列车"运行的最大后果就是城市人口的增加和农村人口的减少。在乡村人口持续减少的情况下，日本各铁路公司，特别是原国铁 JR 各公司承担了振兴乡镇的社会责任。JR 东日本公司在所辖新干线收入减少的情况下，注意普速铁路的运营以及密切与地方的关系，特别是观光农业的运营。2007 年，JR 东日本公司新干线收入为 4 909 亿日元，2009 年下降为 4 395 日元。为此 JR 东日本公司拓展新的业务，如在车站步行 5 分钟的距离范围内设置托儿所等育儿设施，支持女性就业，推进地方观光事业的发展，拉近与当地居民的关系并尝试投资于农业领域。有社会人士建议收购废弃的农田，打造为"体验式"果蔬园，在车站大楼顶层实施会员制出租菜园，与地方农协共同生产合同农作物等。[①]其他铁路公司也积极投资于农林水产业。如 2014 年 JR 九州在佐贺县鸟栖市设立农场株式会社，销售额约 6 亿日元，从业人员 180 人，经营 8 个农场，分布在佐贺县、长崎县、熊本县、福冈县、大分县、宫崎县等，作物栽培面积约 23 公顷。经营的土地都是租赁的，与土地所有者签订合同。收获的农产品供应集团内餐厅与点心店，有些产品在公司的直销店销售，柑橘还被用作鸡尾酒的果汁，在农场沿线行驶的观光列车上出售。2017 年夏天，我从佐贺市搭乘 JR 九州长崎本线抵达鸟栖，这是一个人口 72 000 多人的美丽城市。鸟栖位于九州陆路交通要冲，铁路交通非常发达，九州新干线穿越鸟栖，设有新鸟栖站。JR 九州鹿儿岛本线也在鸟栖站停靠。傍晚 5 点，中央大道某路段被封闭，

---

① 原田雅敏：《鉄道会社による農村と都市との関係の再構築に関する研究：社会的責任の実践》，《北海道大学大学院国際広報メディア・観光学院院生論集》，2011 年。

有兴趣的市民可设摊经营烧烤、游戏、卖金鱼等，警察出动消防车保驾护航，给炎热的夏季抹上了一些凉意。

图 11-1　鸟栖站

　　振兴地方最重要的举措就是要保持现有地方铁路的运营。日本本来就是一个人口密度很大的国家，2015 年，每平方千米人口为 341 人，英国为 268 人，法国为 117 人，德国为 227 人，美国为 33 人。因此日本铁道承担了 35% 的旅客输送量，大大高于其他发达国家（美国为 1%，德国为 7%，法国为 11%，英国为 8%）。[①]我每次到东京总喜欢到日本桥瞻仰一番，因为在江户时代，德川幕府以日本桥为起点修筑了 5 条陆上干线道路，即东海道、中山道、日光道、奥州道、甲州道，如东海道从日本桥到京都，全长 490 千米，道路的平均宽度约 18 英尺。德川幕府对 5 条大道的建筑质量、规格有严格要求，每隔一定距离设置关所，形成以

---

　　① 田辺謙一：《日本の鉄道は世界で戦えるか　国際比較で見えてくる理想と現実》，草思社，2018 年，第 55 页。

宿场为中心的宿场町，即传递政府公文、为公务旅行者提供住宿服务与行李驮送的集镇。东海道有 53 个宿场町，不到 10 千米就有一个宿场町。中山道有 69 个宿场町。宿场町是一种介于城市与乡村的集镇。德川幕府为加强中央集权，实行"参勤交代制度"，各地大名每隔一年要去江户拜谒将军，大名及其随从通过 5 条大道前往江户。大名的江户之旅耗资巨大、影响深远，直接导致了往返江户沿线公路的体制化，促进了日本不同地区的交流，有助于基础设施的建设，"这些设施方便了人们通过公路旅行。后来还发展了旅行设施，包括旅馆、商店及其他向旅行者提供的服务"。5 条大道及其他道路的敷设，使大规模商品运输在日本得以普及。"因此，当时商业的发展要求修建更多更好的公路。而与此同时，公路系统的改进也有助于经济增长。随着交通及通信的改善，市场和商业日益兴隆，因而公路系统也促进了江户及大阪等中心城市的发展。"①旅行作为旅游观光的一种形式，到了江户时代广为流行。交通的发达与市场经济的繁荣，使得到远方的庙宇神社和灵山朝圣线路变得车水马龙。"广泛发行的图解旅游指南（名所图绘）及木板印刷使得旅游路线和景点介绍走向标准规范；其中最著名的当属 1830 年至 1840 年间出版的《江户名所图绘》七卷本（书中图解说明了江户的名胜）。"②江户时代百姓沿五大道和宿场町居住。铁路敷设后，日本人喜欢沿铁路和在车站附近居住。在日本地方特别是乡镇振兴计划中，维持或敷设铁路是不可或缺的。2020 年 8 月，熊本县发布了第七次水俣、芦北地区振兴计划报告。报告指出水俣、芦北位于熊本县南部，有得天独厚的海洋资源，有美丽的海岸线和地形丰富的山区、温暖的气候，自古以来就是一

① 威廉·E.迪尔：《中世和近世日本社会生活》，刘曙野等译，商务印书馆，2020 年，第 338 页。

② 玛里琳·艾维：《日本生活风化物语：俗世生活定义日本现代化的历程》，江苏人民出版社，2018 年，第 27 页。

个渔业和农林业发达、具有特色文化的地区。但是在近代化过程中，这里发生了企业向海洋排放汞、污染环境的不幸事件，一些沿岸居民患了水俣病，给当地居民带来了巨大冲击，影响了当地经济的发展，加上人口外流以及老龄化，区域发展限于困境。为激发地区活力，利用地区资源，建设与环境共生的可持续发展区域，在国家强有力的支持下，该地区采取措施，以减少环境负荷为目标，致力于打造"环境首都水俣"，振兴本地区。振兴措施之一就是要挖掘肥萨橘子铁道（以下简称"肥萨铁道"）的潜力。肥萨铁道原属于 JR 九州铁道公司，2004 年转为第三方铁道，从熊本县八代市延伸至鹿儿岛县萨摩川内市，全长 116.9 千米，设 28 个车站。进入 21 世纪，访问水俣的游客在不断减少，而第三产业又是水俣的支柱性产业。为了吸引游客以及促使游客消费，肥萨铁道推出了观光列车"橘子食堂"。该列车由著名设计师水户冈锐志设计，这是一款"一边眺望着变幻莫测的美丽九州西海岸的景色，一边尽情地享受饮食和慢生活节奏的列车"，每周五及节假日以速度 30 千米/时的低速运行，运行时间 4 小时，每天发行 4 列，由两节车厢编成，定员 43 人，米饭和汤由车内厨房提供，通过配送，乘客可以品尝沿线的特色餐饮，还可以在沿线车站购买当地土特产品。车内按酒吧和咖啡厅模式进行设计，座椅均用木质材料，一边临窗排列酒吧台，另一边排列相对而坐的长桌椅，厨房在 1 号车。推出后大受欢迎，经新闻媒体报道后，访问水俣的游客开始回升，仅第一年就为铁道公司增加了近 2 000 万日元的营业额，开始扭转肥萨铁道自转换为第三方铁道以来的亏损状况。截至 2017 年 12 月，乘客已突破 5 万人。在日本媒体推荐的观光列车中位于第七。现在肥萨铁道水俣站与 6 年前相比乘客数已经有了很大提高。

登别是位于北海道西南部的一个小城市，面积约 212 平方千米，1983 年人口达到峰值，为 59 000 多人，其后人口持续下降，少子化和老龄化趋势加快。2000 年,14 岁以下的少儿人口与 1975 年相比,减少了 44%,老年人却增加了 4 倍。但登别自江户时代就以优质温泉闻名天下,每分钟有 3 000 公升温泉从地下喷涌而出,每天可达 1 万吨,含 9 种矿物质,入选"日本温泉 100 选"。2016 年冬天,笔者慕名特地前往登别泡温泉。地狱谷是登别温泉的中心观光区域,系由火山喷发形成,热气从地表上的火山口喷涌而出,景象壮观。我第一次在零下十几摄氏度的室外泡温泉,头上大雪纷飞,温泉蒸气腾腾,极为惬意。

图 11-2　登　别

日本人爱泡温泉受到了中国明代名医李时珍的著作《本草纲目》的巨大影响。《本草纲目》"水部"当中提到了"温汤,释名温泉",描述了其成分包含了硫黄,并特别关注其中的盐分和铁元素,介绍了泡温泉对人体的作用。江户时代(1603—1867 年)有人专门写了一本关于泡温泉养生的书,有一段文字令人印象深刻:"养生不可草率,对待温泉,要像侍奉君上和神明一样,恭敬仁慈,把侍奉温泉当成是一种满足它的心意而求得医治的治病之术。入浴之时，心体不可不洁，不可违背温泉之心意。"幕末日本一些维新人物，如高杉晋作、木户孝允、伊藤博文、山县有朋友、坂本龙马、西乡隆盛、大久保利通等也特别喜欢泡温泉。据说比起面对面一本正经论事，一起沐浴，裸体相见比较容易消除双方疑虑。江户中期开业的位于山口县的汤田温泉是维新之士经常会面的场所。用御影石砌成的厚重的浴槽，可以容纳 4 位成人同时入浴，一起入浴增进了亲密度。在温泉场的赤身裸体交往推动了维新原动力萨长同盟的诞生，因此汤田温泉也被称之"维新之汤"。维新派领袖坂本龙马在京都附近的"寺田屋"被刺伤以后，在西乡隆盛的安排下，去萨摩温泉地汤治疗伤。西乡隆盛告诉他，汤治温泉对治疗外伤有很好的疗效。这样就有了日本历史上首次的温泉蜜月旅行，即龙马与他的妻子阿龙的汤治之旅。坂本龙马在给姐姐的信中写道："在谷川之流垂钓，以短筒击鸟，真是有趣。"[①]1923 年根据日本官方统计，游客观光温泉地共有 946 处，最多的是长野县，有 114 处，其次是秋田县，有 70 处，第三是鹿儿岛县，有 68 处。当年温泉地游客达 16 806 911 人，最多的是兵库县的游客，居然高达 194 万人。1935 年温泉地缩减为 868 处，但源泉总数却变成了 5 889 处，可能是因为各温泉地都有新的挖掘开发。使用人数最多的前 20 名温泉中列第一名的道后、第二名的城崎、第四名的山鹿、第五名的武雄、第八名的汤村，都是没有内汤只有外汤的公共浴场。管理外汤和泉源的是当地街道、村落的居民或者由旅店业主设立的公司与合作社。随着铁路的不断延伸，温泉游客进一步增加。在日本经济高速发展时期，公司组织的慰问旅游和招待邀请等集体旅行欣欣向荣，两天一晚带晚宴的温泉旅行不断普及，蜜月旅行也如火如荼。旅行社承包了从交

---

① 石川理夫：《温泉的日本史》，晓瑶译，社会科学文献出版社，2020 年，第 259—第 261 页，第 276—第 277 页，第 296—第 297 页。

通工具到住宿的全套服务。1957 年，别府市约有 252 万观光游客，4 年后翻了 1 倍，达到了 580 万人次。1960 年，箱根町有 189 万留宿游客。1972 年，留宿游客增加到 950 万人次。1950 年，小田急铁道增加了箱根汤本一站，从新宿出发乘坐被称为"浪漫特快"的火车，只需 1 小时 40 分钟就可抵达。箱根之所以成为日本著名的温泉旅游地以及游客数量的急剧增加，关键在于交通方式的便捷化。温泉地随铁路延伸而开发和兴旺。各个温泉地不断地新建或增建、改建旅馆和酒店。1967 年，共有温泉酒店和旅馆 227 家，可以容纳 18 134 名游客。许多外籍游客慕名来日本泡温泉。经调查，泡温泉在吸引外籍游客方面排列第五位。"在日本的温泉地，木结构旅馆、浴舍、共同浴场、纪念品商店鳞次栉比，为温泉街烘托出一种独特的温泉氛围。留宿、散步于温泉区，都可以体味到一种非日常的解放感。"1992 年和 1995 年，温泉地留宿人数和留宿设施分别达到了 143 246 266 人和 15 714 座，均居历史最高点，随着泡沫经济的破灭，以后逐渐下降。日本的温泉住宿大多是食宿一体的，由于这些温泉旅馆提供了以和食为主体的食文化，让温泉地的住宿与逗留魅力倍增。[1]我在登别留宿的旅馆也是食宿一体的，旅馆负责旅客的早晚餐，均为和食，品种繁多，菜肴精细。

以温泉为核心的观光旅游业是登别代表性的产业，第三产业占据了登别约 70%的产值。登别观光旅游业的发展离不开便捷的交通。同时便捷的交通也促进了农牧业的发展。以前登别的小农户较多，经营农地面积不到 3 公顷。近年来尽管农户数量减少，但减少的是兼业农户，而专业农户数却在增长，2000 年经营 10 公顷以上农地的较大规模农户占比约达 30%。稻田消失了，但果蔬园和草场面积却不断增加，农牧业的专

---

[1] 石川理夫：《温泉的日本史》，晓瑶译，社会科学文献出版社，2020 年，第 192—第 193 页，第 225—第 227 页。

业化程度不断提高。农牧业的专业化显然离不开便捷的交通。JR 北海道室兰本线穿越登别，经苫小牧站可换乘千岁线抵达南千岁机场和北海道首府札幌。登别到苫小牧不过 40 千米，从苫小牧到南千岁机场仅 5 站，约 20 千米。登别站正面就是温泉大道，东边是登别港。由于输送密度低，室兰本线是一条亏损线路，如登别站年均乘客约 14 万人，每日平均乘客约 400 人。2016 年 11 月，JR 北海道公司表示，仅依靠本公司继续经营室兰本线是困难的，拟废除一部分线路和车站以节约经营费用。有些车站已废止了，如旭滨站于 2006 年 3 月被废止。能否将室兰本线转为第三方铁道呢？地方政府和有识之士也在考虑这个问题。其实自国铁分割民营化后，JR 北海道公司的运营就处于亏损状态，因为北海道是日本人口密度最低的地区，530 多万人口中，有近 200 万人集中首府札幌一带，导致铁路特别是支线铁路运营困难，只是依靠政府的补贴和政策支持才得以继续维持运营。但一些线路不得不废止。1987 年，即民营化的第一年，JR 北海道公司运营的线路为 3 100 多千米，2021 年缩减为 2 300 多千米，一部分线路仅工作日运行列车。如果登别站被废止，将对登别的观光旅游业和农牧业产生重大打击。正是由于登别通行铁路，才能吸引国内外游客。为了游览地球岬，我从登别搭乘列车北上。到母恋站，距离约 20 多千米。列车在东室兰分道，或继续北行到长万部换乘函馆本线列车，经津轻海峡的青函隧道抵达本州，或西行抵达母恋站，出站后步行约 10 多分钟即可抵达地球岬瞭望台。地球岬有长达 14 千米、海拔 100 米的悬崖峭壁，景色非常壮观，被列为北海道自然景观 100 选之首，有 150 多种鸟类栖息于此。母恋站距地球岬瞭望台不过 1 千米多，但由于路上积雪覆盖，又是从海拔 7 米走向海拔 100 多米的山上，行走非常困难。母恋站是简易委托车站。所谓简易委托车站就是由铁路公司委托地方行政部门、农协或车站商店以及个人发售车票的车站。日本的火车站分为有人车站和无人车站。有人车站又分为直营站、业务委托站和简易委托站。直营站就是由铁路管理部门派出员工进行业务管理的车站，一般配备有站长、副站长或管理员。业务委托站就是除了运输业务以外，其他业务，如车站内商业设施的运营、车辆和车站的清洁卫生等业务委托给外包公司。简易委托站仅由委托者负责发售车票、剪票等，发售车票、剪票等既可在车站进行，也可在委托者的私宅或经营的商店内进行。母恋站每日乘客约两三百人，站内生着火炉。尽管是隆冬季节仍然感觉很暖和，有商店，出售的车站便当很有名，遗憾无缘品尝。返程中在东室兰站换乘列车。东室兰站是一个直营站，车站比较热闹，站台设施完备，与母恋站不可同日而语，平均每日乘客约 2 000 人，年均乘客约 70 万。东室兰站所在的室兰市，有人口 10 万，经济比较发达。

由于同行的伙伴对青年时期看过的由岩井俊二导演的《情书》印象深刻，所以相约去了影片主人公、少年藤井树生活的小樽。我们从札幌搭乘函馆本线列车。列车在大雪纷飞中往西运行，沿途停靠的车站很少有人上下车，有一种寂静之美。由于乘客人数少，运行的列车有一节车厢的或两节车厢的，仿佛重现了《情书》影片中的场景。在中国上演的另一部日本影片《幸福的黄手帕》，男主人公也是来自小樽的渔民。小樽位于北海道西海岸的中央位置，有天然良港和丰富的自然资源，以小樽港为核心，工商业、金融、海陆运输等快速发展起来，大正末期和昭和初期是小樽经济发展的鼎盛时期。1923 年当地开凿了小樽运河，全长 1 140 米，但以后北海道经济中心逐渐从小樽转移至札幌。小樽是一个非常漂亮的城市。从小樽站徒步不到 10 分钟即可抵达小樽运河。站在浅草桥上瞭望夜幕下的小樽运河，两岸积雪覆盖，与灯光相映成趣，如梦如幻。小樽运河是小樽代表性的游览景观，被确定为"小樽历史景观区域"，入选日本"都市景观 100 选""美丽日本历史风土 100 选"以及"日本夜景遗产"等。运河两岸云集着 100 家商店,包括玻璃制作坊、餐厅、海产品店、和果子店以及土特产品店等。据说可以乘人力车游览运河周边地区,也可以坐观光船游览运河。由于大雪覆盖、道路湿滑,人力车和观光船似乎都不营业。小樽的玻璃制品非常有名,大家都选购了一些。

图 11-3　母恋站

图 11-4　小樽运河

　　其实来小樽前我对小樽的印象并不好。因为日本杰出的无产阶级革命作家小林多喜二年幼时从家乡秋田迁居于此，度过艰辛的童年和少年时代。小樽原是一个向南北伸展的小渔村，丘陵围绕着它的南、西、北三面，东面承受着日本海汹涌波涛的冲击，仅有 440 户人家，2 200 多人。甲午战争和日俄战争以后，小樽成为农产品集散地和煤炭业中心，人口急剧增加，市街不断扩大，1899 年实行北海道区制，成为小樽区。1920 年有 12 万 4 000 多人，1930 年达到 16 万 5 000 多人，1922 年小樽建市。但是小樽的发展是以牺牲底层民众利益为代价的。1907—1908 年在《小樽日报》当记者的著名诗人石川啄木曾这样描述小樽："小樽现为北海道最重要之吞吐港。此外，它还以全北海道最高的房租和捐税以及不受人欢迎而知名。""尤其是其街道之恶劣，堪称全国第一。每当天雨，全市几成泥沼，普通之木屐已完全失去效用……小樽人对此无比恶劣之街道并不在意，总是飞奔而过。是的，小樽人不爱步行，常喜飞奔。小樽生活竞争之剧烈几似白刃相接之战斗。"由于市区扩建和铁道敷设，多喜二一家多次搬迁。小樽最早的铁路线是 1880 年开通的幌内铁道，从小樽的手宫至三笠市的幌内，窄轨。1880 年 11 月，手宫至札幌的 35.9 千米线路开通，这是一条货物铁道，主要用于运输北海道的煤炭。在小樽境内设有手宫、住吉、朝里、钱函四个车站。函馆铁道本线发源于幌内铁道。多喜二家房后就是铁路，右侧不远的地方有一个铁路道口，三四户渔家聚居在为铁路所隔开的海岸边上。多喜二家隔着一条公路就是海岸，每当火车通过时，房子就猛烈震动。在暴风雪的日子，火车扬起的飞雪越过公路，溅进屋内。多喜二家的父母在这里开了一家面包店。为了防御日本海的巨浪，日本从 1897 年开始建设防波堤，大量劳工来到此地，"实行极其残酷的监狱般的工棚制度的奴隶劳动"。数百名劳工被运送到这里，搭起了监狱式的临时工棚。劳工们早晚要接受点名，在工头的严密监视下列队上下班。由于爆破，经常发生塌方，加上残酷繁重的劳动，劳工在两年之内就死去了 100 多人，伤寒病也在劳工中蔓延开来。多喜二家距工棚仅 200 米，每当深夜，经常听到从那里传来的惨叫声。由此，小林多喜二对底层民众满怀同情，对剥削阶级充满了愤怒。他在小说《龙介和乞丐》中写道："有时候，他们走进龙介的家里，要求歇一歇脚。当他们用无力的、低沉的声音反复地说着些什么的时候，母亲就把火钵端出来让他们烤火，拿面包给他们吃，还问他们说：'你是哪里人？……老家在哪里？'""不过，当时龙介年纪还小，他还不了解这些精疲力竭的乞丐为什么总是在秋末和春初从自己的家门前经过，但是每当看见他们的时候，他总是产生一种说不出的要流泪的心情。""平时十个人左右组成一组，无论是早晨去上工，或者是傍晚从工地上回来，总有一个工头寸步不离地跟着他们。据母亲说，他们都是被欺骗说是能发财而到北海道来的。""工头的叫骂声以及全组人在叫骂声中搭拉着脑袋加快脚步的情景，龙介至今还能清晰地回忆起来。他们连脸上大颗大颗淌着的汗珠也不去擦，用鹤嘴镐刨着坚硬的土地。在他们的身旁总是站着体格极其魁梧的工头。""不知什么时候，也不知是什么缘故，山崖象落下来似地轰的一声崩倒了，在崖上挥着镐头的人、往车子里铲土的人……一下子都不见了，就好像被吸进土里似的。即使这是无法避免的事吧，从土里挖出来的人体，好像被当作什么碍事的东西似的，在外边一扔就是两三天，然后在后山挖上一个大坑，把这些已变成黑紫黑紫的尸体统统扔进坑里，而且连墓标也不给竖立一根。"1912年铁路管理部门在邻接港街的港内南边一带着手进行填海工程，建起了船车联络所和煤炭处理场，被铁道线分开的整个沿海岸地区划为铁路用地。多喜二家迁移到相隔有100米远的道口内侧。以后因为市区规划的关系，多喜二家再一次迁移。这是一座新房子，沿着港口车站前面一条扩建过的街道，店铺后门紧挨着车站，露天的港口车站也焕然一新。"这一带地方已划为小樽港的一部分，早已看不到旧日的面貌，变成了市郊新开辟的典型商店区。被炸开的山岗出现了一层层新的住宅区。线路如蛛网般的宽阔的填埋地区接连着遥远的海面，使街镇上的人们远远地离开了从前的海岸。"[①]

在现代化进程中，小樽也曾面临发展与保护历史景观的问题。1960年代，为缓解小樽交通拥堵，推进城市化速度，计划填埋小樽运河，拆除两岸的石造仓库。填埋小樽运河的计划遭到市民们的强烈反对。1973年日本成立了"保护小樽运河会"，有10万人在保护小樽运河倡议书上签名，也就是说，绝大多数市民主张保存小樽运河。为此，1983年小樽制定了《小樽市历史建筑物及景观地区保护条例》，这是北海道地区出

① 手冢英孝：《小林多喜二传》，卞立强译，吉林人民出版社，1983年，第12—第20页，第48页。

台的第一部保护历史景观的法律，指定 31 种建筑为历史建筑物，原有的石造仓库被改建利用为商店。1990 年，建筑商拟在历史景观地区建设 10 层高的公寓楼，结果遭遇当地居民强烈反对，不得不将公寓楼高度改为 6 层。在广大市民的强烈呼吁下，小樽的历史景观得以保存下来，极大地提高了小樽的观光品牌价值。其实保存历史景观、历史建筑与发展经济并不矛盾。现在以小樽运河周边为核心的观光区为当地经济发展发挥了很大作用，每年约有 750 万游客到访小樽，而小樽不过 12 万多人。小樽站每日平均乘客约 9 000 多人。同时小樽作为电影《情书》的外景拍摄地也吸引了大量中国、韩国等东亚地区的外国游客，作为国际观光景点备受关注。即便是旅游观光的淡季冬季，每年 2 月举行的"小樽雪光之路"游览会，运河水面浮起的蜡烛浮球和散步道设置的雪蜡烛吸引了无数游客，其间约有 50 万人参加。北海道新干线将延伸至小樽，并计划在小樽站南 4 千米处设置新小樽站，这为小樽的发展带来新的契机。据预测，随着北海道新干线开通，10 年后小樽人口将增至 16 万左右，新小樽站每日乘客将达到 2 000—3 000 人。游览小樽的北海道外的游客，40%来自日本关东地区，20%来自近畿地区，距离北海道较近的东北地区，游客却不足一成。显然是受限于交通。北海道新干线开通以后，大大缩短了日本东北地区与北海道的距离，来自该地区的游客将大幅增加。新干线连接小樽港，新小樽站直通东京圈，国际游客也会大大增加。新干线已延伸至北海道北斗市，2016 年新函馆北斗站开业，从渡岛半岛、积丹半岛蜿蜒而上，先至小樽，再从小樽延伸至札幌，全线开通后会促进沿线经济的快速发展，遏止沿线人口下滑的趋势。

图 11-5　北海道某小站

十二、 顽疾——日本列车上的骚扰问题

　　上班、上学高峰期间,日本各条铁道或轨道上运行的列车相当拥挤,超载率严重,由此产生了长久困扰日本女性的性骚扰问题。列车车厢是一个极为特殊的公共空间,互不相识、萍水相逢的人同时进入这个狭小封闭的公共空间。在上下班高峰时段,车厢内人员密度达到了直接进行身体接触的程度,同时又不断地有新的乘客上车,而抵达目的地后又有乘客下车,车厢内的人流在不断变化,即列车空间是一个既静止又反复移动的特殊空间。在这个特殊空间内,有意或者无意的不文雅、不文明举动自然招人反感和受到批评。

　　日本民营铁道协会从 1999 年开始就对列车内的骚扰行为进行了问卷调查,2014 年公布了调查结果。结果显示:车厢内骚扰行为居第一的是大声聊天和嬉闹。影片《阪急电车:单程 15 分钟的奇迹》描述了一位带着孙女出行的老太太,经常在列车上遇到一群旁若无人大声聊天的中年妇女,乘客们敢怒不敢言。有一次,老太太实在忍无可忍,狠狠训斥了这帮不顾及他人、极为喧闹的中年女性,说她们带坏了孩子们。被训斥的中年女性下车后急匆匆、灰溜溜地跑出车站,乘客们为老太太鼓掌。骚扰行为居第二的是乘客的坐姿不雅,然后依次为上下车不讲礼仪、手机铃声的干扰或在车内通话、耳机遗漏声音、行李搁置方式、在超载车

内带着婴儿车乘车、乱丢垃圾或饮料空瓶、车内化妆、醉酒乘车、吸烟、坐在车厢地板上、在拥挤的车厢内饮食等。①铁路开通伊始，日本铁路管理机关就制定了详细的乘车法规。1872 年 2 月，明治政府颁布了《铁道略则》（共 25 条）作为乘车规则。同年 5 月 4 日，明治政府又颁布了《铁道犯罪罚例》（共 12 条），作为《铁道略则》的补充，对违反乘车规则者处以 10 元至 50 元不等的罚款，这是相当重的处罚。当时东京米价每石约 4 元，一人一年的米消费量不过一石多。1873 年 4 月 1 日，《东京日日新闻》报道，某商人乘车去横滨办事，列车运行途中在车窗上小便，被铁路管理人员扭送至东京法院，并处以 10 元罚款。早期日本客车均从英国进口，外形类似纸箱，被隔成 3 间，两侧为出入口。因为属短线运输，客车上没有厕所。夏目漱石在小说《三四郎》中一开头就描述了从家乡熊本到东京上大学的名叫小川三四郎的青年搭乘火车的故事。三四郎在下关或其他地方换乘了发往名古屋的列车，然后在名古屋换乘去东京的列车。列车抵达京都后上来的坐在对面的一位漂亮女子引起了三四郎的注意，"三四郎差不多隔五分钟就抬眼朝那女子瞅一瞅，时而他和女子的目光会撞上"。列车前行途中停靠某一车站时已临近黄昏，车站工作人员"咚咚咚地踩着车顶，将点亮的油灯从上面一盏盏放进各节车厢里"。三四郎拿出在上一个车站买的盒饭吃起来。突然女子站起身来，走到离三四郎最近的窗边站住，"侧过身子，将头伸出窗外，静静地向外面眺望起来。她的鬓发迎风飘动的样子映入三四郎的视野。这时，三四郎把吃完的空饭盒用力抛向窗外。女子伸出头的窗口同三四郎扔空饭盒的窗口只有一排坐席之隔。当三四郎看见那个被迎风抛出去的

① 斗鬼正一：《鉄道車内という空間と日本人のアイデンティティ——なぜ車内通話，化粧，飲食は嫌悪されるのか》，《江戸川大学紀要》第 26 号，2016 年。

白色饭盒盖，好像又被风刮回来时，意识到坏事了，赶紧偷窥了女子一眼，恰巧她的头正伸在窗外呢。"但那女子似乎见怪不怪，"只是默默地缩回头，用花手帕仔细地擦起额头来"。由此可见，当时乘客向列车窗外抛洒杂物是司空见惯的事情。夏目漱石曾在英国留学，他在给夫人的信中提到英国铁路乘客的乘车礼仪，"如果在火车上没有座位而站立的话，即便是下等苦力也会为你腾出座席空间。在日本，却还有一人独占两个座位而得意洋洋的蠢货。（中略）铁道行李等也是扔到站台上，各自随意拿取"。对夏目漱石而言，从车站等拿取行李的规则和礼仪可以推测文明的"水准"，与在列车和车站等公共空间遵守规则及礼仪的英国人相比，日本存在文明的"落差"。①为了保持"文明国"的体面，明治政府规定，不准在车内酗酒闹事，不准大小便，不准无票乘车，不准损坏公共物品等，对违反乘车规则者予以重罚。由于严格的法律法规以及乘客的自律，现在日本列车内井然有序，即便是上下班高峰期间，笔者乘车也没有感到不适，车内几乎没有噪声，许多列车抵达终点站后不打扫车内卫生立即折返，车内干净程度也几乎没有变化。

日本社会似乎特别不能容忍列车内的不文雅或不文明举动，感叹世风日下，人心不古，为传统社会形成的良风美俗的消退而痛心疾首。但是传统社会形成的自律并非完全来自人们内心的自觉，而是为生活所迫。传统社会是熟人社会，互相熟悉的人们生活在一个共同体内。江户时代日本全体国民分为士、农、工、商四个等级，不同等级的人居住在不同的区域，各有归本等级支配的社会资源，不得混居，不得越界，不能横向流动。18 世纪 20 年代，日本有 63 000 多个村落，每村平均人口约 400

---

① 夏目漱石：《三四郎》，竺家荣译，时代文艺出版社，2019 年，第 2—第 4 页；原田胜正：《駅の社会史—日本の近代化と公共空間》，中央公論新社，2015 年，第 22 页。

人，平均耕地 50 町步（约 740 亩），村是以百姓的宅基地构成的自治空间。有 1 万个左右的町，町是町人（工商业者）自主运营的自治团体，每町人口一般为 300—400 人，与村落规模大体相当。传统日本城市是由一个接一个的町连接而成的街区（町人居住地）。占据大多数人口的农工商职业者以被称为村—町的地缘共同体为依托，一个个小家族沉潜其中，努力地经营着自己的生产和日常生活。町有自己的法律，即町掟、町法，以保障町人的财产安全以及营业上的信用。村也有自己的法度，即村掟、村法，内容涉及农村生活的方方面面。违反法度者将受到严厉制裁，制裁的办法是"村八分"。人生有十件大事：成年、结婚、生子、疾病、丧葬、修缮、火事、火灾、外出、佛事等。村八分即除了火事和丧葬以外，对其他八项，村人拒绝予以帮助，违反法度者还被禁止使用属于集体的"入会地"，即山林、草场、原野、沼泽等供采薪、积肥，禁止利用水源。在一个闭塞的地缘共同体内，这是非常严厉的处分，个体被共同体成员集体排斥和绝交，事实上个体再也无法在村落中生活。[①]进入近代以后，社会从静止状态走向流动状态，从封闭空间转化为开放空间，流动速度越来越快，开放空间越来越大，陌生人世界取代了熟人世界，位于"自身（包括家人）"与"他者"之间的外部世界的重要性消融，约束力越来越弱。作为启动人生警报装置的羞耻心的对象发生了变化。在传统社会一旦言行出格有可能被共同体成员排斥并被驱逐出去，沦落为无依无靠的异乡人。但在近代社会，大量陌生的人同时聚集在公共空间，人们更在意身边熟悉的同龄朋友，而不是外部世界，人们不再像传统社会里那样察言观色、小心翼翼，而是张扬个性，随心所欲。

---

① 吉田伸之：《成熟的江户》，熊远报等译，北京大学出版社，2011 年，第 34—第 47 页，第 21—第 25 页；沈仁安：《德川时代史论》，河北人民出版社，2003 年，第 63—第 64 页。

列车和车站是日本人进入近代社会后较早接触的公共空间，也是非常特殊的公共空间。日本通勤车辆空间一般为 19.3 米（长）×2.2 米（宽）×2.5 米（高），座椅沿窗户排列，中间为过道。在封闭的车厢内人员密集会导致车内温度上升和空气质量恶化，如有不文明举动会进一步加重乘客的不适，所以乘车时需要严格自律，铁路管理部门不断告诫乘客文明乘车，如在车内打电话会影响心脏起搏器使用，安静的车厢内突然手机铃声大作或大声通话会惊吓到某些乘客，在车内化妆或喷洒香水会引起某些过敏体质乘客的不适，在车内睡觉打鼾或睡觉时无意识地触碰他人，不仅影响其他乘客，本人也会遭遇偷窃危险，等等。[①]当然最为日本社会所痛恨的是列车上的性骚扰。性骚扰涉及犯罪，与一般骚扰行为截然不同。为此，日本铁路管理部门研究并开设女性专用车厢。最早的女性专用车厢始于 1912 年，东京中央线推出了"妇女专用车厢"。当时推出"女性专用车厢"的目的并不是防止性骚扰，而是为了吸引乘客，因为有些日本人不喜欢乘坐男女混杂的车厢，但运行不久就废止了。1950年代中后期，日本经济进入高速发展阶段，大量女性走出家门，成为职业女性，在通勤列车上常常成为色狼下手的目标。由于日本特有的文化，在通勤列车上遭遇"咸猪手"的女性往往忍气吞声，不敢声张，进一步助长了色狼们的嚣张气焰。随着性骚扰事件的增多，一些女性害怕在上班高峰期间乘坐火车，一旦遭遇性骚扰，既影响身心健康，也导致工作效率下降。为此，日本铁路运营部门在 1980 年代末再次开设"妇女专用车厢"，1988 年在大阪率先出现了"妇女专用车厢"。21 世纪初，各铁道公司纷纷推出了女性专用车厢，即在上班高峰期间（上午 9 时或 9 时

---

① 斗鬼正一：《鉄道車内という空間と日本人のアイデンティティ——なぜ車内通話，化粧，飲食は嫌悪されるのか》，《江戸川大学紀要》第 26 号，2016 年。

15 分前）将列车的前部或后部两节车厢开辟为女性专用车厢，为解决性骚扰问题迈出了一大步。2016 年 9 月，小池百合子当选为东京都知事。作为著名的职业女性，她在选战中提出了"满员电车为零"的竞选口号，有铁路专家认为不切实际，提议将列车最大超载率控制在 50%、平均超载率控制在 30%是合适的。

日本人把列车上的性骚扰者称为"电车痴汉"。1907 年 5 月，著名作家田山花袋发表小说《少女病》。小说以列车空间为舞台，描写了一名搭乘火车的中年男性由于在车厢里如痴如醉地欣赏年轻女性，陶醉在各种性幻想中，结果在列车行驶中站立不稳，在乘客的冲撞下被甩出车外碾压而死的故事。这也是日本历史上第一个"电车痴汉的故事"。小说主人公杉田古城是一个住在东京郊外的上班族，每天在代代木车站乘坐甲武铁道列车来到御茶水，然后在御茶水换乘外濠线列车抵达位于神田锦町的杂志社上班。1885 年开通的品川至新宿的铁路穿越代代木。1894 年 10 月，甲武铁道公司敷设了从新宿至牛込间的铁路。1906 年 9 月，代代木作为甲武铁道公司所属车站开业。翌年 10 月，甲武铁道公司被收归国有，甲武铁道线成为中央线的一部分。现在的代代木车站非常繁华，中央本线、山手线、总武线以及地铁大江户线列车均通过此站。2019 年度平均每日乘坐火车的旅客近 7 万人，搭乘地铁的乘客为 38 000 多人。但 20 世纪初的代代木车站还是很荒凉的，每日平均乘客仅 714 人。

根据日本警视厅的调查，52.7%的性骚扰发生在列车内，19.4%发生在车站内，两者合计 72.1%。有日本学者以爱知县 600 名 18 岁至 29 岁的女性为对象，对其过去 3 年内遭受性骚扰情况进行调查，结果显示 66.5%性骚扰行为发生在列车和巴士上，3.8%发生在车站内，也就是说，在公共交通工具中受到的性骚扰约占 70%。性骚扰令女性深恶痛绝。一旦发现色狼骚扰，有些女性高声呼喊，使得色狼惊慌失措，往往跳下列车或站台，沿铁道或轨道逃跑，导致列车延误或色狼被列车碾压而死。①由此性骚扰问题引发日本全社会的关注。2021 年 2 月，日本共产党东京都委员会性别平等委员会公布了对性骚扰问题的调查报告，调查时间为 2020 年 8 月 8 日—11 月 11 日。报告指出：性骚扰是性暴力，是侵犯人权的性犯罪，却被忽视。每天都在上演被害与加害的一幕。为了使东京成为安全的性别平等的先进城市，把握性骚扰受害者的实际情况，日本政府通过政策和议会活动致力于解决相关问题。有 1 435 人接受了调查，其中 1 394 人受到了性骚扰，占 96%，受害者的年龄在 18 岁以下的占了71.5%，其中 12 岁以下的小学生占 34.5%，也就是说，许多中小学生成为色狼捕捉的目标。根据调查，大部分性骚扰行为发生在列车内。②列车超载更容易发生性骚扰行为，有学者调查发生在列车上的 62 件性骚扰行为，其中 45 件发生在超载列车上。57.5%的性骚扰行为发生在车厢门口，22.4%发生在坐席前，16%发生在坐席上。有些色狼专门以身穿漂亮校服的女生为作案对象。日本铁路是学生上学的主要交通工具。早上许多中小学生乘坐火车到学校上学，下午三四点钟乘坐火车回家，穿着漂亮校服成群结队的学生绝对是列车和车站内一道靓丽的风景线。此外，身着职业裙装的青年女性也是被骚扰的重要目标。

有学者对 208 篇关于列车内性骚扰事件的新闻报道进行了分析，发现受害者中以女中学生居多。有 173 件性骚扰事件记录了被害者的职业，其中初中生和高中生占比 47.4%，大学生占比 13.29%，大部分性骚扰事件发生在工作日列车运行高峰时间段，工作日列车上发生的性骚扰事件

---

① 大高実奈：《男女大学生における電車内痴漢被害の実態調査》，《大学院紀要》54，東洋大学大学院，2017 年。
② 日本共産党東京都委員会ジェンダー平等委員会：《痴漢被害アンケート結果について》，日本共産党東京都委員会ジェンダー平等委員会，2021 年 2 月 18 日。

约占 90%（见列车内性骚扰事件发生时间表）。作案者年龄在 20 岁以上至 50 岁以下的占比达 70% 多，不少是公务员和公司员工。在福冈县西日本铁道久留米车站内对乘客进行调查。受调查者中的 28.4% 的女性在过去一年内有在列车内遭遇性骚扰的经历。西日本铁道是一条私营铁道，下辖 4 条铁路线，营业里程 106.1 千米，是三大都市圈外唯一的大型私营铁路公司。西铁久留米站每天平均客流量为 33 000 多人，平均乘客数 17 000 多人，在西铁所辖车站中位居第四，是 JR 久留米站的 2 倍。而以东京大学生为调查对象，结果受调查者中有 37.4% 的女生在列车上遭遇过性骚扰。[①] 随着新冠肺炎疫情蔓延，日本政府多次颁布紧急状态令，居家办公者增加，外出聚会、就餐者减少，列车上的性骚扰案件有所下降。但随着疫情的缓解，在超载列车上发生的性骚扰案件又恢复到疫情前的水平。为此，日本警察部门也加强了对列车上性骚扰案件的侦破力度。

表 12-1　列车内性骚扰事件发生时间表

周一	周二	周三	周四	周五	周六	周日	合计
35 件	24 件	31 件	45 件	52 件	13 件	8 件	208 件
16.83%	11.54%	14.90%	21.63%	25.00%	6.25%	3.85%	100%
9:59 以前			10:00—17:59		18:00 以后		
105 件			14 件		87 件		206 件
50.97%			6.80%		42.23%		100%

---

① 大高実奈《電車内痴漢の分類とその特徴—新聞報道を用いた探索的分析》，《大学院紀要》57，東洋大学大学院，2021 年。

十三、 日本的铁道事故

　　铁路是一种输送量大、载客多、速度快的交通工具，一旦发生事故，往往造成巨大的人员伤亡和财产损失。提到铁道事故，在日期间，我曾多次搭乘 JR 西日本列车前往艺术之都——宝塚，著名的宝塚歌剧团和宝塚大剧场坐落于此，每年举行的演出吸引了 200 多万观众。当列车驶经福知山线尼崎—塚口间时，鸣笛致哀，乘客的心情往往变得有点沉重。2005 年 4 月 25 日上午，JR 西日本列车在塚口站南约 1 千米处发生脱轨事故，造成 107 人死亡、562 名乘客受伤（其中重伤 267 人）的重大铁路交通事故，震惊了日本和世界，这也是 21 世纪以来最严重的铁路交通事故。日本人一直为本国铁路的安全性而自豪，如果根据数据设定日本列车运行事故率为 1.0，法、意、韩、德等国的列车运行事故率则分别为 1.2、1.9、2.3 和 2.4，特别是全封闭环境下运营的新干线从未发生重大事故，而德国和西班牙高铁分别在 1998 年和 2013 年发生脱轨事故，导致 101 人和 77 人死亡。所以"福知山线铁道事故"发生后，日本政府立即组织"航空·铁道事故调查委员会"对事故展开详细调查，历经两年多于 2007 年 6 月 28 号公布了事故调查报告。

图 13-1　福知山线铁道事故

（引自《JR 福知山線脱線事故写真特集》）

日本被誉为运行在轨道上的国家，拥有世界上最多的铁路乘客。乘客数量庞大与日本铁路的通勤功能（包括上学）密切相关。2016 年度，东海道新干线每天开行列车 365 列，全年共开行列车约 13 万列，而列车平均延误时间仅 24 秒。JR 东日本公司所辖新干线列车平均延误时间为 40 秒，而该公司的普速列车平均延误时间仅 30 秒，即日本铁路不仅发车密集，而且列车运行非常准时。所谓"准时"是指列车出发、到站规定时间所允许的延误范围，如列车出发或到站未超出规定时间 1 分钟即为"准时"，否则视为延迟。日本列车准时率非常高，如东海道新干线准时运行列车占全部运行列车的比率为 90%。[①]火车司机的时间概念以 15 秒为单位。英国铁路的"准时"标准为短距离运行列车到站时间不超

---

① 田辺謙一《日本の鉄道は世界で戦えるか　国際比較で見えてくる理想と現実》，草思社，2018 年，第 186 页。本节数据除注明出处外，均来自 2007 年 6 月 28 日日本航空铁道事故调查委员会的《鉄道事故調査報告書——西日本旅客鉄道株式会社福知山線塚口駅～尼崎駅間列車脱線事故》。

过规定时间 5 分钟，长距离运行列车到站时间不超过规定时间 10 分钟。
法国、德国和意大利将列车延误标准确定为超出规定时间 10 分钟或 15
分钟以上。所以日本铁路以准时、高效和舒适享誉世界。据 JR 东日本公
司管理人员介绍，该公司每天开行列车 12 773 列，载运乘客为 1 710 万
人次。早高峰时，中央线每 2 分钟发车一列，山手线每 2 分 20 秒发车一
列。新干线东京至大宫间每 2 分钟发车一列，一日发车量达到惊人的 400
列。JR 西日本福知山线塚口至尼崎间早高峰时段，每小时通行列车 21
列，尼崎至塚口间通行列车 19 列。为了保持密集的发车率，列车准时运
行是必不可少的。为此 JR 东日本公司设有 500 人的综合指令室，24 小
时昼夜运行，对所辖线路列车运行状况予以监控和管理，随时向现场铁
路员工发出指令。其他铁路公司也设有人数众多的指令室，一旦列车运
行延误，或者要求现场工作人员立即处理，或者要求司机在允许的速度
范围内努力恢复原定的列车运行时刻表，使得司机在驾驶途中面临巨大
精神压力。"福知山线铁道事故"的直接原因就是司机为了缩短列车延
误时间、追求准时，在经过一个铁路弯道时，超速行驶，以 116 千米/时
的速度通过限速 70 千米/时的弯道，导致第一节车辆向左倾斜脱轨撞上
了路边的公寓楼，紧接着第 2 节至第 5 节车厢也相继脱轨倾覆，司机当
场死亡，酿成了严重的交通事故。在事故调查中发现司机在面对列车有
可能脱轨的情况下，却迟迟不使用刹车，究竟是什么原因导致司机延误
使用刹车呢？当天驾驶该列车的是 23 岁的年轻司机，他是家中四个男
孩中的老三，性格开朗，做事专注，非常敬业，曾表示想驾驶特急列车
或者成为新干线列车驾驶员，工作几年后希望能够指导入职的年轻人，
向他们分享和传授经验。他在火车司机技能测试中得分 1 120 分，高于
平均成绩（1 118 分）。上班前一天，入住森之宫的司机公寓。6 时 8 分
即接受点名，而规定的起床时间为 6 时 11 分前，点名时间为 6 时 21 分

前，然后进行一连串的驾车出库等准备工作。有时车库人员会把列车直接驾驶到站台。司机进入驾驶室以后确认一切正常，仔细阅读列车运行图，做好发车准备。7 时 35 分驾驶由松井山手站始发至京桥的快速列车，8 时 7 分 50 秒抵达京桥站。紧接着驾驶同一列车于 8 时 9 分由京桥始发至尼崎，8 时 26 分 30 秒抵达尼崎。然后继续驾驶同一列车于 8 时 31 分由尼崎始发至宝塚，8 时 55 分 30 秒抵达宝塚。最后继续驾驶同一列车（编号：第 5418M 号，7 节车厢编组，第 1 节和第 7 节车厢同时也是驾驶室）于 9 时 3 分 45 秒由宝塚始发至同志社前站。列车先沿福知山线途经中山寺、川西池田、北伊丹、伊丹、猪名寺、塚口抵达尼崎，全长 17.8 千米，然后从尼崎经京桥驶入片町线抵达同志社前站。按照规定，该列车抵达京桥站后，当班司机完成当天乘务工作，进行交接，由另外的司机继续驾驶该列车。结果列车于 9 时 18 分 54 秒发生脱轨倾覆，离正常交接时间 9 时 37 分 55 秒不到 20 分钟，令人唏嘘不已。

回顾司机当天的驾驶状况，非常紧张，抵达终点站后往往要立即折返，连上洗手间的时间都没有，憋尿在乘务人员当中是非常普遍的现象，尿频的人是无法胜任驾驶员和列车员工作的。一些铁路员工为此情愿放弃成为驾驶员和列车员的机会，尽管乘务人员工资更高。有经验的乘务人员，往往会在前一天熟悉当天列车运行线路，掌握线路和车站洗手间的分布情况以及利用洗手间所需时间，上班前尽量减少餐饮量，甚至空腹上岗。有些乘务人员甚至连非常喜欢的咖啡都不敢喝，因为咖啡具有较强的利尿作用。[1]为了解决上洗手间的问题，日本的铁道乘务人员各自摸索出了一套办法。由于日本铁路的主要功能是通勤，要求列车准时，否则会导致乘客上班、上学迟到。不少上班族途中要多次换乘列车，一

---

① 大井良：《鉄道員裏物語—現役鉄道員が明かす鉄道の謎》，彩図社，2010年，第 98—第 99 页。

旦某条线路列车晚点，往往导致乘客无法按时换乘其他列车。所以日本的火车站内人头攒动，换乘列车的乘客或摩肩接踵或匆匆擦肩而过。现在全球乘客人数最多的 51 个火车站中（含轨道、地铁乘客），日本占了45 个，而且排名前 20 位的均为日本的火车站。2010 年度，东京新宿站平均每天乘客为 364 万人次，是世界上乘客人数最多的火车站，有 10 条铁路线和 3 条地铁线在此交汇，而这些铁路线分属于不同的铁路公司。一旦列车延误，车站有义务向乘客发放"延误证明书"，这是一种固定格式的凭证，含有证明开具时间、列车延误时间（3 分、5 分或 10 分等）、说明事由（上写"本证明书说明本公司列车延误，延误的责任不在乘客"）、车站名称、印章等。日本的铁路运营主体比较复杂，各铁路公司既相互协作又激烈竞争。一旦某个铁路公司经常向乘客发放延误证明书，将导致本公司列车对乘客吸引力下降，影响列车乘坐率。所以各个铁路公司为了保持列车准时率，使出了浑身解数。在福知山线脱轨的第 5418M 号快速列车从宝塚始发时已延迟了 15 秒。早高峰时期日本的列车非常拥挤，超载严重，许多上班族为了赶时间拥挤着上车，导致车厢门难以关闭，从而延迟发车。列车能否从车站按时开行并不完全取决于驾驶员，因为有许多不确定因素，如人员拥挤、幼儿园孩子或小学生集体乘车、老年人或残疾人动作迟缓等都会延误列车发车。运行途中又会出现乘客突发急病、线路上有障碍物、下雨轨道湿滑等状况。日本的普速列车又是在非封闭环境下运行的，铁路两边是连绵不断的居民区或市镇群，突发因素多，要求驾驶员注意力高度集中。第 5418M 号列车从第一个停靠站——中山寺开行时，延误时间增至 25 秒，从第二个停靠站——川西池田开行时，延误时间扩大至 35 秒。列车以 120 千米/时的速度通过北伊丹站，延误时间缩短至 35 秒。驶抵第三个停靠站——伊丹时，司机为了赶时间竟然以 113 千米/时的速度进站，列车越过规定停靠位置 72 米，导致乘客无法下车，不得不将列车往后倒退。由于这一失误，使得列车从伊丹站开行时延误时间增至 1 分 20 秒。为此司机继续加速行驶，速度超过了 125 千米/时，而该列车的最高限定速度为 120 千米/时，通过塚口站时，延误时间缩短为 1 分 12 秒，结果列车在驶离塚口约 1 千米处，以 116 千米/时通过弯道时，导致列车脱轨倾覆，车毁人亡。根据列车员的描述可以得知司机的心理状况。第 5418M 号列车除了司机以外，还有一名列车员，各司其职。司机负责驾驶列车，列车员负责关开车门、维持车内秩序、播报站名及乘车安全须知、紧急制动等。优秀的列车员能够根据车窗外景色判断列车运行速度。司机在第 1 节车厢驾驶室，列车员在车尾第 7 节车厢驾驶室。列车从伊丹站开行后，司机通过车内电话与列车员联系，希望列车员在向指令所报告列车运行状况时，将列车延误时间和越过伊丹站规定停靠距离予以谎报，以免遭遇公司严厉处罚。通话期间第七节车厢的一位男乘客敲门找列车员，列车员立即挂断电话，打开驾驶室与客车之间的门处理相关事务。但司机不了解第 7 节车厢情况，误以为列车员不肯帮忙，更加紧张。虽然其后列车员在向指令所报告时，将列车越过规定停靠位置的距离长度报告为"8 米"，延误时间为"一分半"，因为列车超越规定停靠位置的距离长度在 5 米左右，对司机处罚是比较温和的，但这仍不足以减轻司机的心理压力。司机完全将注意力集中在如何尽量将列车准时驶抵车站。根据公司规定，因驾驶员失误导致列车延误时间在 30 秒以上不超过 1 分钟，仅需提供延误报告即可，但延误时间超过 1 分钟，一般就要对驾驶员进行纪律处分，并停职接受"日勤教育"。所谓"日勤教育"不完全是帮助司机分析产生错误的原因，进一步改进技术，而是常对司机进行训斥和羞辱。"日勤教育"短则 1 天，长则 45 天。所以接受"日勤教育"的司机重返工作岗位后，往往显得比较沮丧。10 个月前，该司机驾驶的列车越过了规定的停靠位置 100 米，被公司停职，接受了 13 天的"日勤教育"并扣减工资，因此担心自己再次遭遇"日勤教育"的处罚。问题在于从宝塚始发至尼崎的列车，将延误时间控制在 1 分钟以内并不容易，列车时刻表过于严苛和僵硬，缺乏应有的弹性。根据列车运行时间表，第 5418M 号列车在宝塚至尼崎的运行时间为 15 分 35 秒，各站停车时间合计为 50 秒，共 16 分 25 秒。而事故前 65 天内（工作日），第 5418M 号列车在此区间的运行时间和停车时间合计平均为 16 分 48 秒。该列车与其前面的第 3016M 号列车以及其后的第 2736M 号列车，发车间隔时间分别仅有 1 分 30 秒和 3 分 35 秒。根据对关西地区 51 名列车驾驶员的调查，将列车延误时间划分为不到 1 分钟、1 分至 3 分钟以内、3 分至 10 分钟以内以及 10 分钟以上四个项目供选择，即哪一种类型的延误时间对驾驶员造成的心理压力最大，结果选择列车延误时间在 1 分至 3 分钟以内的驾驶员最多，共 31 人，占 61%，选择不到 1 分钟的驾驶员共 12 名，占 24%。高密度的行车、缺乏弹性的运行时间以及对驾驶员的苛刻要求，易导致驾驶员心理失衡，酿成铁道事故。

日本国土交通省规定年满 20 岁及以上者可报考火车驾驶员，但对学历没有硬性规定，所以大多数驾驶员系高中毕业生，比起学历，铁道公司更看重经验与能力。入职铁道公司后，在车站和列车员岗位上工作一段时间，经选拔以及考试和培训可以成为驾驶员。首先要通过公司的各种考试和适应性检查，考试内容包括有关驾车知识、车辆构造和电器设备的使用及维修知识，以笔试为主。所谓适应性检查就是检查考试者的精神状态，包括精神疾病和脑电波检查，确认精神状态良好，没有精神疾病。接着进行面试，面试合格以后进入国土交通省所认可的动力车驾驶员培养所进行专门教育训练，教育训练有半年时间是学习掌握各种学科知识，然后进行现场实际操作训练，经过各种考试合格后获得驾照。

大约经过 10 个月的专门训练才能成为驾驶员。一般来讲，JR 和大型私铁公司都有本公司的驾驶员培训所，中小铁道公司则委托大型私铁公司培养驾驶员。火车驾照为终身拥有。但是，各公司要对驾驶员定期进行适应性检查，如判断其精神状态不适合驾驶，必须调离驾驶岗位，但是驾照仍然有效。需要注意的是，驾照不是归驾驶员个人持有，而是由所属公司管理。要成为一名优秀的驾驶员，必须要有丰富的车站工作和列车员实践经验，善于学习，精神状态良好，有健全的体魄并能忍受长时间不上洗手间的意志和素质。驾驶员收入在铁路员工中是最高的。日本铁路员工的收入由三部分组成，即基本工资、津贴和加班费。2010 年，30 多岁的车站工作人员的基本工资为每月 26 万，津贴三四万，加班费 4 万，一个月的总收入为 34 万日元。但是同期入职的驾驶员工资，每月要高出五六万日元。当然不同的铁道公司驾驶员的收入也是不一样的，大公司的收入要高于中小公司，如小田急铁道公司司机平均年收入为 764 万日元，JR 东海公司为 733 万日元，东武铁道公司为 713 万日元。现在日本有 36 800 多名火车司机（含地铁、轨道），平均年收入大约为 653 万日元，平均年龄 40.4 岁，平均工作时间 149 小时/月，比巴士司机收入要高出 120 多万日元，而巴士司机的工作时间更长，为 159 小时/月。女性司机平均年收入大约为 580 多万日元，平均工作时间 144 小时/月，新入职司机，具有大学文凭的月工资一般为 19 万—20 万日元，高中毕业者月工资一般为 17 万—19 万日元，此外有一些奖金和津贴。地铁司机收入似乎更高一些，年收入可以达到 700 万—800 万日元。但新干线列车驾驶员收入与其他列车驾驶员收入差别不大。因此，火车司机收入与同龄就业者相比，是比较高的，与公务员收入持平，公务员的平均年收入约为 630 万日元，但其平均年龄要大 2 岁多。日本某职业收入查询网站根据官方数据，制成了"2019 年火车司机（含地铁、轨道）年龄、工作年限、收入、月工作时间、收入一览表"，由此可以大致了解其收入和工作情况。一旦成为火车司机，很少有跳槽者，因为随着工龄延长，工资收入也不断增长，工作年限相差 10 年左右的火车司机，其年收入差距可超过百万日元。而且对铁路公司而言，培养一个火车司机要花费大量成本，至少需要 3 年时间，低收入不易留住人才。目前日本各铁路公司都缺乏司机。而对火车司机而言，有一份收入丰厚和体面的工作，一般也不愿意辞职进入另外的铁道公司。尽管同样是驾驶员，但是驾驶列车的类型不同，性能也不同，经过的又是陌生的线路，往往要经过较长时间的适应性训练才能正式上岗，这并不是一件轻松的事情。

表 13-1　日本 2019 年火车司机年龄、收入、月工作时间一览表①

项　　目	男	女	合计平均
平均年龄	39.6 岁	31.2 岁	39.1 岁
工作年限	18.0 年	9.2 年	17.5 年
月工作时间	146 小时	142 小时	146 小时
超过实际工作时间	16 小时	10 小时	16 小时
平均月收入	39 万 1 700 日元	35 万 7 800 日元	38 万 9 700 日元
平均奖金	151 万 1 500 日元	151 万 2 300 日元	151 万 1 600 日元
平均年收入	621 万 1 900 日元	580 万 5 900 日元	618 万 8 000 日元

早在 1906 年，被誉为"国民大作家"的夏目漱石发表了中篇小说《少爷》，叙述了一位富家子弟经过曲折奋斗，最后成为火车司机，与相依为命的女佣团聚的故事。主人公"我"是一位大少爷，个性直率、善良、莽撞，打小就没少吃亏，不像哥哥那样八面玲珑、花言巧语，深得父母关心。父亲一点儿都不待见"我"，母亲只知道偏向哥哥，只有家

---

① 《年収·収入に関する総合情報サイト》。https://www.nenshuu.net（2021 年）。

里的女佣阿清婆待"我"很好。阿清婆原是大户人家出身，江户幕府瓦解时家道中落，最终沦落为女佣。"这位老婆婆非常疼爱我，真是奇怪得很。母亲去世前三天对我断了念——父亲一年到头地烦我——街坊四邻都把我看作惹是生非的混小子，只有阿清婆把我当个宝。"阿清婆认定"我"将来会成为了不起的大人物，"用功读书的哥哥只长着一副白净的面孔，根本不会有多大的出息"。父母双亡以后，哥哥出售了老宅，然后去某公司的九州分公司工作。老宅究竟卖了多少钱，主人公也不知道。哥哥给了弟弟一笔钱，从此"哥哥和我天各一方了"。阿清婆寄居在外甥家里，并劝告主人公："少爷尽早盖个房子，娶个夫人吧，到时候，我一定过来伺候少爷。"比起自己的亲外甥，阿清婆更喜欢非亲非故的"我"。主人公从物理学校（现东京理科大学毕业）后，在校长的介绍下去了四国的一所乡村中学当了数学老师。"出发当天，阿清婆一早就来到我的住处，帮我干这干那。她把顺路从杂货店买来的牙刷、牙签和毛巾……一股脑儿塞进我的帆布提包里。"主人公上了火车后，阿清婆站在月台上，目不转睛地望着"我"的面孔，压低声音说："说不定以后再也见不到少爷了，少爷请多多保重啊！"她眼泪汪汪的，我没有哭，不过差一点就哭出来了。"火车开动之后，过了好一会儿，我想她大概已经走了吧，就从车窗探出头向后一望，谁知阿清婆依然站在那儿。不知怎么，她的身影显得非常瘦小。"由于主人公天生耿直，在四国的中学过得并不愉快，于是辞掉工作返回东京。主人公从新桥车站下车后，第一件事就提着皮箱跑去找阿清婆。阿清婆见到主人公说："哎哟，是少爷呀，没想到这么快就回来啦，谢天谢地！"阿清婆说着，眼泪吧嗒吧嗒掉了下来。"我"也很激动，说："我以后再也不去乡下啦，在东京找处房子，和阿清婆住在一起。"后来主人公成了火车司机，月薪25

元，拿出 6 元租房，"虽然不是高门大院，但阿清婆仍非常满意"。①

铁路是一种输送量大、载客多、速度快的交通工具，一旦发生事故，往往造成巨大的人员伤亡和财产损失。有日本铁路员工说守护生命的医生和守护金钱的银行职员都是高收入阶层，那么同样是守护生命和金钱的铁路员工也应该是高收入阶层，尤其是司机的工作，关系到乘客生命，责任大而收入低，这是不合理的。薪酬高低在某种程度上体现了劳动者的价值。日本有些职业和升学指导网站刊载了不少火车司机的职业感言，公布其工作过程，在此笔者选译一些内容予以介绍。有火车司机说：入职后先后当过车站工作人员、乘务员、见习司机，然后才成为正式司机。我至今仍然忘不了第一次驾驶列车时的紧张。列车运行高峰时段，司机要承担 1 500 人的生命安全，正因为责任如此重大，安全驾驶是驾驶员最大的使命。乘坐汽车的乘客可以系上安全带。但是列车运行高峰时段往往超载严重，并不是每个乘客都能抓紧吊环或扶手，有些乘客甚至没有抓吊环或扶手的习惯，一旦列车行驶不稳，往往会导致乘客跌倒受伤。还有驾驶员说：最重要的是准时将乘客安全地送达目的地，要给乘客提供舒适的乘车体验。每次顺利结束驾驶，我都会感觉松了一口气，为完成任务而感到高兴。铁道与自来水、煤气一样，也是生命线之一，支撑着社会、经济和人们的生活，是绝对不可或缺的。

火车司机作息时间不规则，非常辛苦，工作 5 天，休息 2 天。有司机回顾了 10 天的工作流程，无非是"早班""晚班"和"出勤"的循环轮班制，如第 1 天早班，工作时间为 12 时—22 时。22 时 30 分—翌日 4 时 30 分休息。5 时—11 时出勤，但不驾车。第 3 天休息，第 4 天休息。第 5 天，晚班，工作时间 16 时—翌日 1 时。1 时 30 分—6 时 30 分休息。

---

① 夏目漱石：《少爷》，竺家荣译，时代文艺出版社，2020 年，第 4—第 9 页，第 150 页。

第 6 天，7 时—13 时出勤，但不驾车。第 7 天，早班，工作时间 11 时—21 时。21 时 30 分—翌日 3 时 30 分休息。第 8 天，4 时—10 时出勤，但不驾车。第 9 天休息，第 10 天休息。尽管司机驾驶列车的时间并不长，但出车前要进行各种准备工作。有驾驶员表示，公司规定司机在负责驾驶的列车到达前 20 分钟抵达现场准备交接，但我经常提前 1 个小时上班。因为我搭乘的交通工具有可能晚点。因为自己乘坐的交通工具晚点而导致不能准时抵达接车地点，这是不被允许的。公司对出勤时间要求非常严格，哪怕迟到一秒也会被视为迟到。我一上班就检查仪容，确认制服是否穿戴正确。司机在公众面前驾驶列车，必须仪容整洁，给乘客以安全感。乘客在与驾驶室相连的车厢可透过玻璃车门观看驾驶员的工作。然后进行酒精检测。当然不能饮酒，但是如果吃了含酒精的点心或者喝了含酒精的饮料、漱口水等也会发生反应，所以需要特别注意。酒精测试的数值必须是 0，只要有 0.01 的反应，就会立即被勒令回家。接着把当日工作的相关注意事项记在驾驶员手册上，不仅要记录线路周边地区的情况，还要掌握列车运行时间，即几时几分到达哪个车站，以便乘客询问时马上予以回答。确认驾驶列车的类别、行驶线路、列车编号等，参加车站人员、乘务员等的出勤点名。如果驾驶列车出库或第一班列车，要对列车进行检查，即列车连接器等是否有异常，打开列车电源，电源有多个开关，开关的顺序是固定的，稍微弄错顺序就会出故障。此外还要检查空调、灯光、汽笛等，然后进入驾驶室。检查列车非常重要，因为事关列车运行安全。如果第二天继续有驾驶任务，一般入住公司司乘人员宿舍。因为司机作息时间不规律，所以要特别注意保证睡眠时间。有司机说：为了完成工作后马上睡觉，尽快恢复精力，我有意识地在睡前不玩手机，洗完澡后立即入睡。上晚班时，要将完成运行的列车驶入车库或停靠规定的站台，关闭列车电源，关闭顺序与始发列车顺序正好相反，一旦关闭电源的顺序弄错了，也会造成列车故障。

图 13-2　列车员准备工作

　　长时间驾驶同一班列车，易导致司机产生疲劳。一般经过四五十分钟到一个半小时再驾驶另外的车辆，一天要重复多次。由于人不可能长时间集中精力，因此司机驾驶列车不允许超过规定的里程和时间，中途要休息，但休息往往只有几分钟乃至 15 分钟时间。如果时间宽裕，司机和乘务员要抓紧时间吃饭和上洗手间。有时休息时间过短，连上洗手间的时间都没有，所以憋尿在司乘人员当中是非常普遍的现象，尿频的人是无法胜任驾驶员和列车员工作的。曾有新干线列车驾驶员因腹痛如厕，导致列车出现 3 分钟无人驾驶状态，经媒体报道后引起社会热议，但民众却表示理解。因为铁路管理部门对列车运行时间规定得过于严苛，列车出发或到站超出预定时间 1 分钟即视为延迟，导致司机根本无法停车如厕。该次列车也是在通过某车站时比预定时间晚了 1 分钟，公司在调查延误原因时才发现无人驾驶状况的。工作结束后司机和列车员要接受点名，确认工作中有无异常以及第二天的工作安排。日本铁路管理部门特别重视点名工作，有些公司在点名执行者即乘务监督、监督助理之上，还新设乘务长，强化点名执行情况，一日进行多次点名。点名的目的是要当面确认乘务人员尤其是司机的精神和身体状况，一旦发现其精神和身体状况不佳要立即替换，并送医院治疗。在列车运行高峰期间，还要有一定的后备司机以便替换。特快列车司机驾驶的车辆行驶时间长，距离远。有司机回顾某日的工作过程说，13 时抵达公司，穿上制服，整理仪容。13 时 30 分接受点名，确认当天天气情况和列车运行状况。14 时 30 分在车站与上一班司机进行工作交接，驾车运行。17 时 40 分抵达目的地后休息，吃晚餐。18 时 30 分接受点名，驾车折返。22 时抵达并接受点名，然后驾车驶入车库。0 时入浴后休息。7 时 30 分接受点名，赴车库检查列车，将列车驶入本线。12 时抵达目的地，休息。14 时接受点名，驾车折返。17 时抵达后接受点名，与下一班司机交接，离开公司。

在日期间，由于经常乘坐火车，我感觉日本的司乘人员手势明确，操作规范，见面时互相敬礼致意，有很高的职业素养。有一部名叫《致不会表达爱的人们》的电影，反映了列车驾驶员的日常工作和生活。主人公是一位即将退休的列车驾驶员，由著名演员三浦友和扮演。他驾驶列车 35 年，零事故、零违规，堪称模范。退休前他在指导年轻的实习驾驶员时，发现实习驾驶员在启动、关停列车时，动作过大，有些粗鲁。他立即加以劝诫，说对待列车要像对待恋人一样温柔。他告诉实习驾驶员，自己之所以能够做到零事故、零违规，是因为专心致志，不重复错误或失败。当实习驾驶员与女朋友闹别扭时，心情非常沮丧，坐在驾驶台上心神不宁。他告诫实习驾驶员，心情不平静会影响列车驾驶。其实主人公也为家庭琐事烦恼，围绕妻子想重新就业一事夫妻两人发生口角，深爱的妻子离家出走。但是他克制自己的情绪，专心致志地驾驶列车。他对实习驾驶员说，列车员也是人，也会受各种事情干扰。不过当你走进驾驶室往身后看一看，乘客们把生命托付给你，列车载着他们想去的地方。想到这一点，就不应该让其他事情来扰乱自己的心境。其实故事来源于现实生活。1954 年入职国铁的一位火车驾驶员，驾车 32 年无事故。他回忆说在自己工作期间受到了"时间就是责任"的教育，如果一个驾驶员不能分辨或驾驭电力机车与蒸汽机车的时间差就不能说是专业人士。司机在驾驶途中很少鸣笛，担心惊扰乘客和沿线居民。早在 1921 年铁道省就颁布了《国有铁道信号规程》，将鸣笛分为"长缓汽笛""适度汽笛"和"短急汽笛"三种，不许随意鸣笛。[①]当主人公最后一天上班驾驶列车时，同事、朋友和家人或在车站或在道口，向他致敬。影片拍摄得非常温馨，音乐婉转舒缓，令人感动不已。影片中司乘人员身着制服，佩戴白色手套，手提统一配置的黑色大皮包。那么这个黑色大皮包装的是什么呢？有铁路员工透露说，首先是与工作有关的物品，如列车运行时刻表，本工作日列车运行线路图，在外住宿洗漱用品，开启车门的钥匙等。其次是防止腹痛腹泻的药物、塑料袋、一次性筷子等，塑料袋是用来装呕吐物或排泄物的，也就是说一旦呕吐或内急时，用于解决如厕问题。司乘人员常常在便利店购买便当，在工作间歇使用一次性筷子匆匆就餐。车到终点站以后，司乘人员要对车内进行巡视，发现报纸、漫画、杂志等一般不用上交，可放入黑色大包内，工作之余阅读以消除疲劳。白色手套属于制服的一部分，具有礼仪作用，也增强了列车员在维持车内秩序方面的威严感。列车员往往站立在车门附近，在列车超载开启车门时，可以防止手被碰伤或夹伤。驾驶员佩戴手套是为了防止手心出汗导致操作仪器设备时发生失滑失误，冬季白色手套还具有防寒保暖作用。[②]

① 小関和弘：《鉄道の文学誌》，日本経済評論社，2012 年，第 143 页，第 190 页。
② 大井良：《鉄道員裏物語—現役鉄道員が明かす鉄道の謎》，彩図社，2010 年，第 101—第 102 页，第 148—第 150 页。

驾驶第 5418M 号列车的司机于 2001 年 4 月 1 日入职 JR 西日本，年仅 18 岁。2004 年 5 月 18 日成为列车驾驶员，累计驾驶列车运行 42 320 千米。入职以来曾遭遇 3 次"日勤教育"，其中一次是在列车员工作期间打盹被罚停职一天的"日勤教育"。日本铁路员工的工作是相当繁重的，因为各公司为追求利润、削减开支，尽量减少员工数量。有日本学者一针见血地指出，福知山线铁道事故是在企业为了追求利润和效率而忽视安全的情况下发生的，同时政府也难辞其咎，因其放松了对企业的安全监管。在"效率性"（企业利益）与"安全性"（公共利益）的对立矛盾中，企业未能平衡两者间的关系，优先考虑企业利益（效率性），忽视了自身的社会责任（安全性）。

铁道事故伴随铁路敷设与列车运行而生，随着铁路运营里程延长、列车速度加快以及车列长度增加，铁道事故也随之上升。早在 1912 年，著名作家志贺直哉就在小说《正义派》中叙述了从日本桥方向朝永代桥驶来的列车轧死了一个 5 岁小姑娘的故事。小姑娘刚从澡堂洗完澡，蹦蹦跳跳与母亲一起回家。三个正在翻修道路的铁路工人目睹了这一事故。"听见那位母亲发出的惨叫，他们齐齐抬起头来，看见那个梳着童花头的女孩背朝电车，正沿着铁路中央朝这边轻快地蹦跳着跑过来。司机慌乱地拼命转动手刹……这时，女孩一个趔趄，仿佛纸做的人偶那般倒下，轻轻地摔到了地上。女孩仰面朝天，脸上没有任何表情，躺在原地动弹不得。""年轻的母亲脸色苍白，瞪着充满惶恐的眼睛，已经说不出话了。她虽一度凑近女孩身旁，但之后便伫立在稍远处，只管茫然地望着。即便当巡警从车缝里拽出那具沾染着血迹的小小的尸骸时，那位母亲脸上也只是流露出一种凄惨而冷漠的表情，仿佛凝视着一件突然变得遥远的物体一般。她还不时哀伤地眯起因失去光彩而显得空洞的眼睛，焦急地越过人群，朝自家的方向张望。"三位铁路工人对司机的疏忽大意非常愤怒。因为这一段路是下坡路，手刹制动很不容易，应该立即拉下电刹。但是司机却迟迟没有拉下电刹，从而酿成一场悲剧。事故发生后，司机和列车督导员极力推卸责任。司机被拘捕后，警察对其进行了审问。"司机交代说，女孩突然跑到电车跟前，电刹也来不及了。工人们否定了他的说法。他们说，是司机惊慌中忘了拉电刹。最初电车与女孩之间还有相当一段距离，只要立刻拉下电刹，绝不至于出人命。督导夹在中间试图做出种种调解，但三人根本不理睬他，并且不时冲司机说：'完全就是你搞砸的。'"三位铁路工人作证完毕走出警察署大门的时候，已将近晚上9点。来到夜间依然明亮的街区，他们的心情莫名地开朗起来，为自己的仗义执言而感动，"漫无目的但又自然而然地加快了脚步，而且能够感觉到有种不明所以的欢快的兴奋流动在彼此心底。"但是，这种突如其来的欢快情绪并未持续多长时间。"夜晚的街区与平常没有丝毫不同，这令他们感到莫名的失落。"不知不觉间，他们来到了白天工作的地点附近，走到女孩被轧死的那处地点，"不知何时那里已恢复了与平日毫无二致的模样。这对他们反而显得更加异样"。"三人停下脚步，对此心生鄙夷的同时也不禁感到愤愤不平。"①1910年代是日本铁道事故高发阶段。志贺直哉就在发表小说《正义派》的翌年，即1913年8月15日，在散步途中被山手线列车撞成重伤，不得不赴城崎温泉疗养，正在写作的《仁兵卫的初恋》也未能完稿。他在小说《在城崎》中，一开始就描写了主人公被列车撞伤的情景。"被山手线的电车撞伤后，为了静养，我独自前往但马的城崎温泉。背部的伤若是形成脊椎骨疡，难保不会变成致命伤，但医生说不太可能。又说，两三年内没事的话之后便不必担心，总之注意调养最重要。于是我来到了城崎，心想得三个星期以上——若能忍耐的话，很想停留五个星期左右。脑子感觉似乎还是不清晰，变得极其健

---

① 志贺直哉：《在城崎：志贺直哉短篇小说集》，吴菲译，北京联合出版公司，2022年，第13—第21页。

忘，但心情却是近年罕有的平静，感觉安稳而惬意。"①

　　日本国土交通省将铁道事故称之为铁道运行事故，即列车或车辆在运行中发生的事故，分为列车相撞事故、列车脱轨事故、列车火灾事故、道口障碍事故、道路障碍事故、铁道人身障碍事故以及铁道物资损毁事故（因列车或车辆运行所造成的超过 500 万日元的物资损失）等 7 个大类。尽管日本铁路的安全性较高，但历史上日本曾多次发生铁路事故。第一次铁路事故发生于 1874 年 10 月 11 日，列车在横滨站发生相撞事故，但未造成人员伤亡。最初的重大铁路事故发生在 1900 年 10 月，运行在栃木县境内的列车脱轨坠入河中，导致 10 人死亡，45 人受伤。早期铁路事故死伤者中多数为铁路员工，这是因技术不成熟所导致的。1940年 1 月，国铁西成线安治川口站发生列车倾覆、烧毁事故，酿成死亡 192人、92 人受伤的重大铁路事故。太平洋战争爆发前，日本共发生 24 起导致死亡人数超过 10 人的重大铁路事故。②战败至 1960 年代仍是日本铁路事故高发时期。1949—1957 年，日本每年发生的列车运行事故都在 2 万起左右，最高的 1949 年有 31 198 起，最少的 1957 年也有 18 136 起，直到进入 1970 年代，由于铁路技术进步和管理水平提高，铁路事故才趋于下降。如 1975 年共发生铁路事故 3 794 起，死亡 928 人，伤者 1 669人。1980 年铁路事故下降为 2 263 次，死亡 574 人，伤者 989 人。2000—2014 年间，每年发生的列车运行事故在 900 起左右，平均每天 2—3 起，每年死亡人数一般为 300—400 人。大多数列车运行事故未造成重大人员和财产损失，因而不为人所知。但需要注意的是，2000 年以来日本铁路事故下降幅度不大，甚至有反弹，说明铁路安全仍有相当的改进空间。

① 志贺直哉：《在城崎：志贺直哉短篇小说集》，吴菲译，北京联合出版公司，2022 年，第 37 页。
② 安部誠治：《鉄道事故の現状と安全確保のための制度》，在 2005 年 7 月 2 日召开的法学研究所第 30 次现代法研讨会上的报告。

铁路运输涉及较大的空间位移，运输时间长，也是多部门、多工种、多环节的高度复杂的联动过程。中国铁路有五大系统，即机车段、车务段、车辆段、电务段和工务段。日本铁道职员包括乘务员（驾驶员和列车员）、维持车站运营的车站员、整备和维修列车的检车员、负责线路维修的保线员以及整备和维修信号系统的电气员。检车员放行经保养的列车从车库出发，驶入站台，列车员完成检查作业后打开车门，让乘客上车，车站人员确认前方列车出站信号为蓝色时，高举红旗发出关闭车门信号，列车员高呼"出发"，随即关闭车门，司机启动列车。在列车运行过程中，需环环相扣，每一个环节都不能出现差错，如列车员关闭车门、列车准备启动时，车站人员突然发现某一车门显示灯仍未熄灭，显示车辆异常，车站人员立即奔跑到亮灯车门处予以解决。如迟迟无法解决，必须让乘客下车，将列车驶回车库，更换车辆，这会引起乘客的不安和骚动，尤其是上班高峰期间。①随着列车运行速度越来越快，发车间隔时间越来越短，行车密度越来越高，一旦忽视安全性，会酿成重大交通事故，应引起管理部门和全社会的高度重视。

---

① 大井良：《鉄道員裏物語—現役鉄道員が明かす鉄道の謎》，彩図社，2010年，第91—第92页。

铁道和轨道是一种大批量、高速度、规模化的陆上运输工具，车站或车厢人头攒动，人员复杂，特别是车厢空间狭小，人员密集，极易成为恐怖分子的袭击目标。日本有两位首相在车站遭遇暗杀。1995 年是二战结束 50 周年。1 月 17 日早晨 5 时 46 分，日本发生阪神大地震，导致 6 400 多人死亡，43 000 多人受伤。地震对铁道和地铁设施造成极大破坏，列车脱轨、桥梁坍塌、车站损毁，波及 17 家铁道和地铁公司，重建费用高达 2 380 亿日元。①幸运的是，地震发生时并非上班高峰时段，许多列车尤其是新干线列车还未运行，未造成乘客重大伤亡。著名作家村上春树指出，阪神大地震给日本人造成了巨大的心理震撼，"正是在那一年，战后奇迹时代的神话宣告终结"。他指出，日本人一直认为日本的工程技术无与伦比，而现代化大都市神户轰然倒塌让这种信仰也随之崩塌，日本人甚至开始怀疑日本是不是真正的现代化国家。几年后，在神户长大的村上春树创作了小说集《在地震之后》，描述了一场虚构的地震带来了破坏和混乱："脱轨、翻倒的车辆、相撞事件、倒塌的高架路和轨道、被挤塌的地铁、爆炸的油罐车。房子……变成一堆堆废墟，住

① 大西一嘉、吉田明弘、西野修树：《阪神·淡路大震災における鉄道駅の復興過程に関する研究》，《都市计划报告集》2005 年第四卷，日本都市计划学会。

在里面的人被压死。到处都是火场，道路系统完全崩溃，救护车和消防车完全派不上用场，人们只能躺在那里等死。"在日本社会全力以赴救灾之时，邪教奥姆真理教却于 3 月 20 日，在东京地铁车厢及车站实施无差别沙林毒气攻击，导致 14 人死亡，6 300 多人受伤，其中一些人永远成为了植物人，"有一位女士双眼的隐形眼镜都融化并黏在了她的瞳孔上，只好接受外科手术摘除了眼球"，震惊整个世界。①

1950 年，铁道犯罪占日本国内犯罪的 14%，1955 年达到 20%，3 年后上升到 28%。从 1950 年起的 7 年时间内，日本铁道犯罪案件超过了 2 万件。案件类型包括小偷、偷盗他人行李、非法乘车、暴力掠夺他人财物、暴力伤害、胁迫、恐吓、妨碍执行公务、妨碍公共交通、猥亵、向列车投掷石块、在线路上设置石子、盗窃铁道设施和物品、非法进入铁道线路、非法在车内兜售商品、赌博、运输黑市物品、携带危险品以及在列车和车站内杀人、强奸等恶性案件。1978 年，日本共发生 16 211 件铁道犯罪案件，其中 64% 属于盗窃罪。当然对乘客和公共安全而言，最大的危害来自对列车和车站的爆炸与颠覆（见"1967—1972 年有关爆炸类案件发生一览表"）。②

日本列车最早发生的杀人案件是在 1898 年 12 月 2 日深夜。当时搭乘列车的陆军第十二师团福冈连队中队长足立直躬大尉，从兵库县上郡站上车返回驻地。足立直躬 45 岁，乘坐的是二等车。由于是深夜，上车后即就寝。两名罪犯从上郡站购买三等车票，潜入足立乘坐的二等车，为抢夺钱财，用匕首和短刀杀害了大尉。由于车厢狭小，行凶过程中遭到了大尉的拼命反抗。两名罪犯未抢夺钱财就慌忙逃窜，其中一人在途

---

① 戴维·皮林：《日本生存的艺术》，张岩译，中信出版集团，2020 年，第 135—第 140 页。
② 滨田研吾：《鉄道公安官と呼ばれた男たち》，交通新聞社，2011 年，第 106—第 107 页，第 112—第 113 页。

中遭遇派出所的盘问。列车抵达福知山站后，大尉遗体被发现。罪犯被抓捕后，以杀人致死罪和盗窃未遂罪受审，一人被判处死刑，一人被判处无期徒刑。

表 14-1　日本 1967—1972 年有关爆炸类案件发生一览表[①]

年　度	1967 年	1968 年	1969 年	1970 年	1971 年	1972 年
炸药爆炸	2	1	3	2		1
爆炸未遂	1				2	
爆炸预告	25	32	39	43	64	89
瓦斯等爆炸	4			6	3	2
发现爆炸类危险品	4	1	6	1	12	1
其　他	2	1		2	14	9
合　计	38	35	48	54	95	102

　　战前日本列车速度较慢，夜行列车较多，列车设有餐车。1899 年 5 月 25 日，山阳铁道京都—三田尻（现防府）间的急行列车加挂餐车，这是日本铁路列车首次提供餐饮服务。京都至三田尻间约 500 余千米，单程运行时间约 13 个小时，平均速度 40 千米/时。长达 13 个小时的乘车时间，自然会引起乘客们饥肠辘辘。当时列车划分为一、二、三等车，票价以三等车票价为基准，二等车票价是三等车的 1.5 倍到 2 倍，一等车票价是三等车的 2 倍到 3 倍。一等车是限定使用车厢，加挂的餐车与一等车连接为一体，也就是说餐车仅限于一等车乘客使用，乘坐一等车的自然是非富即贵的上流阶层。餐车设置 5 人相对而坐的长桌，可供 10 人使用。两年后改为分别设置两张两人相对而坐的餐桌和两张单人相对而坐

---

① 濱田研吾：《鉄道公安官と呼ばれた男たち》，交通新聞社，2011 年，第 194 页。

的餐桌以及 1 个人的餐桌,可供 13 人使用,中间为通道。1901 年以后,
日本国铁也开始加挂餐车。但这种限定使用的餐饮服务遭到社会批评,
违背了平等与社会公平。1901 年,讚岐铁道在多度津—高松间运行的列
车上开设茶室,乘客无论持何种车票均可自由进入。茶室以低价销售茶、
咖啡、啤酒、点心和简单的日本料理。为了吸引乘客就餐,提高营业额,
各铁路公司招收容貌端庄、有教养的青年女性充当餐车服务员。日俄战
争后,日本实行铁路国有化改革,将 17 个规模较大的私营铁路公司收归
国有,长途列车餐饮服务成为日本铁道运营的普遍形态。1906 年,三等
车加挂餐车,但三等车的餐车装饰比较简单,仅提供和食。而一、二等
车的餐车装饰豪华、雅致。但铁路管理部门并不直接经营餐饮服务,而
是外包给餐饮公司或旅馆。1917 年,著名作家芥川龙之介发表了一篇名
叫《西乡隆盛》的小说,描绘了餐车的服务与空间。小说叙述了一个名
叫本间的大学历史系学生,搭乘京都始发至东京的夜行列车,在餐车邂
逅了一位须发斑白的老年绅士的故事。本间购买的是二等车票,“车里
挤得挪不开窝。列车员担心地望了望,总算为他找到了一块安身之地。
可这点地方,根本无法睡觉。怎么办呢?卧铺自然早已售罄。本间先生
暂时与一名陆军军官住在一起。那军官膀大腰圆,酒气熏天,一面睡觉,
一面磨牙。旁边挤着的,是他的夫人。被胖子那样挤着,本田先生尽量
将身子缩小”,但受压迫感越来越强烈,本间不得不躲到隔着一间车厢
的餐车中。“餐车里倒是空荡荡的,仅有一位旅客。本间先生坐到了最
最顶头的餐桌前,要了一杯白葡萄酒。实际上他并不想喝酒,只是现在
没了睡意,借此打发时间罢了。态度简慢的男侍将琥珀色的酒杯放在他
面前,他也只是嘴唇稍稍抿一下,随即点燃了 M·C·C 牌香烟。他喷吐
的一个个蓝色小圈,在明亮的灯光下袅袅升腾。本田先生将双腿长长地
抻往桌下,心中顿时感觉到一缕舒坦。”本田环顾餐车内景,“只见那

镶着镜框的碗橱、几只颤动着点点光亮的电灯以及插着菜花的玻璃花瓶，一面发出无法耳闻的声响，一面急不可待地涌入眼帘。然而在所有的这些物象中，更加吸引本田注意的却是对面桌上的一位食客。那食客胳膊肘支在餐桌上，捏着一只威士忌酒杯慢慢地抿用"。一周以后，本田再次乘坐京都始发至东京的夜行列车，在餐车里，"独自饮上几杯白葡萄酒，并昏昏然地抽着 M·C·C 牌香烟。列车经过了米原车站，很快便接近了岐阜县境。隔着玻璃窗注视窗外，外面是一片漆黑。不时看得见微小的火光流向车后。可那是远处的灯光，还是火车烟囱里迸发出的火花？着实难以判别。耳边交织着寒雨敲击车窗的声音以及喧嚣的车轮下单调的咣当声"。①总的来讲，战前日本列车的餐饮价格比较昂贵。太平洋战争后期随着战况的恶化，各铁道公司逐渐废止了餐车运营。战后随着日本经济的高速发展以及开行"集体就业列车"，餐车运营迎来了黄金时代。随着列车运行速度加快、乘车时间缩短、车站服务便利化以及运营餐车所存在的安全隐患，进入 21 世纪后餐车运营基本废止。②1972 年 11 月 6 日深夜 1 时 4 分，从大阪始发开往青森的 501 次急行列车，在北陆本线敦贺站—南今庄站间通过北陆隧道时发生火灾。该列车由 15 辆客车编成，火灾由餐车引起。由于火灾发生在深夜，大部分乘客均已入睡，发现和通报起火的消息被延迟了，加上列车进入隧道，火势越来越猛，大量有毒烟雾排不出去，视线严重受阻，导致 30 人死亡（包括 1 名乘务人员）、714 人受伤的严重铁道事故，引发了对餐车安全隐患的关注。

① 芥川龙之介：《西乡隆盛》，魏大海译，《芥川龙之介全集》第 1 卷，山东文艺出版社，2012 年，第 288—第 300 页。
② 茂木信太郎、影山浜名：《食堂車の歴史と展望》，《ホスピタリティ·マネジメント》第 4 卷第 1 号，亚细亚大学经营学部，2013 年。

表 14-2 1923 年 6 月日本列车餐饮服务种类及价格一览表①

经营者	区间	餐饮种类	餐车定员/人	餐车服务员数/人	就餐人员数/人	价格
御所之门	东京—下关	西餐	30	9	182	74 钱
	东京—下关	和食	30	8	306	
	东京—神户	西餐	26	8	150	
	京都—下关	西餐	18	5	73	
	门司—鹿儿岛	和食	12	5	33	
	门司—鹿儿岛	和食	12	5	40	
	门司—都城	和食	18	6	44	
精养轩	东京—下关	西餐	30	8	241	69 钱
	东京—神户	西餐	30	8	149	
	东京—下关	和食	30	8	213	
	京都—下关	和食	17	6	83	
东松轩	东京—神户	和食	30	7	661	52 钱
	东京—神户	西餐、和食	21	7	522	
	京都—下关	和食	30	7	434	
	京都—下关	和食	30	7	384	
东洋轩	东京—下关	和食	31	8	297	38 钱
共进亭	门司—鹿儿岛	西餐	12	4	31	1 元 6 钱
	门司—长崎	西餐	12	4	26	
仙台旅馆	上野—青森	西餐	24	7	63	85 钱
	上野—青森	西餐	24	7	83	
松叶馆	上野—青森	和食	11	6	201	28 钱
	上野—青森	和食	12	6	219	
浅田屋	函馆—稚内	西餐	12	4	33	95 钱

① 茂木信太郎、影山浜名：《食堂車の歴史と展望》，《ホスピタリティ・マネジメント》第 4 卷第 1 号，亜细亜大学経営学部，2013 年。

夜行卧铺列车也易引发盗窃案件。日本经济高速发展时期（1950 年代中后期至 1970 年代初），各铁路线纷纷开行新式的豪华型卧铺车，盗窃惯犯专门以卧铺车乘客为目标行窃。1959 年日本发生盗窃案件 167 件，涉案金额 400 万日元。1965 年发生盗窃案件 788 件，涉案金额 2 000 万日元。1979 年 7 月在特急卧铺车"富士"号车内被逮捕的某男子，在东海道和山阳本线列车上行窃 360 起，盗取金额 2 000 万日元。[①]

1949 年 5 月 9 日凌晨 4 时 23 分，从香川县高松市高松栈桥站开往宇和岛站的予讃线旅客列车在浅海站附近发生颠覆，当场导致 1 名助理驾驶员死亡，2 名驾驶员和 3 名乘客受伤。但受伤的驾驶员和乘客不久都去世了。列车为何会发生颠覆？一直未能破案。1964 年 5 月 9 日，予讃线列车颠覆致死罪过了诉讼时效，罪犯逍遥法外。

另一起未被破获的铁道犯罪案件是"松川事件"。1949 年 8 月 17 日凌晨 3 时 9 分，由青森开往上野的 412 次列车，在金谷川站与松川站之间发生倾覆脱轨，火车司机与 2 名助理司机死亡，列车长与 3 名旅客受伤。事故发生在松川站以北，距离约东京 261 千米。警察立即成立了搜查本部，很快在事发现场附近的田间发现了撬棍和万能扳手各 1 把以及铁轨的翼板、道钉、螺母、枕木垫板。事发地铁轨上有大量道钉被拔出，25 米长的一段铁轨中有 13 米被拽了出来。这显然不是一般的交通事故，而是有计划的犯罪行为。翌日，吉田茂内阁官房长官增田甲子七向记者明确表示："这一案件是前所未有的恶性犯罪。以三鹰事件为开端，包括此次事件的多起案件，它们发生的思想基础是一样的。"暗示事件由左翼人士所为，导致案件侦办工作偏离了客观轨道，夹杂了意识形态因素。日本著名作家、撰有长篇政论《松川审判》一书的广津和郎指出：

---

① 濱田研吾：《鉄道公安官と呼ばれた男たち》，交通新聞社，2011 年，第 136 页。

"十七日刚刚发生事故，连在现场上进行侦查的人都还如在五里雾中，关于凶犯连一点眉目都没有；除非具有什么预断，远在东京（距现场二百六十一千米多）的吉田内阁是不可能在第二天（十八日）就了解事故的真相的。然而在内阁里居重要地位的官房长官竟发表了这样的谈话，可以想见这是多么轻率和荒唐的举动。可是当时，连笔者都迂阔到相信了增田官房长官的谈话，以为这是'思想性犯罪'。这是由于六月半以来有关妨碍列车行进的新闻报道和政府就相继发生的'下山事件'、'三鹰事件'所进行的宣传，不知不觉地在我们心里打下了基础，以致我们不分青红皂白、盲目接受增田官房长官的谈话。当时，像笔者这样认为国营铁道工会和共产党干了多么轻率的事情而表示不满的国民恐怕不在少数。"[①]

"松川事件"是在特殊的历史背景下发生的。当时日本仍然处于美军占领之下，占领当局和日本政府借"松川事件"镇压左翼运动。第一，由于战败，日本出现了失业、贫困、饥荒，左翼运动勃发。战时被镇压的日本共产党因坚持反战、反法西斯主义，代表广大无产阶级的利益，战后初期在日本社会的影响急剧扩大，日本资本主义出现了体制性危机。美军占领当局和日本政府对左翼运动尤其是共产党势力的增长深感忧虑和恐慌。为此，美国逐渐背离在日本实施民主化政策的目标，而将日本打造为美国在远东的不沉的航空母舰。同时为了削减占领成本，遏止恶性通货膨胀，实施超紧缩政策，政府机关和民间企业实施大规模裁员，其中政府机关裁员 26 万人，民间企业裁员 100 万人。失业人员的大量增加，进一步加剧了社会矛盾。第二，战败导致殖民地铁路网丧失，相关

[①] 松本清张：《日本的黑雾》，文洁若译，人民文学出版社，2012 年，第 125 页；夏树静子：《与手枪的不幸相遇》，李昊译，北京大学出版社，2017 年，第 147 页。

铁路员工回归日本后，国铁不得不予以吸纳，对国铁经营造成了不利影响。战前日本国铁拥有职工 20 万人，战争期间国铁职工人数猛增，加上战败归国人员，国铁员工已达 60 万人，膨胀了 3 倍多。1946 年 9 月，日本国铁通告将裁员 12 万 5 000 人，由此引起了国铁大罢工。根据 GHQ（盟军总司令部）的指示，1949 年 6 月 1 日，国铁从政府事业单位转变为企业，成立了公共企业体——"日本国有铁道"（简称"国铁"）。国铁具有社会公共性与企业效益性的双重功能，在平衡社会公共性与追求经济效益间存在各种难以克服的矛盾。承担军事战略物资输送的国铁，在战败及战后初期的混乱局面中，国铁干部以权谋私，产生了隐匿、侵吞大量物资的腐败现象。第三，"松川事件"发生在福岛县境内，而福岛是日本重要的煤炭基地（常磐）和电力能源基地（猪苗代），包括国铁在内的重要基础产业的工人运动此起彼伏，引起了 GHQ 和日本政府的极大关注。[①]

  1949 年 7 月 4 日，国铁公布了准备第一次裁员 30 700 人的计划。翌日，国铁工会决定发起包括罢工在内的强力反抗斗争，当天国铁总裁下山定则在上班途中失踪，翌日在国铁常磐线北千住站—绫濑站间附近的铁轨上发现了下山定则被火车碾压的尸体。下山定则每天上午 9 时前准时抵达东京站的国铁总部，秘书总是在玄关前迎接他。关于下山定则的死因，警方和社会舆论有两种截然不同的意见。一种认为是自杀所引起的火车碾压，下山定则因为同情员工，极力反对大量裁员，导致郁闷而轻生。另一种意见则认为是被解雇的国铁员工为了泄愤而谋杀了下山定则。还有人认为，由于处于冷战时期，下山定则因政治原因被谋杀。

---

  ① 伊部正之：《松川事件とは》，《福岛大学地域研究》第 5 卷第 1 号，1993 年；夏树静子：《与手枪的不幸相遇》，李昊译，北京大学出版社，2017 年，第 146—第 150 页。

下山定则于 1901 年出生于兵库县，从东京大学工学部毕业后进入铁道省工作，铁道省撤销后，下山定则担任了运输省次官。下山定则是铁道迷，青少年时代常背诵列车时刻表。"他总喜欢站在铁路旁边看火车开过，百看不厌。提起当时下山的火车迷，据说在学校里都出了名。"国铁成立后，下山定则被任命为首任总裁。国铁总裁一职不好当，面临巨大的裁员压力。有朋友劝告他："如果答应担任总裁，一定得提出条件来，一切协商妥当。条件就是减少解雇人数，削减工资。至于采取什么方式方法，完全由总裁决定。"但是下山定则似乎并没有向政府提出什么条件，"不谙政事，或者为人老实的下山从就任时起就真是太疏忽大意了。这就种下了他致死的原因"。下山定则在与国铁工会谈判中显得非常温和，由此引起了 GHQ 民用运输局局长沙格农的强烈不满，7 月 4 日凌晨 1 时沙格农闯进下山住宅大骂，向他施加压力。7 月 5 日 11 时，下山约定与沙格农见面，汇报裁员情况，却发生了下山定则失踪死亡事件。

下山定则死于非命后，国铁工会领导拟在下山葬礼上宣读悼词，但是却受到了阻挠。悼词中写道："国营铁道公司目前面临着极其困难的问题。据闻当此时际，人多倾向于规避就任第一任总裁，而您却毅然决然挺身而出，应承下来。作为工会代表，我们对您素日的心情了解颇深。每次我们坚持自己的立场，您都以诚意相待。我们至今犹相信只有您是了解我们的真意的。这次精简机构，意义深远，甚至足以左右工会以及日本的命运。我们原是抱着披肝沥胆地与您谈话和交涉的热情，前来进行七月二日的谈判的。但是双方意见相持不下，陷入僵局，您终于宣布了停止谈判。我们看出当时您的隐衷一瞬间流露在脸上了。一方面是您私下对这次裁员的牺牲者的厄运所抱的同情，另一方面是官方蛮不讲理的要求——您的脸上所表露的大概就是夹在这两者之间的万分痛苦的感情。我们原希望能够和您好好地商谈，全国人民也都注视着这个问题，期待甚殷，不料却在这里看到您惨遭变故的遗容。您的死是无法弥补的损失，我们衷心感到悲痛。今天，全体六十万工会会员缅怀您的人格操守，一致向您致以真诚的哀悼。"针对下山定则失踪死亡的种种疑点，著名推理小说大师松本清张在其撰写的《下山国铁总裁谋杀论》一文中，将谋杀矛头直指 GHQ 情报部门以及指挥下的日本特工人员，谋杀下山定则，其目的就是挫败日本"走过了头的进步势力"。之所以选择下山，则是因为他作为国铁总裁坚持独自的立场，"对美军总司令部或沙格农的方案进行过抵制。下山的错误就在于他始终把国铁裁员问题理解为一个行政措施或是经济措施，他丝毫也没有意识到自己激怒了那个以至高无上的主宰自居的沙格农及其背后的庞大势力"。沙格农原是美国一家小型铁道公司的科长，对铁路管理并不内行，但是到了日本以后居然当上了民用运输局局长，"一朝权在手便把令来行"，极为霸道，常说日本的铁道就是"我的铁道"。谋杀分为绑架、负责杀害、利用火车搬运尸体以及将尸体放在轨道上等，由几个特工小组分别实施，他们都是单独接收命令，绝不知道别的小组在干些什么，也没有人告诉他们，而遥控这一切的是美国情报人员。国铁工会是当时日本最大的工会，围绕裁员问题，国铁工会正准备再次展开大规模的激烈斗争，但是下山之死发生后，"就像往台风的漩涡里丢了一颗原子弹似的，斗争陷入了低潮，终于烟消云散了"。国铁副总裁加贺山说："下山总裁并没有白死。以这个事件为契机，国营铁道公司的大批裁员工作逐渐进行下去，平安无事地结束了。总裁的死是可贵的牺牲。"东京芝浦公司经理也说："我之所以能重建东京芝浦公司，还多亏了下山先生的死。直到现在我仍认为先生的牺牲对当时那混乱的形形色色的劳资纠纷起了很大作用。"但是最大的受益者是美军总司令部。[①]

1949 年 7 月 12 日，国铁又发布了第二次裁员 62 000 人的名单。3 天后，即 7 月 15 日晚上 9 时 24 分，东京三鹰列车区段内的车库中，一辆由 7 节车厢组成的无人列车，以超过 60 千米/时的速度撞开了列车停止器，冲出车站坠落到附近，导致 6 人死亡，20 人受伤。三鹰区段是日本全国总工会反抗裁员的斗争大本营。事件发生的第二天，日本首相吉田茂发表谈话："反对使用虚伪与恐怖主义的手段，向民众传递社会的不安定感。"日本舆论紧密配合政府的论调，强调事件与工会及其左翼政党的联系，工会及左翼政党处于极为不利的社会舆论环境中。[②]

1955 年 6 月 22 日，日本最高法院判处三鹰列车区段检查员竹内景助死刑，理由是竹内景助出于对解雇的不满而颠覆列车。但这一判决引起诸多争议，判决是以 8 比 7 即 1 票之差通过的。"三鹰事件"发生后，搜查当局以共同谋议发动政治革命为目的而策划此次事件为由，逮捕和起诉国铁工会中的 10 名日共党员和非日共党员竹内景助。其间 1 名日共党员不予起诉被释放。1950 年，东京地方法院一审判决，"三鹰事件"系竹内景助单独作案，判处无期徒刑，不存在共同谋议，其他嫌疑人无罪释放。检方不服一审判决，要求对竹内景助判处死刑。被判处死刑的竹内景助不断上诉，坚称自己无罪。1967 年，竹内景助死于狱中，年仅 45 岁。竹内死后，其家属再次上诉。

"三鹰事件"发生前后的一年间，日本全国各地连续发生了多起故意破坏铁路交通的事件，造成多人死伤。在社会动荡不安的氛围中又发生了"松川事件"。如何侦办案件和起诉涉案人员引起了全社会的极大关

---

① 松本清张：《日本的黑雾》，文洁若译，人民文学出版社，2012 年，第 63 页，第 104—第 121 页，第 374 页。
② 夏树静子：《与手枪的不幸相遇》，李昊译，北京大学出版社，2017 年，第 149 页。

注。当时不仅公务机构在进行裁员，民间企业也在通过裁员进行改革。1949 年，东芝解雇了 4 600 人，相当于企业总人数的 20.6%。警方将调查范围缩小到国铁与东芝的工会这一范围，并以对两个工会的 7 名相关人员进行逮捕为开端，陆续逮捕了多人。1949 年 12 月 11 日，检察院以 "20 人同谋列车颠覆致死，皆为主犯" 的理由，对国铁以及东芝两工会各 10 人，共计 20 人，分 5 次进行了起诉。最先被逮捕的既不是工会会员，也不是共产党员，而是被解雇的当时只有 19 岁的少年养路工赤间胜美。1 周以后，以盗窃嫌疑的名义，从东芝公司方面逮捕了 18 岁的少年菊地武，菊地武也不是工会会员和共产党员，所谓盗窃嫌疑完全是捏造的。"考虑一下整个事件就能够明白当局有这样一个阴谋：先逮捕那些既不是工会干部又不是共产党员的少年，然后再向工会干部和共产党员拉开逮捕的罗网。" 警方和检方对被告人进行长时间的询问、恐吓和威胁。被告人被迫按照警方诱导式的询问，一一承认罪行。经过多达 95 次审理，1950 年 12 月 6 日，一审宣判被告人全体有罪，判处 5 人死刑，5 人无期徒刑，其他 10 人分别被判处了 3 年半到 15 年的有期徒刑。被告人不服判决，以最快速度上诉，被告人家属也走上街头，大声疾呼亲人无罪！二审经过一年零九个月，开庭 117 次，最终于 1953 年 12 月 22 日宣判，尽管有 7 人获得了减刑，3 人被判无罪，但量刑依然十分严酷，被判处死刑的有 4 人，无期徒刑有 2 人，有期徒刑 15 年的有 2 人，有期徒刑 13 年有 1 人，有期徒刑 7 年的有 4 人，加上已减刑的 4 人，合计 17 人有罪。二审判决引起了巨大争议。面对民众的批评，有法官傲慢地指责说："最近一部分'有识之士'对于办理中的案件，站在司法公正的角度说三道四，其目的就是要让民众对审判制度或者法官的能力与见识产生怀疑。更进一步讲，发表这样的言论会影响到国民对司法制度的信赖。" "我们作为法官，不可以让世间的杂音入耳，也不应附和流行

的风潮，对一切审判必须尽全力。"该法官的言论立即引起了社会各界
的强烈批评。东京教育大学教授家永三郎撰文指出："外行就应该沉默
吗？"对此予以驳斥。"松川事件"于 1958 年 11 月 5 日由最高法院大
法庭开始审理，1959 年 8 月 10 日宣布判决结果："原判决中与被告人
的相关内容作废，此案发回仙台高级法院重审。"重审于 1960 年 3 月 21
日开庭，1961 年 8 月 8 日宣布重审判决："一审中与被告人相关的部分
作废。被告人无罪。"检方难以接受惨败的结果，以事实误判为理由再
次向最高法院提起上诉。经过激烈辩论，最高法院于 1963 年 9 月 12 日
上午 10 点宣布"本案驳回上诉。"[①]至此，"松川事件"审理尘埃落定，
所有被告被判决无罪。"松川事件"起诉和审理时间长达 14 年，被告被
长期拘押，身心受到极大伤害（见"松川事件"被告拘留在时间表），
失去的岁月再也回不来了。

表 14-3 "松川事件"被告拘留时间表[②]

姓　名	案件发生时年龄	身　份	诉因	拘留天数/天
佐藤一	28	东芝工会创办人、共产党员	共同谋划实施行为	1 015
太田省次	33	东芝松川工厂工会副会长、共产党员	共同谋划	2 935
佐藤代治	23	东芝松川工厂工会会员、共产党员	共同谋划	1 543
浜崎二雄	20	东芝松川工厂工会会员	共同谋划实施行为	1 555
冈田十良松	23	国铁工会福岛支部委员、福岛地区工会会议书记长、共产党员	共同谋划	22＋1 480

---

① 夏树静子：《与手枪的不幸相遇》，李昊译，北京大学出版社，2017 年，
第 146—第 171 页；松本清张：《日本的黑雾》，文洁若译，人民文学出
版社，2012 年，第 126 页。

② 伊部正之：《松川事件とは》，《福岛大学地域研究》第 5 卷第 1 号，1993
年。

续表

姓　名	案件发生时年龄	身　份	诉因	拘留天数/天
二阶堂武夫	24	东芝松川工厂工会会员、共产党员	共同谋划	1 528
加藤谦三	19	国铁工会福岛支部福岛分会会员、共产党员	共同谋划	1 526
小林源三郎	20	东芝松川工厂工会会员	共同谋划窃取器物	1 157
菊地武	18	东芝松川工厂工会会员	共同谋划窃取器物	7＋1 153
大内昭三	19	东芝松川工厂工会会员	共同谋划窃取器物	1 153
二阶堂园子	25	东芝松川工厂工会会员	共同谋划	573
武田久	31	国铁工会福岛支部委员长、共产党员	共同谋划首领	997
铃木信	29	国铁工会福岛支部福岛分会委员长、共产党福岛地区委员长	共同谋划	3 570
斋藤千	29	国铁工会福岛支部委员、共产党员	共同谋划	753
高桥晴雄	25	国铁工会福岛支部福岛分会委员、共产党员	共同谋划实施行为	3 381
二宫丰	28	国铁工会福岛支部委员、共产党员	共同谋划	3 484
本田升	23	国铁工会福岛支部委员、共产党员	共同谋划实施行为	3 536
阿布市次	26	国铁工会福岛支部福岛分会书记、共产党员	共同谋划	3 516
赤间胜美	19	国铁工会福岛支部福岛分会会员	共同谋划实施行为	2 688
杉浦三郎	47	东芝松川工厂工会会长、共产党员	共同谋划	3 542

1964 年 5 月，"松川事件"被告及其家属向法院起诉，控告检方和

警方滥用职权罪并要求进行损害赔偿。经一审和二审，尽管滥用职权罪未被法院采纳，但判决对"松川事件"被告进行一定赔偿。1964 年 9 月 12 日，即最高法院判决"松川事件"全体被告无罪一周年之际，在事件发生地建立了庆贺松川运动胜利并防止再次发生此类冤假错案的"纪念塔"。1988 年 10 月，福岛大学设立了"松川事件资料室"。[1]2021 年 10 月 15 日，福岛大学向联合国教科文组织提出申请，要求将"松川事件"审理相关资料登录为"世界记忆遗产"，因为"松川事件"是战后日本最大的冤假错案，登陆为"世界记忆遗产"可以警醒后世，防止冤假错案的再次发生和进行司法改革。这是福岛大学第二次提出申请，上一次申请发生在 2017 年，由于各种原因被搁置。但"松川事件"究竟是何人所为，至今仍是一个谜。最高法院给出的判决理由是，"松川事件"是人为造成的列车颠覆事故，但是检方起诉的关键依据是两名被告的所谓"坦白"，但是这些"坦白"材料很值得怀疑。"在现行的刑事诉讼制度之下，必须要考虑到，无法通过证据来确定被告人是否有罪，这也是一种案件的真相。"保守势力对判决不满。终审审判长后来专门向杂志撰文指出："和我年龄相差无几，同在法院供职并且很熟悉的合议庭同事中，没有人会因为人生观的不同，而造成对证据所下结论的不同。自由心证的本质是对相应的证据所具有的证明力进行不偏不倚的判断，并且忠实地服从于这种证明力。"[2]"松川事件"对战后日本社会发展产生了重大影响。

"下山定则之死""三鹰事件"和"松川事件"被列为国铁三大迷案。

"松川事件"发生后，日本的铁道犯罪案件并未终止。1962 年至 1963

---

[1] 伊部正之：《松川事件とは》，《福岛大学地域研究》第 5 卷第 1 号，1993年。

[2] 夏树静子：《与手枪的不幸相遇》，李昊译，北京大学出版社，2017 年，第 167—第 168 页。

年间，自称"草加次郎"的罪犯多次发出威胁信，声称要对列车进行爆炸等破坏活动，要求在指定地点放置现金，但罪犯始终未出现在交付现金的现场。警视厅根据罪犯留下的指纹和笔迹，出动了19 000名搜查员，但一直未能破案。1968年6月16日下午3时左右，横须贺开往东京的列车在大船站前发生爆炸，导致1名乘客死亡，14名乘客受伤。罪犯是一名25岁的青年。由于被恋人解除婚约，他怀恨在心，在横须贺线列车上实施爆炸，因为恋人经常乘坐该线路列车。罪犯抓捕后被判处死刑。1999年9月29日下午4时25分左右，一男子驾车冲破JR下关站车站大楼玻璃门，闯入旅客通道碾压，然后下车后挥舞菜刀不分青红皂白地砍杀乘客，导致5人死亡，10人重伤。罪犯的犯罪动机是因事业不顺，迁怒于社会。罪犯抓捕后被判处死刑。但这些案件造成的危害程度都不及日本邪教奥姆真理教在地铁车厢及车站实施沙林毒气攻击。

1994年6月，奥姆真理教组织成员在松本市实施沙林毒气攻击，导致7人死亡，500多人受伤。1995年是第二次世界大战结束50周年。1月17日，日本发生阪神大地震，导致6 400多人死亡，43 000多人受伤。在日本社会全力以赴救灾之时，奥姆真理教却于3月20日（周一）上午8时，即上班早高峰时段，在东京地铁丸之内线、日比谷线、千代田线列车以及站台上同时实施无差别沙林毒气攻击，导致12人死亡，6 000多人受伤，震惊整个世界。奥姆真理教头目和实施毒气攻击的犯罪成员抓获后被判处死刑，但迟迟未执行。

2018年7月6日，在西日本地区暴雨造成大量人员伤亡和房屋倒塌的同时，另一条消息也迅速引爆网络，即奥姆真理教头目麻原彰晃和其他6名教内极端分子被执行死刑。早晨7时，被关押在东京小菅拘留所的麻原彰晃起床，用过早餐后被带往刑场。当问他如何处理自己的遗体和所持物品时，麻原彰晃仅回答"四女儿"而没有留下其他遗言。另外

6 名罪犯分别在东京、大阪、广岛和福冈四个拘留所被执行死刑，他们是担任了所谓"奥姆真理国"建设省大臣的早川纪代秀（68 岁）、谍报省大臣井上嘉浩（48 岁）、厚生省大臣远藤诚一（58 岁）、土谷正实（53 岁）、自治省大臣新实智光（54 岁）以及法皇内厅长官中川智正（55 岁）。日本是一个对死刑判决和执行非常慎重的国家，如果不是奥姆真理教罪大恶极，不会在一天内处死 7 名罪犯。但是这一天来得太晚了，许多遭遇沙林毒气袭击的受伤者以及失去亲人的遗属没有等到这一天。对麻原彰晃和其他 6 名极端分子执行死刑的一个重要原因就是日本政府希望将发生在平成时代的奥姆真理教事件在平成时代终结，因为平成天皇预定明年退位，新天皇即位的翌年东京将举办奥运会，都不适宜执行死刑。

　　奥姆真理教对列车及车站进行毒气攻击事件发生后，警察和铁路管理部门加强了对恐袭的防备，如加强对列车车厢和车站的巡逻、增设摄像头、设置透明垃圾箱、检查可疑行李和可疑人员、封闭新干线列车垃圾箱和驾驶室、在列车上安装紧急报告设备和增设防恐提示板等。在沙林毒气事件发生后的 5 月 5 日，在东京新宿的地下街道的洗手间中发生氰毒气事件，"这一事件由于及早被发现而没有出现受害者，但这却是因试图阻止警方搜查而企图制造的足以导致 1 万 3 000 人死亡的氰毒气投放事件"。[1]国土交通省与相关机构合作，设立三级铁道警戒体制，即普通警戒体制（绿色，没有对特定铁道设施等进行具体攻击的情报）、高度警戒体制（黄色，有对特定铁道设施等进行具体攻击的情报）、严重警戒体制（红色，连续发生对铁道设施的恐怖袭击以及其他危险状况）。

　　日本铁道警察为守护乘客安全和维持列车正常运行做出了巨大努力。1949 年 6 月 1 日，"日本国有铁道"作为公共企业体从运输省独立出来。

---

① 中村雄二郎：《日本文化中的恶与罪》，孙彬译，北京大学出版社，2005 年，第 19 页。

国铁时代（1987年4月1日前）共设有72个铁道公安室和46个公安分室，国铁本部设"铁道公安局"（以后改称公安本部）。日本铁道警察正式名称叫"铁道公安职员"，俗称"铁道公安官"，隶属于"日本国有铁道"，其工作口号是"规律严正、至诚奉献、敬爱协调"，着统一的制服，配备对讲机与手铐进行巡逻，在国铁区域和相关设施内行使司法警察权，可以对罪犯实施逮捕。但其权限不得在私有铁路区域或设施内行驶。1964年，铁道公安职员有3 044人（国铁职工约有46万人），1978年有2 900人（国铁职工约有43万人），国铁民营化时人数又下降为2 882人。也就是说，铁道公安职员不到国铁职工的1%。尽管铁道公安职员是国铁职员，不是警察，但面临的工作环境和要求与警察是一样的。铁道公安职员从年满20岁的国铁职员中严格选拔，经苛刻训练后配备于铁道公安室或铁道公安机动队。铁道公安职员在履行职务中受伤乃至牺牲屡见不鲜。年平均负伤者为178人。国铁民营化后，铁道警察业务移交地方警察管理部门，新组建的2 943人的铁道警察队从原铁道公安职员和现役警察中选拔组成，未入选的原铁道公安职员转岗。现在履行维护JR与私铁公司铁道设施以及乘客安全职责的是铁道警察队。尽管铁道警察队尽心尽职，但铁道恐袭仍防不胜防。[1]2021年8月6日，即东京奥运会期间，一名30多岁的男子在东京都世田谷区行驶的小田急列车上持菜刀对乘客进行无差别砍杀，导致10名乘客受伤，其中1人伤势严重。罪犯因对生活处境不满而蓄意报复，被抓捕后竟声称，"看到四处逃窜的人的身影，我感到很满足"。

与此同时，铁道公安职员以及车站和乘务人员还要注意防止乘客利用铁道自杀。1998年以来，日本连续14年自杀人数都超过3万人，其

---

① 濱田研吾：《鉄道公安官と呼ばれた男たち》，交通新聞社，2011年，第16—第21页，第216页。

中利用铁路自杀者，每年约 400 人，这不仅给亲属带来了很大的精神和经济打击，同时也对行车安全和列车准时运行造成了损害。日本国土交通省 2018 年度统计，自杀所造成的妨碍铁路运输事件高达 601 起。根据对关西地区各铁路公司 2006 年—2011 年 5 年间合计 518 件自杀事件的统计，通过站台跳入铁轨自杀的有 250 件（占 48.3%），通过铁路道口进入铁轨自杀的有 182 件（占 35.1%），通过其他场合进入铁轨自杀的有 86 件（占 16.6%），其中男性自杀者为 61%，女性自杀者为 39%，自杀者平均年龄为 49.3 岁。如果根据天气来分类，晴天发生自杀事件共 212件，占 71.1%，阴天发生自杀事件 63 件，占 21.1%，雨雪天气发生自杀事件 23 件，占 7.7%。从自杀事件发生的时间段来分类，主要发生在 6点—12 点，12 点以后自杀事件减少，从站台跳入铁轨的自杀事件在 18点以后也急剧减少，但是突入铁轨自杀的事件却在 18 点以后达到高峰。每月平均发生自杀事件 43.6 件，其中 1 月、3—4 月、9—10 月以及 12月的自杀率较高。3、4 月份是日本学校和工作单位录取名单公布时期，无论是升学的学生，还是走出校门进入职场的年轻人，都面临巨大心理压力。9、10 月份，漫长的夏季结束，虽然天高云淡，但季节转换之际人易感觉寂寞，产生忧郁心理。进入 12 月以后，自营业主面临年关，为企业资金问题发愁，自杀者显著增加。

  铁道公安职员以及站台和乘务人员特别注意从外观及穿着上辨别自杀者，想方设法防止自杀事件的发生。各铁道公司和教育管理部门采取了许多措施：第一，在站台设置安全栅栏，不仅可以防止自杀者跳入铁轨，也可以防止意外坠落事故。JR 东日本公司已经决定在乘客人数最多的山手线所有车站安装安全栅栏。第二，在自杀事件多发的道口及铁路线，通过安装蓝色 LED 照明设备防止自杀。第三，在车站和自杀事件多发地段张贴标语、广告等。JR 东日本公司还开展了"加强生存支持月活动”，活动期间开行“支持生存列车”，唤醒自杀者的求生欲望和对生命的尊重。通过广泛宣传,使自杀者清楚了解自杀不仅给个人带来痛苦,也给亲属带来巨大的物资损害赔偿和精神创伤。尽管自杀者已死亡,但亲属要承担利用铁道自杀所造成的损害责任,铁道损害赔偿金额特别巨大,包括劳务费和物资损失费。自杀事件会导致列车延误,打乱行车时刻表。某条铁路线处理自杀事件花费的员工劳务费,经计算仅半天就高达 250 万日元,如果包括乘客受伤和误工以及造成的物资财产损失,费用就更高了。曾有一痴呆患者在 JR 东海铁道线内引发事故,经法院判决,相关损害赔偿达到 720 万日元。如有人不小心驾驶汽车在铁路道口与列车相撞,导致列车受损,车辆维修费大约为 8 700 万日元,相关电器设备维修费为 600 万日元,线路维修费为 1 100 万日元,合计 1 亿 400 万日元,也就是说,一次铁道事故或铁道自杀事件有可能造成 1 亿日元的物资赔偿费用。如果责任人死亡,则亲属承担赔偿责任。所以亲属往往通过放弃继承权来规避自杀者所造成的赔偿责任,因为放弃了继承权也就意味着不承担赔偿责任。第四,设置预防自杀热线电话,在车站开设预防自杀咨询室。第五,通过与自杀事件多发地段周边地区居民的合作来预防自杀事件的发生。第六,通过大数据分析法来预防自杀事件。①

---

① 李政元:《鉄道自殺防止のための調査報告書 ~関西鉄道 6 社自殺・自殺未遂事故データ分析の結果~》,財団法人大阪府人権協会,2012 年;大井良:《鉄道員裏物語—現役鉄道員が明かす鉄道の謎》,彩図社,2010年,第 34—第 36 页,第 111—第 114 页。

日本推理小说中的铁道空间

　　日本有非常发达的侦探推理文化，每年出版不少推理小说并被搬上银幕，形成了众多流派，而松本清张是社会派推理小说的一代宗师，与英国的阿瑟·柯南·道尔和阿加莎·克里斯蒂并称世界三大推理小说大家。世界上第一部推理小说是美国作家埃德加·爱伦·坡于1841年发表的中篇小说《莫格街凶杀案》。当时日本正处于封建的江户时代。幕末明治初期，日本翻译了大量欧美国家的推理小说。日本第一部推理小说《杨牙儿的奇狱》于1877年9月至1878年2月在《花月新志》杂志上连载，作者是兰学家神田孝平。但这部小说并非原创，而是根据荷兰作家的作品改编的。著名记者和小说家黑岩泪香创办了《万朝报》。凭借高超的英语水平，黑岩泪香翻译介绍了大量欧美国家的推理小说。黑岩泪香不限于翻译和介绍，而且还尝试创作。黑岩泪香以1889年7月5日东京筑地发生的一起杀人案件为原型，创作了一部名为《凄惨》的推理小说，该小说不仅在杂志上刊载（1889年9月），而且还发行了单行本，可说是日本推理小说之嚆矢。《凄惨》虽然并没有描述铁道空间，但提及了在东京筑地开店的犯罪嫌疑人和居住在横滨的被害人经常通过京滨铁路来往于两地的情况。战前日本社会将推理小说称为"侦探小说"。1946年2月，新成立的出版社雄鸡通信社出版发行了《推理小说丛书》，从此以后"推理小说"的名称逐渐取代了"侦探小说"的名称,与侦探小说名称相比,推理小说的称呼似乎含有更多科学、悬疑和惊悚的意味。1963年"侦探作家俱乐部"改名为"日本推理作家协会"。①

　　1866年,英国著名作家狄更斯发表了短篇小说《信号员》,讲述了主人公"我"与一个不知名的铁道信号员相遇的故事。主人公站在高处,向信号员打招呼:"喂!下面听着!"信号员对呼唤声有些惊慌。主人公询问惊慌的原因,信号员说:"一个月夜,我正坐在这儿,听得一声喊叫:'喂!下面听着!'我一跃而起,从门口眺望,看见那个人站在隧道附近的红灯旁边,向我挥手,我朝那人影直奔而去。当时他就站在黑洞洞的隧道外边。"当信号员跑过去,那个人却不见了。信号员心惊胆战地说:"在那个鬼出现以后不到六个小时,在这条铁路上一起重大车祸发生了,不到十小时,死伤者便陆续运出隧道,经过那个幻影站过的地方。""过了六七个月,我已从诧异和震惊中恢复过来,可是一天早晨,天刚蒙蒙亮,我站在门口,望着那盏红灯,这时我又看到了那个鬼。""正是那天,一列火车驶出隧道时,我从靠我这边的车窗中发现车内乱糟糟的,许多人的头和手挤在一起,还有什么在挥动。我一看到,立刻向司机发出信号:停车!他马上关闭机器,紧急刹车,但火车仍从这儿向前滑行了至少150码。我随即奔去,还没到达那儿,便听到了可怕的尖叫声和喊叫声。在一节车厢中一个美丽的少女突然死了,她给抬到这屋里,停在我们中间的这块地上。"一周前那个鬼又回来了:"装出迫不及待地拼命喊叫的样子,重复了一遍以前那个手势:'看在上帝份上,赶快离开铁路。'"信号员被弄得惶恐不安,无法平静。信号员

① 原口隆行:《鉄道ミステリーの系譜:—シャーロック・ホームズから十津川警部まで》,交通新聞社,2016年,第26—第27页,第46—第47页。

向铁路管理部门发电报说："危险！注意！"铁路管理部门回电说："什么危险？在哪里？"信号员继续发电报说："不知道。但是看在上帝份上，千万小心！"主人公以为工作压力大，造成了信号员的精神幻觉，安慰几句后便告辞了。第二天，主人公又去了信号员值班室，刚走近值班室，就发现一些人在铁道旁议论纷纷，原来信号员被列车撞死了。司机说："在隧道中车子打弯时，我看到他在隧道口，好像这是从望远镜中看到的一样。刹车我已来不及，但我知道他一向十分小心。由于他似乎并没有听到汽笛，车子却在向他驶去，我赶紧关闭机器，一边尽力大声喊他。"主人公问："你喊什么啦？"司机回答："我说：'下面听着！当心！当心！看在上帝份上，赶快离开铁路！'"主人公听了倒吸一口冷气。①这是世界上第一部以铁道空间作为案件发生场所的推理小说。1898 年，推理小说大师阿瑟·柯南·道尔发表了《失踪的专列》。1934 年，阿加莎·克里斯蒂推出了享誉世界、以豪华列车为谋杀现场的推理小说《东方快车谋杀案》。2019 年夏天，我专门去了伊斯坦布尔锡尔凯吉火车站，也就是曾经的东方快车终点站，印证《东方快车谋杀案》对锡尔凯吉火车站的描写。有学者认为，狄更斯、柯南·道尔和阿加莎·克里斯蒂开拓了推理小说中的一个流派，即"铁道推理小说"。1979 年，日本学者小池滋编辑出版了《世界铁道推理杰作选》（2 卷，讲谈社出版），狄更斯的《信号员》被收入第二卷。何谓铁道推理小说？这是一个简单却又难以回答的问题。笔者认为，以铁道空间作为故事（案件）发生场所或人物活动舞台的推理小说即为铁道推理小说。

　　日本推理小说常以铁道空间作为案件发生场所，这一传统从推理小说之父——江户川乱步就开始了，其演变可分为三个阶段。第一阶段从

---

　　① 狄更斯：《信号员》，李国星译，内蒙古文化出版社，2002 年，第 1—第 14 页。

20 世纪 20 年代至日本战败，这一阶段的铁道推理小说家以江户川乱步为代表，其他著名作家有本田续生、甲贺三郎、葛山二郎、浜尾四郎、海野十三、岩藤雪夫、大阪圭吉、梦野久作、苍井雄等。第二阶段从日本战败至 1987 年 4 月国铁民营化改革，以松本清张为代表，其他著名作家有横沟正史、海野详二、芝山仓平、渡边启助、青池研吉、坪田宏、土屋隆夫、岛田一男、鲇川哲也、森村诚一（其创作横跨第二、第三阶段）、斎藤荣等。第三阶段为国铁民营化改革以后，著名作家有西村京太郎、岛田庄司、连城三纪彦、辻真先等。①

　　江户川乱步（1894—1965 年），原名平井太郎，出生于三重县的名张町（现名张市）。两岁时因父亲工作调动，迁居于三重县的龟山町（现龟山市），以后又移居名古屋和东京。大学毕业后，江户川乱步先后在贸易公司和旧书店等工作。1923 年发表推理小说处女作《两钱铜币》。在漫长的创作生涯中，江户川乱步曾撰写了 4 篇风格各异的以铁道空间作为案件（故事）发生场所的推理小说，即《一张车票》（1923 年）、《戒指》（1924 年）、《鬼》（1931 年）和《与贴画一同旅行的男子》（1929 年）。②《与贴画一同旅行的男子》，描写了主人公"我"在列车上与一位年老的带着贴画旅行的绅士偶遇的故事，没有杀人案件，也没有江户川乱步塑造的侦探形象——明智小五郎，因而不太为读者所知悉。其实这是一部非常精彩的小说，连一向对自己的作品评判甚严的江户川乱步都对这部作品表示满意："从某种意义上而言，我的短篇中，这部

① 原口隆行：《铁道ミステリーの系譜：—シャーロック・ホームズから十津川警部まで》，交通新聞社，2016 年，第 7—第 9 页。
② 原口隆行：《铁道ミステリーの系譜：—シャーロック・ホームズから十津川警部まで》，交通新聞社，2016 年，第 110—第 115 页。

作品或许是最可感安心之作。"①现实与梦幻、死亡与爱情、如花美眷与逝者如斯交织在一起。主人公在富山县的鱼津观赏了海市蜃楼之后，搭乘火车返回东京上野。鱼津位于富山县东部，人口约 4 万，有一条地方铁路线，即爱之风富山铁道，原属于西日本铁道公司，后转变为第三方铁道，全长 100 千米，从石川县的俱利伽罗站至新潟县最西端的市振站。北陆新干线穿越鱼津但不停靠。鱼津靠海，位于富山湾，有鱼津港。鱼津是观赏海市蜃楼的好地方，初春时节该地常出现海市蜃楼现象。主人公坐上开往上野的火车已经是 6 点左右的傍晚时分，车厢如同教堂般空空荡荡，除"我"之外就只有一位先到的乘客，蜷缩在另一头角落的沙发椅中。"火车重复着单调的机器轰鸣，驰骋于寂静海岸边险峻的山崖与沙滩之上。如同沼泽般的海面上，雾气深邃之处，朦胧中似乎能隐约远眺那暗绯色的晚霞。看上去莫名巨大的白帆，梦幻般地滑过其间。这是个无风且闷热的日子，从几处开着的车窗中，随着火车的前行而悄然吹拂而至的微风，也如幽灵般瞬间消弭得无影无踪。火车穿过众多短小的隧道以及除雪柱组成的队列，纵横于广袤无垠、泛着灰色的海空之间。"主人公打量另一位乘客，"这人看上去相当老派，穿着一件狭领窄肩的黑色西服，如同在我们父辈年轻时的褪色照片中看到的"，感觉颇有派头。"我们各自坐在车厢角落里，有时会远远碰撞一下视线，旋即又尴尬将眼神转向别处，如此反复多次。车外已经完全暗了下来，把脸贴进车窗，有时候能看到远处海岸边渔船的点点舷灯，除此之外就再无任何光亮。无边无际的幽暗之中，似乎只有我们乘坐的细长车厢是唯一的世界，永不休止咣当咣当地行进着。仿佛世上所有的生物都已消失得无影无踪，只剩下我们两人留在昏暗的车厢里。"没有乘客上下车，没有列

---

① 江户川乱步：《江户川乱步短篇小说选》，钱晓波译，华东理工大学出版社，2017 年，第 191 页。

车员巡视或服务，整个车厢里弥漫着一种不安的氛围，主人公对于这位年老的绅士感到了某种恐惧，又对其所带的贴画感到好奇，"恐惧感这东西若无其他事情来派遣，就会无限制发展，并逐渐在身体里扩散开来"。于是主人公毅然走向这位年老的绅士，两人聊了起来。贴画上有两个人物，一个是身着白天鹅绒老式西服的白发老者，拘谨地端坐着，另一位是美少女，大约十七八岁，面容清丽，娇嫩欲滴，羞赧暗含，依偎在老者身前。"整个场面颇似戏剧中所谓的情场戏"。年老绅士告诉主人公，老者是他的哥哥，一家人住在东京日本桥大街，父亲做和服买卖。有一天，哥哥登浅草寺 12 层的凌云阁塔，用望远镜看见了西洋镜店播放的这幅贴画的女子，于是迷上了这位女子，"平日里于女性一向冷静恬淡的家兄，对这望远镜中的年轻女子，竟然会通体透亮，浑身发颤。家兄说其内心完完全全被这位少女搅乱了"。哥哥要求弟弟拿着望远镜对准他和远处贴画上的女子，在弟弟引导下哥哥不断往后退，身体逐渐变小，最后变成了与贴画上女子一样大小。"然后紧接着，家兄整个人突然腾空弹起，嗖的，顷刻间完全融化于无垠的黑夜中去了。"尽管到处寻找，但无论什么地方都找不到哥哥。于是绅士央求西洋镜店主将这幅贴画卖给他，贴画上哥哥代替了另一位男性。"面露欣喜之色，和阿七（画中女子的名字）相互依偎着。""我倒是未感到悲切，如同这般夙愿得偿，我反而为家兄最终获得了幸福而感动得热泪盈眶。"绅士带着贴画从箱根一路旅行至镰仓，为的是让哥哥来一次新婚旅行。"把这幅画立在窗前，让家兄和家嫂观赏下窗外的景色。家兄是何等的幸福。年轻女子对于家兄的这份真情意，又怎会不喜。两人就像真正的新婚夫妇。"绅士告诉主人公。"有件事挺令人悲哀的。不管这姑娘有多么栩栩如生，终究是人做出来的，所以一点都不会有年龄上的变化。而家兄呢，即便成了贴画，也是硬将自己缩小后变成的，其根本是有生命之物，因此跟我们一样会渐渐老去。您请看，曾经 25 岁的翩翩美少年，业已满头白霜，脸上也增添了不少碍眼的皱纹。对于我家兄来说，是何等惆怅之事。倾慕之人无论何时都青春靓丽、国色天香，而自己却逐渐年老体弱，垂垂朽迈。确实令人愁绪万千，因之家兄面露悲切之色。几年前开始就一直那样愁容满面，郁郁寡欢，想到这事，我就不禁为家兄感到心酸。"绅士说完以后，把贴画用黑色包袱皮包裹起来，就此沉默下来。"我也始终没有说话。列车依然发出咣当咣当粗钝的轰鸣，在黑夜中奔驰着。"不久列车停靠在了不知名的山间小站上，一位列车员孤零零地站立在月台上。绅士下车了，"从车窗望去老者瘦长的背影（看上去完全就像贴画中老者的样子）。在简易栅栏处，将车票递给车站的工作人员后，就这样，好似融化般，消失在其背后无垠的黑夜中"。①松本清张的小说创作受到了江户川乱步的影响，曾参与了江户川乱步全集的编辑工作，而江户川乱步也对松本清张寄予厚望，在自己主编的杂志上连载松本清张的小说，赞誉松本清张为"推理小说界的松尾芭蕉"。

其实日本不少小说大家都曾尝试写过推理小说或犯罪小说。1918 年7 月，著名的《中央公论》杂志以"艺术的侦探小说"（新侦探小说）为栏目刊载了谷崎润一郎的《两位艺术家的故事》、佐藤春夫的《指纹》、里间弥的《刑警之家》以及芥川龙之介的《开化的杀人》。芥川龙之介还撰写了《罗生门》《魔术》等悬疑推理小说，谷崎润一郎则撰写了《途中》《柳汤事件》《白昼鬼语》《我》等推理小说，集英社出版了《谷崎润一郎犯罪小说集》。有意思的是日本文坛的一对冤家，即谷崎润一郎与佐藤春夫都善于撰写推理小说。1910 年代侦探或推理小说给人的印象还停留在娱乐小说的层面上，虽然日本翻译或编译了不少推理或侦探

---

① 江户川乱步：《江户川乱步短篇小说选》，钱晓波译，华东理工大学出版社，2017 年，第 117—第 185 页。

小说，但推理小说在日本文坛的地位并不高，从事推理小说创作的作家很少。在那样的时代氛围中积极致力于侦探小说写作的佐藤春夫受到了江户川乱步的称赞，说他不像其他作家那样轻蔑侦探小说，而是有意识地进行创作的作家。佐藤春夫对后世的侦探或推理小说家产生了很大影响。《指纹》刊载时的副标题是"我的不幸的朋友一生所进行的怪异的侦探故事"。小说采用第一人称、以回忆的形式进行叙述。如果将佐藤春夫与芥川龙之介、谷崎润一郎相比较，似乎佐藤春夫的某些作品最接近于纯侦探或推理小说。①

　　1989 年，著名推理小说家岛田庄司发表的小说《奇想，天动》，则是一开始就描写了北海道夜行列车上发生的火车出轨事件，奇异诡谲。1957 年 1 月 29 日，一个暴风雪肆虐的夜晚，一列夜行列车顶着北海道山间的暴风雪向北前进。"如果自黑暗的上空俯视这列夜行列车前进的情形，隔着飞舞的雪片，看起来就像是一条扭动身体、在一望无际的洁白地面上一寸寸爬行的黑色蚯蚓。"这是由札幌朝石狩沼田北上的札沼线第645 次列车。作者首先描述了车厢内外的各种声音："由于是在暴风雪肆虐的深夜里前行，列车速度并不快，亮着黄色小灯的朦胧车厢内可以听见列车碾过铁轨的单调声音，时而还有令整辆列车晃动的车厢连接器碰撞的声音，另外也有让外头的黑暗颤抖、仿佛由地底涌出的风吼声，以及吹在车窗玻璃上的雪粒声，甚至还有车厢内稀疏坐着的乘客的鼾声。"除了这些声音，其他却似死亡般的寂静，完全听不见乘客的说话声。然后作者描绘了车厢内乘客和乘务员的各种姿态："既然是夜行列车，每个人当然以不同的姿态熟睡着。有的年轻男女依偎着熟睡；也有人以唐松图案的包袱为枕，占据两个座位打鼾；还有人把鸭舌帽往下拉盖住脸，

---

① 福壽鈴美：《佐藤春夫「指紋」論——探偵小説の系譜—》，《フェリス女学院大学日文大学院紀要》第 21 号，2014 年。

靠窗沉睡……简直是姿态各异。乘客既是这种情形，车长也就很少巡行整辆列车了。他只是很慢很慢地从一节车厢走到另一节车厢，然后就无事可做，回到最后一节车厢自己的小房间内，也去睡觉了。"这列载着几乎没有醒着的人、如同死亡般静寂地行驶于暴风雪中的夜行列车，孤独地前行，似乎预告即将有某种恐怖事件发生。[1]果然，第 645 次列车发生了列车出轨案，同时函馆本线的第 11 次列车发生了谋杀案。但谋杀和列车出轨案均未告破。32 年后，一位怯懦老人在东京浅草购买物品时因拒付 12 日元消费税，在被老板娘追讨过程中杀死了老板娘，由此揭开了32 年前两桩似乎毫不相干的列车谋杀案和出轨案的案情。主人公是一个做事极其认真的东京警视厅搜查一课的刑警，在办案过程中发现，函馆本线列车从右侧北上抵达深川，札沼线列车从左侧北上抵达石狩沼田。两条同样北上的铁道并非毫无关联，因为它们的起点是连在一起的，即以札幌为分界点，犹如双胞胎般的路线。列车出轨与谋杀不是简单的铁道犯罪案件，循着北海道铁道空间的变化、列车运行线路的调整，战争灾难、兄弟情谊、情侣背叛、职场冷漠、冤假错案、舍身复仇等，一一浮出水面，环环相扣，扑朔迷离。这部小说由于对铁道空间、人物心理以及案件隐情抽丝剥茧般的出色描写，2013 年入选日本《周刊文春》"东西推理 BEST100"书单。

　　狭小又封闭、静止又流动、呈现世相百态的列车空间常常成为小说大家们笔下描述的空间，乘客不文明或善意的举动常常被放大，这些举动往往会引来不寻常的反应。芥川龙之介的小说《橘》描绘了一位百无聊赖的主人公，在冬天一个阴沉沉的黄昏搭乘横须贺线始发的上行二等列车。横须贺线全长 23.9 千米，连接镰仓的大船站至神奈川的久里滨站。

---

① 岛田庄司：《奇想，天动》，林敏生译，新星出版社，2013 年，第 1—第 2 页。

如果从横须贺站乘车，上行可达田蒲、镰仓、大船并可换乘列车抵达横滨、东京、千叶，下行可达衣笠、久里滨。芥川龙之介当时就任海军机关学校的临时教官，讲授英语，属于军队文职人员。海军机关学校位于横须贺。主人公上车后呆呆地等待发车的汽笛声，"早已亮起电灯的车厢除了我别无乘客。窥看外面，昏暗的月台上今天也少见地连个送行的人也没有。只有关在笼子里一只小狗不时伤心地叫一声。而这些同我那时的心绪竟那般吻合，吻合得不可思议。我脑海中难以言喻的疲劳和倦怠投下宛如雪云密布的天空那样沉沉的阴影"。发车的汽笛声终于响了，"我心里生出一丝宽慰，头靠后面的窗框，似等非等地等待眼前的车站缓缓后退"。不料，一个小姑娘匆匆忙忙地穿过检票口，慌慌张张地登上列车。小姑娘满脸通红，穿着污迹斑斑的衣服，一双长满了冻疮的手，手里紧紧攥着一张三等车票，"一个典型的乡下女孩"。主人公生出一种莫名的优越感，并且对持有三等车票的小女孩闯入二等车厢感到气恼。为了忘掉不快，主人公点起香烟浏览报纸。列车即将进入有很多隧道的横须贺线第一个隧道。突然主人公发现小姑娘不知何时坐到自己身边，"再三再四地开启车窗。但玻璃窗看样子很重，难以如愿。那满是皲裂的脸颊愈发红了，不时抽鼻涕的声音同低微的喘息声一起急切切传入我耳中"。日本短途列车的座位常常是靠窗排列，左右相对，中间是过道。主人公把开窗举动看成是小姑娘的心血来潮，"我心底依然积蓄险恶的感情，以冷酷的眼神望着那双长冻疮的手千方百计想抬起玻璃窗的情形，但愿她永不成功"。小说创作于 1918 年，当时行驶的机车仍是蒸汽机车。火车发出凄厉的声音闯入隧道，而窗户也随之打开了，夹杂着煤烟的黑色气浪从窗口一涌而入，"刹那间化作令人窒息的烟，滚滚涌满车厢。本来嗓子就不舒服的我还没等用手帕捂脸，就被烟扑了一脸，咳嗽得几乎透不过气来。而小姑娘却一副满不在乎的样子，脑袋伸出窗外"，任凭黑暗中的风吹散头发，一动不动地注视火车前进的方向。主人公极为气恼，真想劈头盖脸地把这个不相识的小姑娘骂一顿，让她把车窗按原样关好。但火车这时已经轻快地滑出隧道，煤烟消散，驶近一个铁道口，道口值班员有气无力地在暮色中挥动白旗，主人公"发现冷冷清清的道口栅栏的对面紧挨紧靠地站着三个红脸蛋男孩儿。个子都矮矮的，就好像给阴暗的天空挤压的"，"他们一面仰看行驶的火车，一面一齐举起小手。鼓鼓地翘起楚楚可怜的喉结，拼命发出听不出什么意思的喊声。事情发生在这一瞬间：从窗口探出上半身的那个小姑娘，一下子伸出长冻疮的手一个劲儿左右挥舞，五六个被太阳染成暖色的令人动心的橘子随即从天空朝给火车送行的孩子们头上'啪啪啦啦'落下"。主人公这才恍然大悟，外出做工的小姑娘是为了感谢特意来铁道口送行的弟弟们，而把怀里的橘子从车窗口扔出去的。无人送行的车站、寂寥的车厢、漆黑的隧道、暮色的城郊铁道口以及无精打采的值班员，完全是一幅凄凉的画面，只有小姑娘的善心和被太阳染成暖色的橘子才抹下了一道亮丽的色彩。主人公泛起一种不明所以的豁然开朗心情，"我昂然抬起头，就像看另一个人一样看着那个小姑娘"，"这时我才得以暂时忘却难以言喻的疲劳和倦怠，忘却费解的、低等的、无聊的人生"。①

　　同样的场景在松本清张的小说《发作》中却出现了迥然不同的结局，乘客无意识的不文雅举动居然招致了杀身之祸。主人公名叫田杉，是一位穷困潦倒的公司小职员，在单位吊儿郎当招人嫌弃。妻子患病回娘家住在当地疗养院，他与妻子没有什么感情，因为妻子是个冷漠的人，经常对他破口大骂。但他良心未泯，仍然每个月给妻子寄钱养病，尽管数量越来越少。剩下的钱则花在包养情人和赌博上，以此填补自己空虚的

---

① 芥川龙之介：《罗生门》，林少华译注，中国宇航出版社，2013年，第191—
　　第194页。

心灵，寅吃卯粮，靠借高利贷浑浑噩噩过日子。但心中又有不甘。情人在外面似乎有其他男人，使他非常恼火，却又无法割舍。一天晚上与情人鬼混后来到车站，等了好久才等来列车。走进空荡荡的车厢，"他依旧心神不宁，连坐下的心思都没有，干脆抓着扶手站在车厢里"。列车摇摇晃晃地向前行驶。"乘客很少，有人在打瞌睡，有人在看报，还有人目光空洞地发着呆。疲劳感包围着整列车。"主人公看到坐在自己面前的是一个50多岁、模样脏兮兮的男人，他迷迷糊糊地打瞌睡，身子左右摇晃。"男人伸着腿，背靠着座椅。每次都是倾倒至再差两厘米就会碰到座椅的危险时刻，突然又回复到之前的坐姿。然后没过多久，身体又开始倾倒。对田杉而言，若是这个男人干脆倒在椅子上安安稳稳地睡着反而没事，那样就会有一种安定感，看客也会随之感到安定，但这个男人偏偏要在余下两厘米空隙的时候再度坐直，然后，继续倾倒。这种不安定感一次又一次地刺激着田杉的神经。"看着这个男人以固定的节奏摇摆的模样，无意识地做着不安定的半圆运动，让田杉焦躁不已，热血上涌，产生了强迫症，忍不住朝男人伸出来的脚上踩了一脚。男人因此突然受惊，"将身体反弹回笔直状态"，但很快这个男人又闭上眼，张着嘴，"再次重复起令田杉无比讨厌的运动。倒下，再起，然后再倒下，再起，就像是一种永动的反复运动，这让田杉越看越焦躁"，种种不如意事涌上心头。列车驶过中野站，中野站位于东京都中野区，列车东行可达新宿、千叶，西行可达荻窪、三鹰，今属于JR东日本公司管辖，"田杉心想，最多再忍十五、二十分钟。他强忍住不断涌上心头、快要发疯的冲动"。乘客越来越少，"车厢里只有单调、懒惰和寂寥"。这个50岁的男人又一次大幅度地倾斜着身体，而且还在继续倾倒，上半身几乎就要横倒在座椅上。"只差最后一厘米就会碰到座椅了。田杉在内心喃喃自语：快碰到！快碰到！快碰到座椅然后停止晃动！就在这时，男人的身体像是在嘲笑田杉的期许似的，一下子又坐直了。就在他又一次开始重复晃动时，田杉的眼里闪出异样的光芒，猛地扑向男人，双手紧紧地掐住了男人的咽喉。"①

车站也是推理小说中经常出现的铁道空间。森村诚一是中国读者非常熟悉的著名推理小说家。根据他的小说《人性的证明》改编拍摄的电影《人证》引进中国后曾产生了巨大轰动。森村诚一以新宿火车站为背景创作了一部名叫《车站》的小说，描绘了一桩连环杀人案件。在森村诚一笔下，车站是处置人生而设定的场所。五花八门的人在车站来来往往，聚集疏散。有的奔向未知的远方，有的满怀希望走出车厢。形形色色的相逢，各式各样的分别，成功与挫折，焦虑与喜悦，人世间喜怒哀乐的话剧就在车站盘根错节交织而成。车站与饭店、街道、剧场、公园等汇集各种人群的公共空间不同，这些公共空间没有像车站那样具有戏剧性的相逢和分别的场所，因为来到车站的人都是旅行者。车站是为移动或通过的人们所构筑的设施，不管多么舒适，都不能长久居住或安逸休息，这是车站的宿命及其特殊性。人们通过车站之后都会留下各自的人生片断。日本约1万个火车站将毫不相干的人们在一个特定的时间内集结在车站这个同类项中。上车的、下车的、等车的、送行的，他们都背负着沉重的包袱，都在车站这个承接人生旅途的场所寄存了自己的人生片断。小说开头叙说了一位名叫大出孝之的公司员工携巨款出逃的故事。大出孝之大学毕业后在公司勤勤恳恳工作了20年。他在名古屋时结的婚，回到东京总公司后，贷款在私营铁路沿线建造了自己的家园，每天都不厌其烦地从遥远的住家奔到东京市中心的公司。对这种两点一线的呆板、僵硬生活，大出孝之早已厌烦透了。但是他无法辞职，因为身

---

① 松本清张：《共犯》，朱田云译，人民文学出版社，2020年，第109—第112页。

上还有贷款没有偿还，长子正面临升学考试，要花钱的地方一个接着一个，而公司经营却毫无起色，自己也无望高升。大出孝之被上班高峰人群裹挟着来到车站，看到车站上的与自己朝同一方向流动的上班族，个个神色恍惚，甚至毫无表情。"喜怒哀乐、思维判断、内心疑虑……人的表情均已丧失殆尽，都把自己的身心投入到奔流不息的人潮中。"看到汹涌的人流，大出孝之联想到旅鼠的一种群体狂奔。旅鼠有时会成群结队地直奔江河湖海自杀，或许包括自己在内的上班族也是在每天逐渐奔向自杀之途，"那日积月累的缓慢自杀，不正是早晨的上班高峰吗"？大出孝之在车站换乘列车时，心中一阵冲动，"真想折返回去。然而，双脚的行动与头脑的思维正好相反，身子仍继续前行。后面的人群如潮水般涌来，不容许他停滞半步。即使大出不抬腿，人群的力量也会把他推上台阶"。大出孝之有些迷惘，"就算逃出这人群的大潮，又能到哪里去呢？只要不去公司，哪里都可以。然而，就是今天一天不去公司返回家去，仍逃不出群体移动的奔流啊！身躯已被日常的枷锁绑缚，明天还得去公司。只要被那枷锁缚住，就逃不出旅鼠的群体移动"。上行快速线站台被上班的人群挤得水泄不通，而邻近的下行线站台却相当空荡，只有几位背离市中心奔向大山的旅游者和登山者站在那里。"与上班族的无表情和紧张感形成鲜明对照，他们意气风发，悠哉优哉。他们坐在已经进站的列车中，早早地把听装啤酒打开，谈笑风生，其乐融融。"仅隔一条道轨，却是两个世界，对面是奔向未知的幸福和非日常世界的站台，自己所在的是集体自杀的旅鼠大众站台，这是大都市主要火车站独特的风景线之一。"大出想去临近的月台。只要不顾一切地逆这旅鼠的大潮而动，走下台阶，穿过中央通道，登上临近月台的台阶即可。仅此举步之劳，便可改变至今为止走过来的 42 年的人生方向。"①终于有一天，大出孝之奉公司之命携带上亿日元去松本贿赂政治家时，携款出逃。

《车站》中的连环谋杀案由一起流浪汉被害案衍生而来。被害的流浪汉是来自长野乡下的农民，名叫箱守寅吉，因在家乡无以为生而到东京讨生活。当他乘坐的列车抵达新宿火车站 3 号站台时，被大都市清晨的高效率所震撼，睁大了忧心忡忡的双眼。虽然上班早高峰已过，可站台上的人群仍然熙熙攘攘，并列排着的每个站台都接连不断地驶入列车，吞吐了客流后匆匆离去。箱守感到茫然，不知道从哪里冒出这么多的人，都按照自己的方向朝前蠕动。从长野贫寒山沟里出来的箱守，"感到这巨大都会的车站有一股浓烈的腥臭味"。乡下的气味是以山川森林为主体的植物味，与此相反，无数人摩肩接踵的都市车站却充满了动物的腥臭味，这种腥臭味给他一种压力。途中箱守邂逅了从松本上车的漂亮姑娘岩佐夕子。岩佐夕子对东京充满了憧憬，眼睛里闪烁着憧憬未来的光芒。"虽然他们坐在同一车厢的邻座，又是去同一目的地，但箱守总感到他们二人之间隔着不可逾越的海洋。"但岩佐夕子下车后也隐约感到不安，穿过新宿车站的中央通道，周围的人群摩肩接踵，可是却没有一位熟人，在乡下小镇绝不会有这样的事，肯定会在某处遇到熟悉的目光。在这里与她擦肩而过的人不仅仅陌生，而且没有一个人温柔地看她一眼。"尽管无数的人熙熙攘攘，但相互间毫无关切之情。"本来众多的行人不认识自己是夕子一直追求的世界，"但当脚踏实地地置身其中时，她却恐慌不安了"，宛如在无人荒野迷路一样。夕子想到如果自己身体不适躺倒在地恐怕也无人问津。"正巧在她行走的通道旁有流浪汉在睡觉，

---

① 森村诚一；《车站》，叶宗敏译，群众出版社，2000 年，第 1—第 8 页。

她觉得那入睡的流浪汉形如死尸。"其实人们常看到流浪汉睡在车站里，理所当然地认为流浪汉在睡觉，根本不闻不问。"也许那就是具尸体，但早晨的通勤者却无暇分辨。即使已经辨认出，也会佯装不知而一走了之。"箱守来到东京后只能找到一个最低等的临时工作，过起了漂泊生活，工资很低，根本没有向家乡汇款的余地，也租不起房，睡在公园里，结果遭遇了三个不良少年的袭击而身亡。夕子则沦落风尘，充当卖春女郎。由于目睹了罪犯的杀人行为，夕子也遭遇杀身之祸。受害者中有一位刑警的儿子。刑警妻子接受不了儿子被害的事实。每天去儿子出发的新宿车站等待，那是她作为母亲唯一的生存价值。刑警想起了一个故事：有位小伙子跌入了阿尔卑斯冰河，他的恋人每天在冰河的终端伫立等待。但是车站不是冰河终端，不管等到何时，儿子都不可能回来。"车站是静止的冰河，母亲永远伫立在静止的冰河终端。这只不过构成了在车站交错而行的芸芸众生中的一个断面而已。"有意思的是，案件主要人员，不管是受害者，还是罪犯以及刑警，他们都不知道四年前他们曾在新宿车站邂逅。

　　森村诚一特别讲述了自己为什么要写一部以新宿车站为主题的推理小说。他说，车站交错编织着各种各样的人生，与饭店、剧场等十分相似，但是来往于车站的人们决不在那里停留，总是一走而过。"人生本身就是一走而过的，人存活于不停移动的过程之中。"车站象征着人生，但车站有独特的旅情，"有像伫立在未来门口的浪漫色彩和赖以回顾往昔的乡愁"。20多年前森村诚一作为工薪阶层的一员，每天要从遥远的郊外奔向位于赤坂的单位去上班，单程要花费两个多小时，上班途中每天都要经过重要的中转站——新宿车站。森村诚一感觉新宿车站与东京的脸面——东京火车站以及具有东北地区浓厚气息的、犹如东京和故乡连接点的上野车站不同，新宿车站更像日常性和非日常性搓合在一起的一根绳子，富有多样性。"我总觉得新宿车站不应是下客站（如上野站），而应当是始发站。""新宿车站是每天疲于营生的人们从日常的枷锁中瞬间解脱出来，或是仍旧戴着那枷锁而启动的车站。""在这种车站里，离别的悲剧要多于重逢的喜剧。我之所以想写以车站为主题的小说，就是因为想描绘出启程的活剧，而不是到站的场景；描绘出离别的悲哀，而不是重逢的喜悦。从新宿启程的人们，并不是生长在东京的，而是憧憬大都会、抱着理想上京，最终又没被东京所接待，或是返乡，或是奔向另一个地平线去求索新的人生前程的人们。我想描写的，正是那些人的演义。"①

松本清张（1909—1992年）是日本最著名的推理小说家，曾担任两届日本推理作家协会会长，他是小仓人，小仓有松本清张纪念馆。作为松本清张的粉丝，2019年冬天我特意去了小仓。小仓原为市，因1963年原门司市、户畑市、八幡市和若松市等合并为北九州市，小仓市被拆分为小仓北区和小仓南区。太平洋战争末期，美国最初曾把小仓列为原子弹投放的目标，只是小仓天气不好，临时将投弹地点改为长崎，小仓躲过一劫。

我入住小仓站附近的旅馆。小仓通高铁，山阳新干线和山阳本线均停靠小仓站。但小仓境内的主要轨道交通是跨座式单轨，即北九州高速铁道小仓线，全长8.8千米，由北九州高速铁道公司运营，起点为小仓站，终点为企救丘站，可换乘JR九州铁道公司列车，共设13个车站，车票价格按乘坐站的多少分为100日元—320日元不等，也可购买一日

---

① 森村城一：《车站》，叶宗敏译，群众出版社，2000年，第4—第16页，第274—第279页。

券，成人 700 日元，孩子 350 日元。企救丘站平均每日乘客约 2 000 多人。我从旅馆窗户可以清晰地看见运行在小仓线上的列车。列车颜色非常漂亮，噪声小，穿楼过户，成为城市的一道靓丽风景线。架设在紫川上的常盘桥是江户时代长崎街道(大道)的起点，终点为长崎，全长 223.8 千米，设有 25 个宿场。由于临近新年，紫川上的桥梁装饰着鲜花，显得喜气洋洋。历史上的常盘桥并未保存下来，现在的常盘桥是 1995 年复建的，旁边立有石柱，上书"日本风景街道常盘桥"。从小仓站步行 15 分钟可抵达小仓城，城有 5 层高，天守高度为 28.7 米，仅次于大阪城、名古屋城、岛原城、熊本城、姬路城的天守，名列第七，四周有护城河环绕，晚上在灯光的辉映下，小仓城倒影在水中，如梦如幻。

记者赤塚隆二为了探寻松本清张小说中呈现的铁路场景，从其第一部作品《西乡札》到去世后出版的著作，恰好有 100 部作品中首次出现某条线路的场景，按照作品发表顺序，描绘了一幅"清张铁道地图"。根据赤塚隆二的计算，将松本清张作品中初次呈现的线路累计，剔除重复线路，JR 线路为 12 072.9 千米，私铁为 1 478.9 千米，两者合计 13 551.8 千米，为此撰写了《清张铁道 1 万 3 500 千米》一书。以后被誉为"旅行推理小说"第一人的西村京太郎继承了松本清张的传统。根据松本清张小说《砂器》拍摄的同名电影曾在改革开放初期的中国引起巨大轰动。有学者说，日本的推理小说在松本清张以前是空泛的侦探小说，与现实生活没有太大关联。但是松本清张凭一己之力，打破了日本传统侦探小说只注重解密和设置诡计的局面，重视犯罪动机，并将犯罪动机从个人扩展到社会，描写的内容从非现实的虚构转向现实社会。明治以后的日本文学受到政府、思想警察的严格审查，不允许反映社会矛盾。而自然主义文学传入日本以来，"私小说"这种纯文学占据文坛主流，注重作家的个人生活体验、心境和感慨。松本清张却在推理小说中表现贪污、歧视等社会问题，展现战后日本经济高速发展的表象下被隐藏的个人欲望乃至整个社会的不安，暴露人性和社会的黑暗。松本清张认为"文学即暴露"，批判权力之恶，这对读者来说是非常新奇的事情，其创作的小说被誉为"社会派推理小说里程碑式的作品"。松本清张不仅在小说中暴露社会黑暗，而且还追究造成社会黑暗的原因。在其小说里登场的小官僚，其实占据了日本官员的绝大部分，负责实际事务。但是他们没有学历或者没有漂亮的学历而屈居下僚，被排除在晋升通道之外。这些小官僚身上映照出了松本清张自己的人生经历。[①]松本清张指出："说到底那些在政府部门做副科长的人大多毕业于普通大学，工龄较长，四十岁以上，肯做实事，业务熟练。这些人一般性格都比较老实，更愿意选择勤勤恳恳做到退休，靠退休金安享晚年。换句话说，他们是已经断了'出人头地'念头的人。""然而，在贪污受贿事件中，掌握上级秘密的往往就是这些做实事的人，做领导的，也必须在一定程度上让一些做实事的人变成'自己人'，副科长们就是很好的人选，他们做什么都很能干，业务上也都很熟悉。这种时候，上级就会摆出一副很懂他的样子，接近他，关注他。于是，看到之前高高在上的领导竟然会如此亲和友善地接近自己，误以为被上级'看好'的副科长们就会对上级的'知遇之恩'心存感激。之前已经自暴自弃、在太阳照不到的阴冷角落里暗自萎靡的男人，会因此突然变得头脑发热。早已经放弃了'出人头地'的想

---

① 杨华：《松本清张の初期作品の社会性について——『点と線』から『ある小官僚の抹殺』へ——》，《西南学院大学国際文化論集》第31卷第2号，2017年2月。

法，也会再次回春般地在心头燃起。他们甚至会以为，只有自己才是被上级看中的特别的人，在同事中会觉得很自豪，还会产生一种要和同时进单位的同事们一争高下的斗志。当他们收钱又受礼、被请去高级料亭享受饕餮美食、陶醉于之前从未尝过的甜头和乐子中时，他们就会对上级的所谓义气特别感恩。那种不能给上级添麻烦的道义之心一定就是这种时候滋生出来的。而当自己承受不了这种道义恩情的时候，他们就会选择自己了结生命。""恩义与屈从的义务感将他们牢牢捆绑。他们，是弱不禁风的小草。"政府部门就是这样不可理喻的地方，"可怜的是下面那些勤勤恳恳、被视为踏脚石的下级官僚，以为自己被上司青睐、前途有了希望，便心甘情愿被利用，往上爬的欲望真是到了可悲的程度"。某小官僚为保上级领导自杀以后，他的太太过上了比以前更加富足的生活，其实大家都懂，这就是领导支付的变相的抚恤金。①

松本清张家原姓田中。由于父亲幼年时被松本家收为养子，改姓为松本。父亲与在纺织厂工作的母亲结婚。由于家庭贫困，生育的两个女儿即松本清张的姐姐幼年就夭折了，而松本清张小学毕业后就辍学了，不得不进入企业工作，由于年幼，做一些打扫卫生、沏茶、跑腿等杂活。初薪 1 日元，3 年后涨到 15 日元。松本清张最快乐的事情就是在下班后或节假日在书店或图书馆读书。后企业倒闭，松本清张因从年幼时就憧憬当一名新闻记者，所以去应聘小仓当地的一家地方报社，但是被告知报社录用人员标准是必须有大学文凭。以后他终于就职于《朝日新闻》社西部分社广告部，做一些广告设计、策划工作。尽管松本清张是报社

---

① 松本清张：《点与线》，林青华译，南海出版公司，2010 年，第 214—第215 页；松本清张：《驿路》，朱田云译，人民文学出版社，2020 年，第118—第 119 页，第 131 页。

正式员工，但广告部的工作没有什么创意并由于报社存在的根深蒂固的学历歧视，遭遇了职业天花板。但是松本清张并不气馁。他认识了在《朝日新闻》社西部分社担任英语翻译的竹野幸一郎先生，两家住宅相距仅0.7千米，所以两人一起上下班。松本清张每天早上8点去竹野幸家，从竹野幸家到报社大约有4千米，需步行35分钟。利用这个间隙，松本清张跟随竹野幸先生学习英语会话，下班回家途中继续学习英语会话。竹野幸的女儿回忆说，清张君每天早上准时到门口迎接我父亲，然后两人肩并肩去上班。母亲抓着我的衣领教训我说："你好好看吧，清张君热心学习的模样，你多少学着点！"战后初期，日本经济凋敝，竹野幸先生身体突然恶化，患上了结核病。在没有充足食物，也没有医疗保障的困难时期，松本清张把很难买到的鸡蛋、肉、鱼类等食品，悄悄地放在竹野幸家后门。不久，竹野幸先生去世。但松本清张并没有停止英语的学习。有一天美国大兵来到报社，想刊登广告。由于其他人不懂英语，于是松本清张接待了美国大兵，学习的英语发挥了作用。此事使松本清张在报社的地位发生了微妙变化，人们也对他高看了一眼。机会总是留给有准备的人。松本清张住宅附近有一条铁路线，即1915年小仓铁道会社开通的香春站至添田站的添田线，用于运送煤炭和石灰石，长12.1千米。竹野幸先生去世后，松本清张就沿着添田线去上下班。由于铁路呈笔直状态，比原来的道路节省了不少距离。但是沿着铁轨行走容易损伤鞋子，为此他特意买了一双军靴用于上下班，可以说松本清张是在添田线上行走时间最长的人。在这条行走的铁路线上产生了从《西乡札》到《某〈小仓日记〉传》等著名作品。[①]遗憾的是，1985年4月1日，添田

---

① 久门守：《［ちくほう地域研究］報告「松本清張さんの歩いた道」と「しのぶ会」》，《近畿大学産業理工学部研究報告》23，2015年。

线全线被废止。

图 15-1　松本清张纪念馆

1929 年，22 岁的松本清张因阅读进步杂志，被警察以"红色嫌疑犯"关押在小仓警察署达 20 余日。出狱后所有藏书被父亲一把火烧掉，禁止他读书。同狱关押的囚犯中有强盗、小偷、拐卖妇女者、诈骗犯等，使松本清张对社会黑暗和底层民众有了更多了解，从囚犯口中听到的故事，启发他撰写了《越过天城山》。松本清张说："我并没有有趣的青春，经历了浑浊而黑暗的半生。""我无法用语言来描绘这样的自己，从不断绝的焦躁，沉溺于泥沙中窒息的绝望的爽快，这种自虐式的感觉不断出现在我身上。"松本清张常常通过打麻将和下棋来忘却生活与工作中的苦闷。与日本近现代文坛精英出身的作家们相比，清张的履历太寒酸了。成名前的他挣扎在社会最底层，为谋生而奔波，甚至利用业余时间买卖扫帚，深切感受到社会底层的悲欢离合，为怀才不遇的小人物鸣冤叫屈。从此以后日本的推理小说密切关注社会现实，表现普通人与社会的关系。如果说川端康成的文学作品是精英文学的代表，那么松本清张作为推理小说家，则是大众文学的代表。把松本清张的代表作《越过天城山》与川端康成的代表作《伊豆的舞女》对比阅读，可以明显地感觉到松本清张有与川端康成的对决意识，描绘的是与川端康成截然相反的世界。

川端康成出生于医生家庭，中学时代就发表作品，后进入东京帝国大学，大学期间加入著名期刊《文艺春秋》，毕业后创办《文艺时代》杂志，被誉为"新感觉派作家"，妥妥的社会精英。而松本清张迟至42岁才发表处女作《西乡札》，近50岁才能以作家职业维持生活。清张在《越过天城山》中写道："我第一次越过天城山是在30年前。'那年我二十岁，头戴高等学校的制帽，身穿藏青碎白花纹上衣和裙裤，肩挎一个学生书包。我独自到伊豆旅行，已是第四天了。在修善寺温泉歇了一宿，在汤岛温泉住了两夜，然后蹬着高齿木屐爬上了天城山。'这是川端康成的名作《伊豆的舞女》中的一节描写。据说写于大正十五年，恰好那时我也越过天城山，不同的是我不是高中生，而是一个16岁的铁匠家的孩子。与小说相反，我从下田街道沿着天城岭步行，来到汤岛、修善寺，而且不是穿着高齿木屐，而是光着脚，为什么光脚？这个问题待会再解释。当然没有裙裤，我也身穿藏青碎白花纹上衣。我家是下田的铁匠，家里有父母和兄弟6人，我是老三，长子不喜欢当铁匠，进入静冈的印刷厂当了实习生。一家7口人虽然吃饭不成问题，但父母都嗜酒如命，生活也就变得不轻松了。"《越过天城山》描写的是离家出走的少年，对在印刷厂工作、摆脱了家庭束缚的大哥非常羡慕而去投靠。途中邂逅了名为大塚花的女子，有朦胧性意识的少年被异性所吸引而追随。其实大塚花是一名妓女，少年无意中窥见了花与一名流浪泥瓦工的性交易，产生了强烈嫉妒。结果第二天在涨水的河道中发现了泥瓦工的尸体，这是一起青春期少年的微妙心理所引发的杀人案件。大塚花因现场留有女性尺寸的脚印而被逮捕，后因证据不足被判无罪，但最终死在狱中。30 年后该杀人案件已经过了追诉时效。当年侦办此案的老刑警对已成为某印刷公司社长、功成名就的旧时少年说："最大的错误以为脚印是女性，其实如果当时发现 16 岁左右少年的脚印差不多也有这么大的话，情况就不一样了。虽然时效已过，但事实已经查明。"在《绚烂的流离》中，松本清张再次描写了少年的犯罪行为。少年 17 岁初中毕业后，因家境贫寒，未能读高中，进入建筑公司当了一名焊接工。但少年并未断绝求学的念头，购买了高中课本和小说阅读。每天干完活回到工棚，就专心致志地在昏暗的灯光下读书。公休日他会一个人孤单单地留在其他工友都外出不在的房间里看书，有时也会走进附近的松树林或者橘子园里看书。有一次，少年偶遇了一位名叫登代子的漂亮女性，内心躁动起来。登代子对他读书予以充分肯定，说："你可真是一个好孩子，你和其他那些工人真的是不一样啊。没想到在那帮干粗活儿的工人里面，竟然还有像你这样的人！"少年听了不由得羞红了脸，一方面他得到了认可，而同时又因为他不得不跻身于她所蔑视的那群建筑工人当中，每天都跟他们一起劳作而羞愧。由于得到了登代子的认可，少年有意与登代子多次"偶遇"。登代子送给他许多书，还给他讲解课本中不懂的地方，教他读英文。登代子所教的英文，他竟然全部背诵下来，很久都没有忘记。"那不是依靠反复阅读铅字印成的文章背诵下来的，而是犹如听了某个著名影星说出的台词一样记住的，是一种音乐性的记忆方法。"少年还忆起"对他讲话的登代子嘴里飘出来的如同淡淡的韭菜味儿的口气。每当她呼出一口气来，那股气味儿就会飘到他的鼻子里"。少年自认为是被登代子爱着的，尽管这种被爱的方式不是对等的，是属于诸如年龄的差异、身份的不同、位尊者对位卑者的怜惜，依然觉得自己是幸福的。但当少年看到登代子与其未婚夫在一起时，妒火中烧，暗中用铁锤砸死了

登代子的未婚夫。不论是《绚烂的流离》，还是《越过天城山》都淋漓
尽致地展现了少年的性冲动和犯罪行为，敏锐地揭露了先入为见和常识
的盲点，关注过去被忽视的少年扭曲的性冲动和犯罪。①而《伊豆的舞女》
描写的则是来自东京的少年，途中偶遇天真烂漫、情窦初开的流浪艺人
薰子的故事。在少年眼里，"舞女看上去约莫十七岁光景，她梳着一个
我叫不上名字的大发髻，发型古雅而又奇特。这种发式是把她那严肃的
鹅蛋型脸庞衬托得更加玲珑小巧，十分匀称，真是美极了。令人感到她
活像小说里的姑娘画像，头发特别丰厚"。少年为薰子读书，"我一开
始朗读，她就立即把脸凑过来，几乎碰到我的肩膀，表情十分认真，眼
睛里闪出了光彩，全神贯注地凝望着我的额头，一眨也不眨"，"她那
双亮晶晶的又大又黑的眼珠娇美地闪动着，这是她全身最美的地方。双
眼皮的线条也优美得无以复加。她笑起来像一朵花。用笑起来像一朵鲜
花来形容她，是恰如其分的"。少年与薰子萌发了含蓄、纯洁、伤感、
刻骨铭心的初恋。由于少年不得不在翌日返回东京。薰子的哥哥把少年
送到下田港码头。少年发现正在海边默默守候的薰子，"她一动不动，
只顾默默地把头奋拉下来。她依旧是昨晚那副化了妆的模样，这就更加
牵动我的情思"。薰子只是对少年的话点点头，欲言又止。当少年登船
时，薰子"依然紧闭双唇，凝视着一个方向。我抓住绳梯，回过头去，
舞女想说声再见，可话到嘴边又咽了回去,然后再次深深地点了点头"。
船驶离码头，少年发现在岸边的薰子挥动着轻盈的白色手绢，"脑子空
空，已全无时间概念"，眼泪再也止不住，扑簌簌地滚落了下来，"我
任凭泪泉涌流。我的头脑恍如变成了一池清水，一滴滴溢了出来，后来

① 南富鎭:《松本清張と川端康成の静岡：天城峠、熱海、海蔵寺、雙柿舍》，
《翻訳の文化/文化の翻訳》2015 年 3 月；松本清張:《绚烂的流离》，赵
晖译，上海文艺出版社，2019 年，第 354—第 364 页。

什么都没有留下"。①显然《伊豆的舞女》很小资。川端康成是在 1918
年秋天首次到访伊豆的,当时 19 岁。10 月 30 日抵达修善寺,翌日从修
善寺出发前往汤岛。11 月 2 日,离开汤岛,越过天城岭至汤野,最后抵
达下田。川端康成的伊豆之旅并非为生活所迫,而是一个文青的放纵之
旅。他在给友人的信中写道:"每天都是无忧无虑的旅行,身体和心灵
似乎都得到了洗涤。我讨厌返回东京。"8 年后在创作的《伊豆的舞女》
中写道:"20 岁的我反复严厉地反省自己的性格因孤僻而扭曲,不堪忍
受的苦闷的忧郁,使我走上了伊豆之旅。"1922 年川端康成再次来到伊
豆,撰写了《汤岛回忆》。以后 10 年,每次来汤岛,川端都入住汤岛某
旅馆。该旅馆的经营者亲切地称呼他"川端先生"。至今旅馆还保存着
川端入住的房间,旅馆后面是潺潺的溪流。优裕的生活、惬意的心情自
然会在川端康成的作品中流露出来。其实川端康成也是描写铁道空间的
高手,他在著名小说《雪国》中的第一句话,凡是对日本文学感兴趣的
人几乎都知道,"穿过县界长长的隧道,便是雪国。夜空下一片白茫茫,
火车在信号所前停了下来"。 该信号所就是现在 JR 东日本公司上越线
的土樽站,当时叫土樽信号所。1933 年 12 月开始旅客运输。1941 年 1
月升格为土樽站。上行往水上、高崎方向,下行往越后汤泽、长冈方向。
1985 年 4 月成为无人车站。敷设上越线最大的工程就是开通清水隧道。
清水隧道位于群马县和新潟县之间,全长 9 702 米。1922 年开工建设,
1931 年 9 月 1 日竣工,由此开通了东京上野至新潟的直通线路。清水隧
道竣工前,从东京前往新潟的铁道线路经信越线轻井泽绕行直江津抵达,
这一带多隧道。1904 年,著名作家田山花袋撰写了游记《雪中信浓》,
描述了搭乘火车去拜访诗人、小说家岛崎藤村的感受:

---

① 川端康成:《伊豆的舞女》,叶渭渠译,南海出版公司,2014 年,第 79——
第 105 页。

"隧道数量多达二十六条，哎呀，漆黑一团啊。车灯的光影影影绰绰照亮着人影，其貌、其态，恰如阴曹地府。啊啊，这不是通往雪之天国的门洞吗？一出门洞，山脉皎洁、田野皎洁、房屋皎洁、人皎洁，果然，这才是雪之天国。"川端康成明确表示《雪国》的开头部分受到了田山花袋《雪中信浓》的影响，是对《雪中信浓》的改写。①

松本清张认为偷窥、纠缠（跟踪狂行为）、扭曲的少年性冲动、歧视意识等各种违反伦理道德的行为在日本纯文学中被遮蔽和掩盖，感受到了纯文学的虚伪。也许为了反抗《伊豆的舞女》，暴露社会实情，松本清张模仿纯文学的代表人物川端康成的名作《伊豆的舞女》，创作了《越过天城山》，像《伊豆的舞女》一样，以伊豆、天城山为舞台，人物设定与《伊豆的舞女》有一定的交集。就像《伊豆的舞女》中的高中生偶遇舞女后穿过天城山隧道，向下田方向走去一样，越过天城山的主人公，也在《伊豆的舞女》创作的那一年，即 1926 年到过这里。但《伊豆的舞女》中的主人公是社会精英，家境宽裕，会给经营茶馆的老太婆 50 钱，老太婆"竟如此惊愕，感动得热泪都快要夺眶而出"，也给舞女的哥哥一笔钱；而越过天城山的主人公没有学历，带着区区 16 钱离家出走，遇到的女人也不是纯洁的小舞女，而是妓女。有日本学者认为，《越过天城山》的假想敌就是天下名作《伊豆的舞女》，这是一目了然的，是对纯文学文坛的批判。②

松本清张的另一部代表作《砂器》不仅描写了善恶二元对立，还淋漓尽致地展现了剧中人物内心的复杂性。《砂器》独特的表现手法以及钢琴协奏曲《宿命》的插入，其丰富的艺术性得到了高度评价，对中国

---

① 小谷野敦：《川端康成传：双面之人》，赵仲明译，浙江文艺出版社，2022年，第 202 页。
② 南富鎮：《松本清張と川端康成の静岡：天城峠、熱海、海蔵寺、雙柿舍》，《翻訳の文化/文化の翻訳》2015 年 3 月。

电影产生了巨大影响。其实早在 1979 年《点与线》就在中国出版，当时是以内部出版物形式作为警察的参考书而推出的，以后公开出版。《光明日报》《大众电影》等专门介绍了 1980 年上映的《砂器》。《大众电影》还围绕如何理解《砂器》的主题以及剧中人物开辟专栏，登载读者来信，掀起了一股《砂器》热，有 40 多家出版社翻译出版了松本清张的小说。由于当时中国未加入国际版权公约，国人版权意识淡薄，出版翻译的松本清张小说大都未获得授权。中国作家最早与松本清张结识是在 1963 年 11 月。当时人民文学出版社社长许觉明与冰心、巴金、严文井、马烽等组成的中国作家代表团访问日本，拜访了松本清张。松本清张将自己撰写的《日本的黑雾》一书赠送给许觉明。许归国后叮嘱著名翻译家文洁若将其翻译为中文。1965 年 9 月，《日本的黑雾》中文本问世，这是中国第一次翻译介绍松本清张的作品。1983 年 5 月 25 日—6 月 13 日，松本清张访华，先后到访了无锡、福州、西安和兰州，并在北京与中国文联主席周扬、作协副主席冯牧举行会谈，松本清张表示："文学最重要的是有趣，仅是说教会让读者感到厌烦。"在与著名历史小说家姚雪垠的会谈中再次强调了这一理念。1985 年，文洁若访日期间专程去松本清张府上拜访，告知翻译完成了他所著的《深层海流》一书，希望他为中译本写一篇序。"松本先生欣然同意，立即令人取来纸笔，略一沉吟，一挥而就，笔迹苍劲，完全看不出是出自一位七十七岁的老人之手。"松本清张著作等身，获奖无数，进入 1960 年代以来，他几乎年年都是日本纳税最多的作家，担任日本推理作家协会理事长、会长，为人却极为朴素，非常勤奋。他对文洁若说："只要活着一天，我就争取多做一些工作。"①进入 1980 年代，日本国铁经营出现危机，负债累累。松本清张对国铁改革非常关心。1982 年，松本清张与著名学者中野好夫、都留重人等人共同创立"要求国铁自主再建七人委员会"。松本清张指出："劳资关系越来越陷入僵局，不能听任这种现状发展下去。但愿双方代表下层的意见，以认真的态度着手解决问题。"②1987 年，日本国铁改革正式启动，取得了巨大成功。

松本清张创作的小说，常常以铁道作为空间，出场人物乘坐火车的距离剔除重复线路，合计长约 13 550 千米，占日本铁路线的一半左右。松本清张从少年时代就憧憬未知的土地，最喜欢上地理课，地理教科书中插入的各地风景铜版画以及书中所描写的山的形状、行走的人、聚集的房屋以及道路，让其浮想联翩，觉得比读任何小说都有趣。松本清张想要探访陌生城镇的地理憧憬成年后并未消失，并且愈加强烈。他在推理小说中描绘图上旅行，让自己成为图上的行者也许是他最幸福的事情。松本清张在小说《明信片上的少女》中塑造了一位名叫亮介的报社记者。亮介从少年时代就喜欢收集明信片，由于父亲是官员，经常出差，会从各地寄明信片，还有伯父、堂哥等也都会给他寄明信片。因此亮介的抽屉里塞满了明信片。"每次无聊的时候，他就会把明信片都拿出来，赏玩明信片上的那些未知的风情。从少年时代起，亮介就非常憧憬未知的、遥远的土地。各种各样的明信片填充了他的梦想。明信片大都是名胜古迹，比如松岛、日光、阿苏、宫岛以及三保的松原、兼六公园、琵琶湖等。反复观赏明信片的过程中，那些景象深深地烙印在他的脑海，就好

① 王成：《越境する「大衆文学」の力——中国における松本清張文学の受容》，《世界の日本研究》2016 年 5 月；文洁若：《序——松本清张与社会派推理小说》，松本清张著《日本的黑雾》，人民文学出版社，2012 年。
② 松本清张：《日本的黑雾》，文洁若译，人民文学出版社，2012 年，第 385 页。

像他已经亲自去过。所以他总是看了又看,乐此不疲。小学的时候,他最喜欢的科目是地理,教科书上的风景插画是他的最爱。就连那些不是主画面上的小人物,他都会津津有味地百看不厌。"有一张明信片,亮介始终珍藏着,随身带着。那是一张富士山的明信片。明信片的画面中,寂寥的田间小路两边是茅草屋顶的贫穷民居,四五棵高大的松树立于路边,其中一棵有些歪斜。富士山位于路的正前方。亮介在意的是画面中的少女,孤零零地站在路边,七八岁的模样,穿着短款和服,外面还有一件坎肩。这张以富士山为背景的明信片给亮介留下了幻影般的深刻印象,他"还用自己的想象为少女的笑脸补充进各种场景描绘,并陶醉在自己的想象中"。亮介经过多方打听得知明信片拍摄地点在甲府某地。利用出差机会,亮介搭乘中央线列车抵达甲府,终于来到了梦寐以求的地方。"亮介站在路上,从口袋里掏出明信片,对比实景,完全一致。""这不再是画面中的景物,也不是幻觉,而是自己脚踏的实地、眼见的实景。亮介觉得如果自己去触碰那些松树或房屋,一定会有摸得着的坚硬感。风吹过脸颊,让他感觉冰凉——他觉得自己快哭了。他在内心呐喊:我—来—啦!他甚至想对富士山、茅草屋顶、松树以及少女所站的位置振臂高呼。"但明信片中的少女成年后遇人不淑,遭遇家暴,整天肿着一张脸,失去了活下去的希望和力量,最终卧轨自杀,留下了一个四岁的女儿。亮介特地找到了那个小女孩,为她拍了一张照片,照片上"白色的仓库前站着一个穿着粗衣的女孩"。[①]松本清张小说呈现的事发地点共有 210 处,从地域上可分为东京都、东日本和西日本。东日本和西日本之划分是从西北向东南延伸,以若狭湾为起点、经关之原直至伊势湾。如果排除地理位置不明确的 35 处,其中东日本有 144 处,占 82.29%,

---

① 松本清张:《憎恶的委托》,朱田云译,人民文学出版社,2020 年,第 157—
第 163 页。

西日本只有 31 处，占 17.71%，而以东京都作为事发地点的多达 68 处，约占整个东日本的一半。松本清张特别喜欢以福冈县为中心的北九州和东京都及其周边地区作为事件发生地，这两个区域铁路线密集，也是松本清张成长和生活的地区，就是说在选择推理小说中出现的事发地点时，他非常重视长期的居住体验，在自己熟悉的地方取材，而不是胡编乱造。

日本 NHK 电视台曾拍摄了一部纪录片，即《松本清张铁道之旅》，介绍了松本清张小说创作与铁道的关系以及松本清张乘坐列车的经历。松本清张小说中事件发生的场所有城市、农村、渔村、山岳、森林、峡谷、高速公路、海滨、海峡、河川、湖泊沼泽、码头、铁路、温泉地以及墓地等，多种多样，无形中为日本的观光旅游地做了很好的宣传，许多读者正是因为读了松本清张的推理小说，而去探访书中事件发生的场所。①因此我阅读松本清张的小说，一般先在手中备一份日本铁道或轨道交通图，沿着线路找到事件发生的地点，想像人物搭乘火车所需时间以及途中换乘的车站，非常有趣，惊叹松本清张丰富的地理知识和想像力。松本清张的名作《零的焦点》，描写了一位名叫祯子的姑娘经人介绍与在广告公司工作的男青年相识并结婚。婚后夫妻分居两地，祯子留在东京，丈夫继续在金泽工作。金泽属于北陆地区。蜜月结束后，丈夫乘坐火车返回单位，祯子去上野站送行，火车的汽笛拉响了，丈夫走上车去，留给祯子一个背景。火车开动时，丈夫从车窗里探出头来，微笑着向祯子挥手告别。"渐渐地，火车载着他们驶离了站台，消失不见了。送行的人陆续离开了站台，祯子却静静地站在那里，凝望着在黑暗中延伸向远方的铁轨。红色和绿色的小信号灯在黑暗中显得孤怅而冷清。祯子觉得自己的身体仿佛开了一个洞，空荡荡的。她第一次体会到夫妻的离别

---

① 和田稜三：《松本清張が志向した推理小説と地理の空間に対する考察》，《東アジア研究》第 67 号，2017 年。

之苦。"而祯子绝对想不到，这是与丈夫的生离死别。不久祯子被告知丈夫自杀了，祯子不相信新婚中的丈夫会自杀。为了寻找谋杀丈夫的凶手，祯子多次乘坐火车从上野抵达金泽，然后从金泽乘坐 JR 北陆线列车到终点站——和仓温泉站，再换乘能登铁道列车抵达丈夫被谋杀的地方。国铁改革后，能登铁道由原国铁线路转换为第三方铁道，沿石川县能登半岛海岸运行，分为七尾线和能登线。七尾线原长 53 千米，但穴水—轮岛段于 2000 年被废止，现仅存 33 千米线路，即七尾—穴水段还在运行，设 8 个车站。能登线长 61 千米，连接穴水至蛸岛，2005 年被废止。《零的焦点》抽丝剥茧般层层展开故事情节，描绘了祯子随案件跌宕起伏，在乘坐火车时对铁道空间的感受。祯子第一次赴金泽，是乘坐由上野开往金泽的夜行列车。进入北陆境内已经是清晨，祯子拉开了窗帘绳，"遮光帘卷了起来，一幅流动的风景展现在祯子面前。温柔起伏的是皑皑白雪的曲线。天色尚未大亮，蓬松的积雪静静地将天地万物拥入怀中。偶尔露出一条黑线，那是树木；闪出一点光亮，那是掩埋在大雪中的人家的灯火。远处，似乎有人燃起了火堆，颜色鲜亮热烈，天空被深灰色填满，看来是阴天。这就是北陆"。我每次读到这一段，都会想起萩原朔太郎的诗《夜行火车》：

黎明灯火淡淡

玻璃窗在手指上留下寒意

微白的山

如水银般静静流动

旅人尚未从睡眠中醒来

唯有疲倦的电灯的叹息声声不停。

夜行火车上甜腻的清漆气味

还有隐约中纸烟的烟味

让干燥的舌头感到难受

…………

二人忽然挨近了悲伤

从车窗眺望拂晓的云

在不知何处的深山里

白色的猫爪花正在开放。①

　　祯子经过多方探寻，终于查明了谋杀丈夫的凶手是某社长夫人以及谋杀的原因，心情非常复杂。由于日本战败，战后初期经济凋敝，许多家道中落的女子沦落风尘，向美国大兵卖淫维持生存，社长夫人也是其中之一。祯子丈夫曾在警察局社会风纪科工作，经手了不少娼妓案件，认识社长夫人。以后社长夫人飞上枝头变凤凰，雍容华贵，气质高雅。但她在与社长结婚的时候，隐瞒了自己的过去。若干年后社长夫人与祯子丈夫不期而遇，社长夫人深感震惊，祯子丈夫的存在犹如漂浮在晴空中的一小朵乌云，使得跻身于上流社会的她寝食不安，心中充满了恐惧，萌生了杀意，事情败露后自杀而亡。祯子对社长夫人充满怜悯，"她杀人的动机合情合理，让人没办法产生憎恨"。尽管战争已经结束十三年了，"但是日本女性的伤口还没有完全愈合。只要受到一点冲击，从那旧伤口里还会喷出肮脏的血来"。社长告诉祯子："内子是房州胜浦一位船主的女儿，她无忧无虑地长大，后来考上了东京的一所女子大学。日本宣告投降的时候，她正好在东京。造化弄人，她擅长的英语给她带来了灾难。这是一场国家的灾难，我不怪他。"祯子最后一次从金泽站乘坐开往和仓温泉的列车，"火车里满载着新年出行的游客，几乎所有的乘客都是去和仓温泉的。""火车经过了祯子熟悉的羽咋站，之后每个小站都停，依次为千路、金丸、能登部，原本看起来遥远的山峰也越

<hr>

① 萩原朔太郎：《吠月》，小椿山译，北京联合出版公司，2021年，第152页。

来越近。祯子一个人坐在火车上，望着窗外陌生的小站，不知为何，竟觉得有些悲凉。"①读到此处，读者的心情也格外沉重。

2019 年春天，我从静冈搭乘 JR 东海道本线抵达温泉旅游胜地——热海。列车行驶途中可以从车窗远望富士山。在热海下车以后可以乘坐 JR 东日本伊东线列车抵达伊东，换乘伊豆急行列车。该列车沿伊豆半岛东南部海岸行驶，线路全长 45.7 千米，设有 16 个车站，一半以上线路可以看见大海，景色非常壮观，另有 38% 的线路是隧道。在伊豆急行线伊豆岛取站下车，车站北面就是天城山。终点站下田位于静冈县下田市。下田是一个有故事的城市。"黑船来航"以后，1854 年，日本被迫与美国签订《神奈川条约》，条约规定开放下田与箱馆（今函馆）两港，向美国船只提供欠缺的燃料、淡水、食物和煤炭等。下田成为最早开港通商的城市。1856 年 8 月 21 日，美国驻日本第一任总领事（后为公使）哈里斯携荷兰语翻译兼秘书黑斯肯来到下田。但遭遇了幕府的阻拦，不许上岸。哈里斯援用国际法据理力争。幕府妥协，答应哈里斯在下田设立领事馆。哈里斯是一位商人，当时 53 岁，终身未婚。9 月 3 日，哈里斯在下田玉泉寺升起美国国旗。玉泉寺是一座破败的曹洞宗寺庙，供奉释迦如来。哈里斯记录道："房间里有蝙蝠，可以看到巨大的死蜘蛛，倘若它立起来腿应该有五英寸半长。糟糕的是还发现了许多硕鼠，它们在房子里跑来跑去。"②哈里斯在下田处境窘迫，"他在那里一连十四个月没有看到过任何海军船舶来访，一年半没有接到过本国的训令。日本人勉强地予以接待，而他只是靠了乐观的坚韧精神、坦率和机警，才能慢慢地、好不容易地达成了他奉使的两项目标：在江户呈递国书，和商

① 松本清张：《零的焦点》，贾黎黎译，南海出版公司，2010 年，第 18 页，第 33 页，第 272—第 273 页，第 292 页。
② W·拉夫伯尔：《创造新日本：1853 年以来的美日关系史》，史方正译，山西出版传媒集团，2021 年，第 20 页。

谈一广泛的商约。"①随着下田的开港通商以及下田港开通与东京的海上航路，下田逐渐发展起来了。1928 年，《伊豆的舞女》出版后，带动了下田旅游业，观光业成为下田的支柱性产业。1953 年 12 月，松本清张只身一人来到东京《朝日新闻》社工作，担任广告部设计组主任，寄居在伯母家。1956 年，47 岁的松本清张辞去了《朝日新闻》社的工作，成为专业作家。1961 年，根据税务部门发表的个人收入与纳税公告，松本清张收入在作家中居第一位，共 38 426 639 日元，从中支付国税 2 000 万日元，支付地方税 500 万日元。以后纳税额几乎年年居首位。②

图 15-2 热 海

---

① 马士、宓亨利：《远东国际关系史》，姚曾廙等译，上海书店出版社，1998 年，第 289 页。

② 松本清张：《日本的黑雾》，文洁若译，人民文学出版社，2012 年，第 367 页。

图 15-3　热海站前展示的旧蒸汽机车

　　1954 年，松本清张首次旅游就去了伊豆，入住今井滨温泉旅馆。第二天乘坐巴士前往修善寺，因车在天城山中发生故障，松本清张下车后在附近溜达。天城山最高处为 1 406 米，西侧是著名的下田街道，江户时代被称为下田路，以东海道三岛宿为起点，由北向南经伊豆的汤岛，越过天城岭抵达河原町，再越过小锅岭经箕作、河内至下田。1899 年，豆相铁道公司敷设了三岛——大仁间的铁路，1904 年开通了天城山隧道。1924 年，骏豆铁道公司开通了大仁—修善寺的铁路。松本清张在《某〈小仓日记〉传》中描绘了一位名叫奥野的画商乘坐骏豆铁道列车去伊豆拜访名画家的故事。"骏豆铁路是一条从东海道线上的三岛始发，开往伊豆半岛的中央地区南下路线，奥野坐的就是这条线上的火车。他上午从东京出发，现在已经两点多了。驶过韮山、古奈之后，平原逐渐减少，山地逐渐增多。窗外的群山一片苍黄。"奥野在终点站——修缮寺下车，然后搭乘出租车穿过热闹的修缮寺温泉町，车子沿着寂静的下田街道往天城山方向驶去。名画家因文思枯竭无法为画廊创作新的震撼人心的作品，画廊出现了经营危机。为此奥野低价收购了一位无名青年画家的画作。尽管画作十分幼稚，技巧不成熟，但稚嫩的作品当中却有着不可思议的灵魂和激情。奥野想通过无名青年画家作品中的灵气刺激名画家，给他带来些许灵感。果然名画家看见画作后瞬间脸色大变，然而却只字未言。半夜奥野发现名画家的房间里亮着灯光，隔着玻璃拉门，看见名画家正呆坐在床垫上，一动不动，他像是把什么东西放在了壁龛那里，正凝神细看。尽管奥野已经预料到了这个结果，但还是被吓了一大跳，名画家凝视的正是奥野所带来的无名青年画家的那幅作品。名画家从画作中获得了灵感，恢复了艺术创造力。当名画家恢复为画廊提供画作以后，无名画家的作品却再也没能被画廊收购，生活陷入困境。无名青年画家和夫人本来想凭借自己的努力，在东京过上美好的生活，但是不到一年就维持不下去了。于是夫妇两人下决心回山口老家，妻子也辞掉了在酒吧的工作。但两人内心的遗憾却始终无法排遣，回家前他们打算只留出路费，去伊豆旅行一趟，将剩下的钱全部花光。如果不这样做，会感到不甘心。夫妇两人也搭乘骏豆铁道列车在修缮寺下车，然后坐上巴士前往船原，阴差阳错入住了名画家曾经住过的房间。夫妇两人泡在温泉里，瞬间愉悦沉醉的感觉蔓延到四肢，妻子对丈夫说："你瘦了。"年轻画家明白这是妻子不露声色的安慰。泡完温泉后两人便去早春的山峡间散步，心情一点点地好转起来。第二天，夫妇两人在报纸的文化栏读到了美术评论家对名画家最近画作的评论文章。文章说，名画家最近发表了《青之断层》以及其他三幅作品，"这些作品展现出引人注目的全新风格，他又成功地拓宽了自己的领域"。丈夫对妻子说，说不定名画家就是在这间屋子里有了新创意。我们能和名画家住同一间屋子，也是一种缘分呢。夫妇两人回到家乡后，还跟别人谈起他们的伊豆温泉旅

行曾与某名画家同住一间屋子，那真是值得一辈子骄傲的事情。①读了
《某〈小仓日记〉传》后令人十分伤感，唏嘘不已。该作品获得了第二十
八届芥川龙之介奖。1957 年，骏豆铁道公司改名为伊豆箱根铁道公司，
运营神奈川县小田原与箱根地区和静冈县伊豆的铁路事业，现有线路有
三岛站至修善寺站的骏豆线，长 19.8 千米；小田原站至大雄山站的大雄
山线，长 9.6 千米；十国钢索铁道线，长 0.3 千米。如果今天要去松本清
张到访过的今井滨温泉，可乘坐伊豆急行线列车抵达今井滨海岸站，从
车站到海边仅步行 5 分钟，此处也是著名的海水浴场。

---

① 松本清张：《某〈小仓日记〉传》，左汉卿、姜瑛译，人民文学出版社，
2020 年，第 321—第 364 页。

十六、 新冠疫情下的日本铁道业：困境与对策

　　2020 年年初以来，突如其来的新冠疫情肆虐日本，截至 2022 年 4 月 20 日，日本国内新冠感染者已达到 740 多万，死亡 29 000 多人。2020 年日本 GDP 增长率为−4.6%。2020 年 4 月 7 日，日本政府颁布紧急状态宣言，宣布从 4 月 7 日至 5 月 6 日，将埼玉县、千叶县、东京都、神奈川县、大阪府、兵库县以及福冈县等 7 个都府县列为实施紧急状态区域。4 月 16 日，将实施紧急状态区域扩大至日本全境。5 月 6 日，日本政府决定将紧急状态时间延长至 5 月 31 日。2021 年 1 月 7 日，日本政府再次颁布紧急状态宣言。2021 年 4 月 23 日，日本政府第三次颁布紧急状态宣言，从 4 月 25 日至 5 月 11 日，将东京都、京都府、大阪府和兵库县等 4 个都府县列为实施紧急状态区域。以后又不断调整或扩大紧急状态区域，延长紧急状态时间，至 9 月 30 日才最终结束第三次紧急状态。紧急状态实施期间要求民众非必要不外出，缩短餐饮业营业时间，鼓励居家办公和线上教学，地方政府制订佩戴口罩、勤洗手、勤漱口等预防新冠感染的措施，限制工作场所人数等。

　　新冠疫情以及政府颁布紧急状态宣言,对铁道运营造成了极大冲击，与人保持距离、戴口罩和勤洗手就成为日本人的日常规范。随着居家办

公、网上教学的逐渐推广以及国内外游客量的急剧减少①，铁道乘客人数大幅下降。疫情蔓延期间，往日人头攒动、挤得水泄不通的列车车厢，仿佛施了魔法似的，空无一人，犹如科幻片中的场景。2021 年 11 月，据 JR 东日本公司对东京最繁忙的线路——山手线的调查，2020 年 1 月至 9 月，在东京市中心上班的乘客人数，减少了 50%—70%。从年龄层来看，30—40 多岁的人最不愿意搭乘列车去市中心上班。沿线车站的客流量都在锐减，其中以白领为主的"办公室车站"客流量下降幅度较大，而以从事零售、饮食等商业服务人员为主的"商业车站"，客流量下降幅度较小。品川站属于"办公室车站"，是沿线所有车站中客流量下降幅度最大的车站，上下班高峰期间（8 时—9 时）客流量减少了 55%，非高峰期间减少了 49%。上野站属于"商业车站"，上下班高峰期间客流量减少了 35%，非高峰期间减少了 26%。山手线沿线车站上下班高峰期间客流量平均减少了 40%，非高峰期间减少了 32%。购买月票的乘客数量也趋于下降。根据国土交通省统计，2020 年铁道乘客（含轨道和地铁）与 2019 年相比，减少了 30% 以上，其中公营铁道客运量减少了 35.7%，大的私铁线路客运量减少了 31.1%，中小私铁客运量减少了 33.8%。疫情最严重的 2020 年 5 月，私铁客运量减少了 70%，公营铁道客运量减少了 90%。2020 年 4、5 月，东海道新干线旅客输送量与上年同比减少了 90%，11 月同比减少了 50%，12 月同比减少了 61%。进入 2021 年，随着疫情缓解，铁道和轨道客运量有所回升，但因疫情防控松懈带来的新冠患者数量急剧增加，日本政府再次颁布紧急状态宣言，疫情防控政策收紧，乘客数量再次下滑。2021 年 4 月铁道客运量与 2019 年 4 月相比，仍减少了 30%，其中公营铁道客运量减少了 30.5%，大的私铁线路

---

① 受新冠疫情影响，2020 年访问日本的外国游客大幅减少，比上一年减少了 87.1%，仅为 412 万人。

客运量减少了 25%，中小私铁客运量减少了 34.5%。由于需求疲软，2020 年日本铁路货物输送量比上年减少了 10%（见下表）。

　　2019 年度铁道（含轨道和地铁）在日本各交通工具中的旅客输送量占比为 81.5%，巴士为 13.8%，出租车为 4.1%，航空和航运业分别占 0.3%，铁道占据绝对优势。2016 年日本铁道业（含轨道和地铁）就业人数约为 21 万，约占交通运输业（含邮政业）就业人数的 6%。2018 年，日本铁道业客运收入为 74 505 亿日元，货运收入为 1 355 日元。日本铁道运营本来就面临人口减少、少子化所带来的客运量下降的困境。1991 年日本铁道旅客输送量达到峰值，以后逐年下降，2004 年止跌回升，转为缓慢增长。但 2008 年世界金融危机的爆发中断了旅客输送量上升势头，2011 年旅客输送量再次出现止跌回升、缓慢增长的良好态势，但新冠疫情又给日本铁道业带来了沉重打击，进一步恶化了运营环境。早在疫情前的 2019 年，约 79% 的地方铁路企业经常收支呈现赤字状态。在新冠疫情下，日本铁道业一方面要增加防疫开支，进行人员培训，构筑安全、安心的移动环境，另一方面又面临运输需求量下降、收入锐减问题。铁道运输业与公路运输业不同，经营者必须定期对车辆、线路、车站、信号等基础设施进行维修或更新，运营成本较高，在运量不足的情况下，难以维持运营。公路运输业者则无须对公路进行维修，路线的变更、车站的设置或废止比较灵活，运营成本较低，即便运量不足，也能维持运营。日本如何跨越因新冠疫情蔓延导致需求骤减、投入增加而又要维持铁道公共交通的运行，陷入了两难窘境。新冠疫情爆发以来各铁道和轨道公司运营状况持续恶化，出现巨额财政赤字。

表 16-1　2019 年和 2020 年日本铁道旅客输送量与旅客周转量（不含新干线）
一览表[①]

旅客类型	旅客数量/百万人			旅客人千米/百万人千米		
	2019 年	2020 年	(2019/2020)/%	2019 年	2020 年	(2019/2020)/%
合计	25 190	17 670	70.1	435 063	263 211	60.5
定期旅客	14 797	11 252	76.0	213 511	160 549	75.2
非定期旅客	10 392	6 418	61.8	221 552	102 662	46.3
JR 旅客合计	9 503	6 707	70.6	271 936	152 084	55.9
定期旅客	5 876	4 608	78.4	113 907	87 868	77.1
非定期旅客	3 627	2 099	57.0	158 029	64 216	40.6
私铁旅客合计	15 687	10 963	69.9	163 126	111 127	68.1
定期旅客	8 921	6 644	74.5	99 604	72 680	73.0
非定期旅客	6 765	4 319	63.8	63 523	38 447	60.5

表 16-2　2019 年和 2020 年日本新干线旅客输送量与旅客周转量一览表

旅客类型	旅客数量/百万人			旅客人千米/百万人千米		
	2019 年	2020 年	(2019/2020)/%	2019 年	2020 年	(2019/2020)/%
新干线合计	370	155	42.2	99 332	34 936	35.2
定期旅客	51	42	82.6	4 567	3 642	79.7
非定期旅客	320	114	35.8	94 765	31 294	33.0

[①] 本章所有统计表均引自日本国土交通省的《鉄道輸送統計年報（2020 年度分）》。某些指标数据相加与合计数据稍有出入。

表 16-3　2019 年和 2020 年日本铁道货物输送量与货物周转量一览表

输送类型	货物输送量/千吨			货物周转量/百万吨千米		
	2019 年	2020 年	(2019/2020)/%	2019 年	2020 年	(2019/2020)/%
合 计	42 660	39 124	91.7	19 993	18 340	91.7
集装箱	23 506	21 273	90.5	18 382	16 838	90.6
车辆	19 154	17 850	93.2	1 610	1 502	93.3

铁道是重要基础设施和国民经济的大动脉。为了遏制新冠疫情蔓延并保障铁道运输业的正常运营，日本中央政府和地方政府、铁道企业以及社会各界共克时艰，携手应对危机。2020 年 1 月 30 日，日本政府设立了"新型冠状病毒传染病对策本部"，国土交通省也在同一天设立了"国土交通省新型冠状病毒感染症对策本部"，采取了一系列措施。

首先，为了确保铁道运输安全，改善地区公共交通，国土交通省在2020 年度第二次补充预算中提出了约 138 亿日元的支出，支持公共交通事业，用于防止疫情蔓延，如对铁路员工进行防疫宣传，对车站、车辆进行消毒，设置热感测相机，导入以避免拥挤移动（密集移动）为目的的实时信息系统，更新车辆，提供免费 Wi-Fi 和多语言翻译系统，以及与企业协商推出分散乘车、降低列车乘客密度等方案。2020 年，日本铁路车站免费 Wi-Fi 覆盖率为 71%，旅客设施多语言应对比率为 87%，2025年要达到 100%，推进非现金结算方式，实施具有世界先进水平的无缝对接交通服务。

其次，对某些经营困难的铁道企业提供特别财政支持。由于北海道、四国人口减少和城市集中化趋势严重以及新冠疫情蔓延，运营状况特别严峻，JR 北海道和 JR 四国铁道公司在当地还面临其他交通运输企业的激烈竞争，JR 货物铁道公司则承担了 JR 线路的货物运输，是日本国民经济和社会发展不可或缺的。为此国土交通省做出了对 JR 北海道和 JR 四国铁道公司以及 JR 货物铁道公司提供特别财政支持的决定。此外，各级政府还为中小铁路企业提供低息贷款，延长还贷期限，减免税额等。对因小学停课而不得不在家照顾孩子的铁路员工，实施特别带薪休假制度。有铁道公司提出，学生购买月票每月给铁道业带来约 200 亿日元的收入，但疫情期间学校停课或改为线上教学，学生纷纷退订车票，给铁路公司造成巨大损失，政府应予以补助。铁道是由车站、线路、变电所、车辆等构成的综合性产业，铁道企业要负担较重的固定资产税，希望政府予以减免。

最后，提倡铁路员工错时上下班，缩短末班列车运行时间。

各铁道公司为了降低乘客感染新冠病毒的风险，保护铁路员工健康与安全，采取了一系列措施。由 JR 各铁道公司、日本民营铁道协会、日本地铁协会等组成的铁道联络会推出了《关于铁轨道事业新型冠状病毒感染症对策指导方针》（以下简称《指导方针》），向各铁道及轨道运营企业提出了防止新冠疫情的方针和意见，2021 年 12 月 28 日发布了第三版。

第一，关于密闭对策。《指导方针》要求各铁道和轨道公司更新列车空调装置，加强车厢通风。列车抵达终点站准备折返时，工作人员应该开启车窗，并注意降低列车乘客密度。开窗换气对预防新冠具有积极作用。在列车速度为 70 千米/时、开窗约 10 厘米的情况下，车内空气可 5—6 分钟更换一次。如果使用空调装置，可以加快换气速度，车内空气一般 2—3 分钟可以更换一次。车内和车站广播应反复提醒乘客佩戴口罩。乘坐长途列车的乘客因饮食以及乘客之间长时间交谈会增加感染新冠的风险，为此乘务员或列车广播应提醒乘客改变座位方向，尽量避免直接接触或在途中大声乃至长时间交谈。在检票口、售票处等设置隔挡板或窗帘，提醒乘客间隔排队购票或检票。如有乘务员室与客车车厢未能分离的情况下，对靠近乘务员的坐席应设置隔挡板或窗帘并禁止使用，防止乘客与乘务员之间通过飞沫传染。

第二，关于列车和车站的消毒建议。车内销售食物、饮料时，工作人员除了要佩戴口罩外，还要定期洗手或消毒，尽可能进行电子结算。对车厢扶手、吊环、车站售票机等进行定期消毒，在车站配备消毒液，加强对厕所的清扫和频繁消毒。

第三，关于确保铁路员工健康的措施。上班前要对员工进行点名，确认是否有疑似感染新冠病毒症状，如果有相应症状应立即休息，对于工作中身体不适的员工，必要时也可以让其立即回家。对于不直接参与铁路运行业务的员工，建议进行远程办公，错开工作时间，缓解公共交通的拥挤。

《指导方针》要求铁路员工定期彻底洗手、消毒、佩戴口罩（包括休息期间），尽量开窗换气，避免与他人共用物品。铁路员工尽可能以两米为标准、保持一定距离进行作业，对空间和人员配置进行优化。早会和点名分小组进行，尽量不要让过多的人同时聚集在一起。推广数字化和无纸化办公，改善远程办公环境。对铁路企业的公共物品，如桌子、椅子等要定期消毒，员工使用休息室、餐厅等公共空间时，要勤洗手，勤消毒。员工休息时尽可能保持两米距离，避免让过多的人同时进入休息室，员工在公共空间内不得大声或长时间交谈。对于室内公共空间要定期换气，彻底防止"密闭""密集"和"密接"。员工进入食堂就餐，要错开就餐时间，努力确保两米距离。对于新冠病人密切接触者，根据医疗机构指示采取相应行动。要为新冠康复员工和相关人员返回职场作好充分准备。告知员工聚餐会提高感染新冠的风险。一旦确认员工感染新冠要遵守医疗机构的指示，迅速向地方运输局报告员工感染情况，根据感染者行动范围，对其工作场所进行消毒。考虑到感染者的人权，不得透露感染者的个人姓名，保护其隐私。积极鼓励从业人员接种疫苗，但接种疫苗是自愿而非强制性的，只有在员工同意的情况下才能对其接种疫苗。①

根据日本铁道联络会的指导方针，各公司纷纷成立"新型冠状病毒传染病对策本部"，统一指挥新冠防疫工作。有些公司将所有出库列车每节车厢一定数量的窗户开启约 10 厘米，并将须打开的窗户贴上醒目贴纸，在列车超载的情况下呼吁乘客进一步打开车窗，并加挂车厢以降低乘坐率，洗手间全部安装非接触式自动供水装置，在自动售票机和电梯按钮上粘贴抗菌贴纸，进一步强化卫生。在公司网站上将区间或线路列车运行状况，特别是乘坐率等信息实时更新，加开临时列车以满足错时通勤和上学的乘客，优化或改进订票系统等。一旦有乘务人员感染新冠病毒，立即向社会发出通告。2022 年 1 月 21 日，广岛电铁公司发布了关于本公司职员（司机 1 人）感染新冠病毒的通告，指出本公司一名驾驶员被确诊感染了新冠病毒，驾驶员年龄 30 多岁，可能感染时间为 1 月 16 日（周日）至 19 日（周三），驾驶运行于广岛市内至廿日市内的列车，工作中佩戴了口罩。公司在确认该驾驶员感染了新冠病毒后，立即对其驾驶车辆及相关设施实施了消毒作业，以保证本次事故不会对列车运行造成影响。公司继续与医疗机构及相关行政机构保持联系，进一步强化预防措施，保证乘客安心搭乘列车。

日本科研人员还通过研究，传播搭乘列车预防新冠的知识。列车是

---

① 鉄道連絡会：《鉄軌道事業における新型コロナウイルス感染症対策に関するガイドライン（第 3 版）》，2021 年 12 月 28 日。本章所引资料，除注明出处外，均引自国土交通省的《国土交通白書》（令和 2 年版、令和 3 年版）和《交通政策白書》（令和 3 年版）。

一个密闭的运行空间。冬季运行的列车，假设车内温度为 20 摄氏度，湿度为 35%，乘客位于车门附近与座位附近，感染新冠的风险是不一样的。在满员车厢内，位于车门附近的乘客与车厢顶部距离较近，空间狭窄，夹带病毒的飞沫很快漂浮在乘客的头部（脖子以上），感染概率增大，部分走道上的乘客也有感染风险，但如果换气口在车厢顶部，新冠病毒易被清除。位于座椅附近的乘客，尤其是座位上的乘客，与车厢顶部距离较远，周围空间相对宽敞，随时间漂浮的病毒因空间变大而被稀释，或被附着在乘客膝盖周边，失去了传染力。模拟试验证明，在车门附近感染新冠者为 9 人，而在座位附近感染新冠者为 3 人，也就是说，在车门附近感染新冠的风险是座椅附近的 3 倍。[①]列车车厢是典型的"三密"空间（密闭、密集和密接），为何未发生群聚性感染呢？有日本专家认为，虽然列车是一个流动空间，难以追踪感染者，但是由于在列车上乘客都佩戴口罩，也没有人大声说话，静默乘车，即便有感染者，传播风险也很低。感染者不说话，戴着口罩呼吸，即便释放一点病毒也不会造成感染风险。此外，列车上安装了良好的通风装置，列车打开窗户行驶且频繁停靠站台，如东京 JR 山手线列车，每隔两分钟左右就会停车，打开车门让旅客上下车，列车始终处于换气状态，所以搭乘列车出行还是比较安全的。

由于多方齐心协力以及人们对新冠病毒恐慌心理的逐渐消退，日本列车乘车率逐渐上升。2022 年 1 月，铁道（含轨道和地铁）旅客输送量合计为 15 亿 7 341 万人，比 2021 年 1 月增加了 11.5%；旅客周转量为 252 亿人千米，比 2021 年 1 月增加了 21.7%。但与疫情前相比，仍有较大差距，如旅客输送量与 2019 年同月相比，下降了 23.8%，旅客周转量同比下降了 32%[②]，日本铁道业的复苏和振兴任重道远。

---

① 山川勝史：《満員電車におけるウイルス感染シミュレーション》，《国際交通安全学会誌》46 巻 1 号，2021 年。
② 国土交通省：《鉄道輸送統計月報（2022 年 1 月分）》。

　　铁道作为外来科技和近代文明，具有广泛的外溢效应，引进日本以后，短时间内就彻底改变了日本社会，颠覆了日本人的"常识"。第一批搭乘火车从新桥抵达横滨的乘客，最初拒绝下车。乘客们清楚地知道，步行需要花费整整一天时间才能从东京到横滨，根本不相信他们已经抵达了目的地。在乘客的脑海里，不管火车有多快，也不可能在不到1个小时就跑完全程，认为乘务员在哄骗他们。一位记者感叹，在短短54分钟里，铁道就能跨越18英里，在此前"如果没有翅膀的话，根本不可能"。"汽笛一声响，疾驶出新桥，我的火车远离了"，这首《铁道唱歌》广为流传。20世纪初，铁道已经鸣着笛驶入了几乎所有日本人的心里和脑海里，成为最受欢迎的"日常生活事实"。[①]"日本铁道之父"、曾任铁道建设和管理最高行政长官的井上胜应前首相大隈重信之邀，为其主编的《日本开国五十年史》撰写《铁道志》，其中写道："日本地势多山河，交通多赖脚力。辇舆、骑马属于贵族及武家之专用。庶民之旅行多徒步，惟有驮马及驾笼（肩舆）稍代其劳而已。驮马能负载物货约三四十贯（1贯约3.75千克——笔者注），每二三里至四五里（1日里等于3.927千米——笔者注）一递传。一日行程虽多，不出十里。乘

---

① 斯蒂文·J. 埃里克森：《汽笛的声音——日本明治时代的铁路与国家》，陈维、乐艳娜译，江苏人民出版社，2011年，第32页，第49页。

者踞坐于载货之中间。驮马之专供人乘坐者以栈阁架马背，而三人踞坐其上，称曰三宝荒神。终日兀坐马背，摇摇迟行曝露于风日，湿沐于雨雪。如此连日疲劳至不可耐。"坐于驾笼者"连日则痛苦亦不可言。西国尝有一藩侯告侍臣曰：罪人可处刑者，宜令之坐驾笼，送至江户，其痛苦足以惩治，人传以为笑柄，其视若刑具者，盖可察焉。驾笼之行程与驮马相伯仲。故远行者除妇女老幼及赢弱外，大抵任其健步。此时步行专为交通之机关"。铁路铺设以后，加快了旅行速度，提高了旅行舒适度。"方今交通机关之在日本国中者，铁路约五千英里，别有电车轨道，其电线之布于大市街宛如蛛网，而交通益加便。距今四十年之前，踰山者用驾笼，涉河者用莲台（在河中由几个人抬的渡河工具——引者注），以今之汽车（蒸汽火车——引者注）、电车，比往时之驾笼、莲台，其差果几何！"①1893年12月末外相陆奥宗光在众议院发表演讲，列举了明治维新以来日本在政治、经济、军事方面所取得的巨大成绩，踌躇满志地说："诸君，请将明治初年的日本帝国和现在的日本帝国作一比较，就不难看出其进步程度是如何之大，其开化效果是如何之显著。首先就经济来说，明治初年，国内外贸易额不足3 000万日元，而明治25年几乎达到1亿6 000多万日元。此外在陆地上铺设了近3 000英里的铁路，架设了近1万英里的电线，还有数百艘西洋式的商船在内外海域航行……今天本大臣和诸君在论述国家最需要的政务之前，要想到我们之进步在亚洲处于什么地位。我们20年取得的长足进步，使欧洲各国人民惊叹：那是一个世界无比的国家。"②铁道的出现和延伸告别了旧日本，塑造了新日本。

---

① 井上胜：《铁道志》，载《日本开国五十年（影印版）》，上海社会科学院出版社，2007年，第414—第415页，第430页。

② 梅村又次、山本有造：《日本经济史（3）开港与维新》，李星、杨耀录译，三联书店1997年，第56—第57页。

德川时代日本的政治体制呈现集权与分权相结合的特点，中央政府与地方政府分享权力，各藩在经济上完全独立。全体国民分为士、农、工、商四个等级，不同等级的人居住在不同的区域，不得混居，不得越界。武士被束缚在大小不等的藩内，农民和工商业者分别被束缚在村内、町内，村与村之间在空间上还预设一定的距离，呈现封闭状态。不论是具有统治者身份的武士，还是作为被统治者的农、工、商"庶民"阶级，本藩意识或地方主义意识极为强烈。明治政府成立时，日本有 260 多个藩。1871 年 7 月，明治政府下令"废藩置县"，实现府县制，将全国划分为三府 72 县，中央政府任命府知事和县令作为地方长官，废除町、村，下设大区、小区，设区长、户长代替以往的庄屋、名主、年寄等世袭或地方推选的官吏，将以往数量庞大的七八万个町、村，缩减为不足 7 000 个区，废除武士特权。①翌年，明治政府敷设铁道，打破了原来藩与藩、城镇乡村之间的空间区隔，为日本形成统一的国内大市场奠定了交通基础。铁道成为整合国家与社会的有力媒介，改变了日本城乡空间结构，畅通了物流与人流，人们纷纷摆脱封闭的狭小空间，乘坐火车拥抱更为广阔的舞台。

西方国家以铁道建设为中心的交通运输业革命发生在产业革命后期，产业革命的不断深入引发了交通运输业的巨大变化，在某种程度上铁道是产业革命的结果。日本的铁道建设却先于产业革命，也就是说，日本产业革命具有由铁道延伸而诱发的特征，从这个意义上讲，铁道是日本产业革命的先行官。

1881 年，日本铁道公司成立，"意味着后进国日本特殊的铁道资本的诞生"。私有铁道业起步以后，立即以迅猛的势头向前发展。1886 年

---

① 野村秀行：《明治维新政治史》，陈轩译，时代文艺出版社，2018 年，第 22 页。

至 1890 年，日本出现了"第一次铁道建设热"。私有铁道产生的可观经济效益吸引了越来越多的投资者。日本最早的股票交易所是 1878 年设立的东京股票交易所和大阪股票交易所，起初的交易对象是金银货和国债，随着私有铁道业的发展，19 世纪 80 年代后期，铁道公司股票成为人们竞相追逐的新的投资对象，约占证券成交量的 2/3。甲午战争后的 1896 年，"铁道业同银行业、纺织业一样成为企业热的中心"，出现了"第二次铁道建设热"，铁道股票价格再次暴涨。以三菱、三井、藤田、住友等为代表的企业纷纷涉足铁道业，奠定了其成为财阀的基础。

明治政府的改革引起了一些郁郁不得志的武士的强烈不满。1877 年 2 月，聚集在鹿儿岛的武士发动叛乱，扬言进军东京，推翻明治政府和恢复武士特权，西南战争爆发。当时明治政府已修通了东京至横滨、大阪至神户和京都至神户的铁道。西南战争的胜负在一定程度上取决于交战双方对交通线的控制，以及由谁占有了铁道这一先进的交通运输工具。铁道对于明治政府增强军事输送能力，加快部队动员、结集速度，发挥了不可忽视的作用。西南战争期间，明治政府动员的兵员共 6 万人，其中约半数兵员是通过京滨铁道输送的。铁道还输送了大量的武器、弹药、粮食等物资。①由于政府军动员迅速，粮食弹药供应及时，士气旺盛，叛军很快被击溃。从此以后日本再未发生大规模的国内战争，确立了中央政府的绝对权威，日本从封建国家逐渐转型为近代国家。

日本拥有世界上最多的铁道乘客，约占世界铁道乘客的 1/3。许多日本人从上学开始到工作，除节假日外，几乎天天坐火车。东京人均年使用铁道次数为 742 次，在世界主要城市中居第一。人们与列车、车站、线路朝夕相处，形成了根深蒂固的铁道情结，似乎一切问题均可通过铁

---

① 日本国有铁道：《日本国有鉄道百年史 通史》，成山堂书店，1998 年，第 37 页。

道加以解决，各种关于铁道的书籍、电影、动漫、歌曲和文学作品畅销不衰。

　　面对整个社会弥漫的"铁道崇拜"或"铁道信仰"氛围，政治家自然不能视若无睹，政治介入铁道，同时铁道也影响政治。铁道不仅促进了日本社会和经济统一，也促进了政治统一。国家铁道立法成为地方政治活动特别关注的焦点，使地方融入了国家政治。铁道还为政治语言提供了共同的情境，民众要求国会候选人的素质之一是，"像铁路工程师"，必须拥有特别的知识，使得他们能够满足其"文明国家政治机车工程师"的职业要求。[1]政治家把敷设、维持和改善铁道系统作为竞选承诺，争取选民支持；选民则利用选票在铁道选线和建设上向政治家施加压力。政治家与选民在地方铁道建设上达成了高度一致，经营亏损、乘客人数少、输送密度低的区域铁路继续保持运营，维持了铁道的公共性。日本既有高速度、多节车厢连接的新干线，也有仅一节车厢、载客少、速度慢的地方铁道，在狭小的国土上，奔驰着多种多样的列车，呈现铁道建设和运营的多元色彩。既然公共性是铁道不可欠缺的要素，其敷设、存废自然受政治力量的支配，而反过来铁道也可以左右政治力量的兴衰。对于铁道建设毫不关心的政治家，是难以获得选民支持的。因此在日本，铁道建设不仅是经济事业，也是社会政策事业，与政治紧密相关。当政治家介入铁道政策，并对某条铁道线路的走向、敷设产生影响时，该线路常被讥讽为"政治线路"。其实日本铁道建设伊始就带有强烈的政治因素，广义上说几乎所有铁道线路都是"政治线路"。[2]

---

[1] 斯蒂文·J. 埃里克森：《汽笛的声音——日本明治时代的铁路与国家》，陈维、乐艳娜译，江苏人民出版社，2011 年，第 73 页。

[2] 小牟田哲彦：《鉄道と国家—「我田引鉄」の近現代史》，講談社，2012年，第 3—第 5 页。